Shuaigua Yunshu Zuoye Moshi yu Jishu Chuangxin

甩挂运输作业模式与技术创新

谢　明　著

人民交通出版社股份有限公司
China Communications Press Co.,Ltd.

内 容 提 要

本书对道路甩挂运输领域进行了一些探索,主要阐述甩挂运输的含义,分析了甩挂运输运营机理,阐述了甩挂运输运营组织模式和集装箱甩挂运输管理,对甩挂运输技术进行了分析,就甩挂运输事故原因及对策进行了探讨,同时分析了气候地理条件对甩挂运输的影响,对甩挂运输试点项目方案进行了探讨。

本书可作为交通运输、物流管理、交通管理类专业的用书,也可作为各类交通运输、物流管理、物流工程、经济管理等物流管理与技术人员和物流、运输相关专业的师生参考用书。

图书在版编目(CIP)数据

甩挂运输作业模式与技术创新/谢明著. —北京:人民交通出版社股份有限公司, 2016.2

ISBN 978-7-114-12771-7

Ⅰ.①甩… Ⅱ.①谢… Ⅲ.①公路运输—拖挂运输—研究 Ⅳ.①U492.3

中国版本图书馆 CIP 数据核字(2016)第 020241 号

书　　名: 甩挂运输作业模式与技术创新
著 作 者: 谢　明
责任编辑: 时　旭
出版发行: 人民交通出版社股份有限公司
地　　址: (100011)北京市朝阳区安定门外外馆斜街 3 号
网　　址: http://www.ccpress.com.cn
销售电话: (010)59757973
总 经 销: 人民交通出版社股份有限公司发行部
经　　销: 各地新华书店
印　　刷: 北京中石油彩色印刷有限责任公司
开　　本: 787×1092　1/16
印　　张: 13
字　　数: 300 千
版　　次: 2016 年 2 月　第 1 版
印　　次: 2016 年 2 月　第 1 次印刷
书　　号: ISBN 978-7-114-12771-7
定　　价: 29.00 元

前　言

运输是发展国民经济的基础和先行条件，甩挂运输是提高车辆运输的周转率，方便货主装货的一种先进的运输方式，发展甩挂运输是实现可持续绿色经济发展的必然之路。推动甩挂运输，采用"一车多挂"的形式，能够达到人停车不停的快运物流效果，提升车辆利用率，同时也能提高物流效率。

甩挂运输是物流业发展新方向，甩挂运输的货物占到货物总周转量的70%～80%。目前我国甩挂运输作业组织和管理技术仍然滞后，国家对甩挂运输的发展有政策性的鼓励，围绕交通运输部提出的"资源节约、环境友好"型现代交通业建设，以提升行业管理水平为主线，促进交通物流发展和综合运输体系完善。甩挂运输在国内外的应用，围绕企业间联盟合作甩挂运输、跨区域网络型甩挂运输、干线与支线衔接甩挂运输、多式联运甩挂运输等主题来开展。道路货运向现代物流转型与升级是必然趋势，规范与物流活动相关的各种国家标准、行业标准，推进物流标准化和信息化建设，通过管理创新、技术创新、服务创新来实现传统道路货运企业的转型升级。

发达国家（如美国）目前整车拖挂比大约是1:3，零担甩挂拖挂比大约是1:3.3，从而成本降低，拖挂等待时间缩短，燃油消耗减少，主干道车流量减少，交通事故率降低，能有效实现经济、环境、社会三重效益。我国目前整车拖挂比大约是1:2，零担甩挂拖挂比大约是1:1.8，成本、等待时间、燃油消耗、主干道车流量、交通事故率等降低的空间有待提升。在欧美公路网络比较发达的国家，以牵引车拖带半挂车组成的半挂汽车列车的运输量占总运输量的70%～80%，牵引车与挂车拥有量之比普遍达到1:2.5以上。例如美国是1:3、新加坡达到1:7。但在我国，目前除东部沿海主要港口集装箱运输和少部分零担快运专线外，在其他地区、其他领域甩挂运输还处于起步阶段，道路货运仍然以普通单体货车为主。牵引车和挂车数量虽多，但拖挂比低，牵引车和挂车的数量之比约为1:1.2。对于国内的甩挂运输发展环境，目前已探索形成了滚装甩挂、集装箱集疏运甩挂、零担专线甩挂、危险品甩挂和中韩国际陆海联运甩挂等各具特色、行之有效的甩挂运输运作模式，取得了良好的经济效益和社会效益，同时也面临着诸多困难，存在着发展不平衡、扶持政策难以落实等问题，在甩挂信息化建设、发挥甩挂联盟作用等方面仍有很大提升空间。从市场结构看，道路货运市场集中度偏低，大型骨干龙头企业较少，企业物流人才匮乏，管理水平有待提升，企业甩挂运输

“单干”的现象较为普遍，影响了甩挂运输集约化、网络化发展；从市场秩序看，管控手段相对缺失，监管力度相对薄弱，恶性竞争、竞相压价等问题突出，市场秩序亟待规范；从企业运营看，货运经营成本不断增加、企业整体盈利水平不断下降；同时，企业还缺乏有效的融资渠道，发展甩挂运输的资金投入受到制约。

本书针对甩挂运输组织管理、风险效益等作了一些粗浅的研究，以期有助于实现安全、高效、便捷、节能环保型甩挂运输，有利于甩挂运输车辆的低碳排放，并参考国内外甩挂运输情况，力求建立一种灵活、高效、节能的甩挂运营组织模式和技术参考，以降低物流运输成本，提高经济效益和社会效益。甩挂运输研究工作和实践作业进程结合任重而道远，需要在重视甩挂运输的理论研究的同时，进一步结合实践探讨促进适合区域甩挂运输的有效措施，为两型社会的发展作出积极的贡献，期待政府、企业、社会各方共同积极发展甩挂运输。

由于时间仓促，更囿于我们的学识有限，本书难免存在一些不足和纰漏之处，恳请读者批评指正。

作　者

2015 年 12 月

目　　录

第1章　甩挂运输概论

引导案例　百富物流甩挂运输项目

浙江百富国际物流有限公司是宁波一家集国际货运代理、内陆集汽车运输、仓储合作代理和国际贸易代理为一体化发展的物流供应链企业，致力于为全球客户提供最佳的物流解决方案，主要经营普通货物运输、货物专用运输（集装箱）、经营性危险货物运输（气体类1项、易燃液体类、腐蚀性物质类）和货运站场经营（货物集散、货运配载、货运代理、仓储理货）。传统物流运输模式导致车辆“空等”及回程“空驶”、“空箱”的“三空”现象，造成物流的时间成本加大、资源浪费严重、运行效率降低，运输过程中大量的废气排放对生态环境带来严重影响。百富物流依托宁波这个天然的世界性深水大港，坚持不懈地在发掘客户需求的同时积极探索新的物流方式。

(1)站场建设。按现代物流标准建设，集仓储经营、快运（零担）专线经营、信息交易、物流方案设计、甩挂运营、特种运输、商务及配套服务等功能于一体的综合性现代物流服务平台。

(2)信息系统建设。百富物流和集亚物流在原有信息系统基础上，结合甩挂作业特殊要求，依托企业既有的智慧物流信息系统进行更新改造，主要功能包括：智慧物流核心模块、集装箱运输管理系统、统一订单管理系统、GPS集成监控调度平台、视频集成监控平台、营运中心作业管理监控平台、车辆维修管理系统、加油站管理系统、仓储管理系统、堆场作业管理系统、驾驶人管理系统等多个模块。

(3)车辆购置更新。百富物流自2009年正式开展甩挂运输以来，先后对车辆设备进行了更新，达到了牵引车200辆、挂车310辆的总运力，其中投入甩挂运输的牵引车100辆、挂车210辆，达到牵引车和挂车1:2.1的比例。与传统的运输模式对比，以甩挂运输模式为主的甩挂、甩箱、双重及循环运输模式可大大提高车辆的载重行驶里程和作业效率，降低油耗成本和物流时间成本，减少碳排放和二氧化碳排放。

1.1　甩挂运输的意义

运输是人和物的载运及输送，道路运输指主要使用汽车或其他工具在道路上载运货物的一种运输方式，道路运输可以直接运进或运出货物，也是车站、港口和机场集散货物的重要运输手段。甩挂运输方式能够提高交通运输效率，降低能源消耗和温室气体排放量，促进可持续发展。发展甩挂运输，对于降低物流成本，推动现代物流和综合运输发展，促进节能减排，提升经济运行整体质量，具有重要意义。甩挂运输是一种先进的运输组织方式，能有效地提高运输设备的利用率，降低运输成本，缩短运输时间，保证物流服务的及时性，促进节能减排，同时提高里程实载率和运输生产率，减少货损货差，有效降低牵引车的购置成本和驾驶人的人工成本等。甩挂运输在国际上得到了广泛的推广应用，已经成为非常普遍的先进运输组织方式。目前，我国甩挂运输发展滞后，牵引车和挂车数量少，拖挂比低，道路货物运输仍然以普通单体货车为主，与节能减排和发展现代物流的要求不相适应。

1.1.1 甩挂运输的发展环境

国务院《关于进一步加强节油节电工作的通知》（国发〔2008〕23 号）和《物流业调整和振兴规划》（国发〔2009〕8 号），促进了甩挂运输的发展。提升道路货运效率，有助于多式联运服务。美国、欧盟国家等甩挂运输发展早，车辆装备技术、运输组织方式等水平较高，甩挂运输所实现的运输量也很可观。我国发展甩挂运输的机遇和挑战同时并存，甩挂运输试点企业的积极作为值得社会的广泛关注。甩挂运输效益的实现受到多种因素的影响，企业采用甩挂运输后可产生良好的经济效益和社会效益，甩挂运输的经济效益主要体现在企业可实现的利润方面，甩挂运输的社会效益主要体现在减少碳排放方面。

（1）减少挂车检验次数。挂车应按照《中华人民共和国道路交通安全法》及其实施条例进行定期安全技术检验，确保符合国家规定的安全运行条件及相关技术标准。道路运输管理部门不再要求对挂车进行二级强制维护和综合性能检测。

（2）调整挂车保险。由于挂车不具备动力，具有“可移动的集装箱”的属性，在车辆保险方面，应研究调整挂车交强险，科学设定征收对象。

（3）完善甩挂车辆海关监管制度。境内承运海关监管货物的甩挂运输车辆（集装箱拖头车）应当依照相关规定办理注册登记手续，在甩挂车辆办结海关监管手续后，经海关同意，牵引车与挂车可以分离，提高牵引车周转效率。海关依照有关规定实施监管。

（4）调整通行费征收办法。道路通行费实行“年票制”征收的地区，对道路运输经营者所拥有的汽车列车应按照一车一挂的标准征费，对超出牵引车数量的其余挂车不再征费。

（5）推进甩挂运输车辆装备标准化。车辆装备技术的标准化是发展甩挂运输的必备条件，要组织制订和推广应用牵引车、挂车连接的相关技术标准，引导制造企业严格执行国家统一标准生产牵引车和挂车，为发展甩挂运输提供技术保障。

（6）完善挂车证件管理。按照既简便适用又有利于监管的原则，完善挂车证件携带、保管与交接管理。挂车道路运输证和机动车行驶证应随车流转。

（7）鼓励运输企业拓展运输网络。各地应消除地方保护和制约运输一体化发展的相关制度和政策障碍，鼓励和支持符合条件的道路运输企业异地设置经营网点（分支机构），逐步形成区域性或全国性的甩挂运输网络。

（8）鼓励企业加强协作。鼓励运输企业之间、运输企业与大型制造企业、商贸企业、专业商品市场、货运站之间，通过联营、参股、合作等方式加强协作，整合运力和货源资源，提高集约化、规模化、网络化、组织化程度，提高甩挂运输的运行质量和整体效益。

（9）完善枢纽站场设施。改造传统货运站场，适应甩挂运输需要。站场设施是发展甩挂运输的重要基础条件，具有一定的公益性。按照甩挂运输作业和技术特点，借鉴国外经验，对传统货运站场进行升级改造，加快综合交通枢纽建设，促进公铁、公水等多种运输方式间

的有效衔接和一体化运输。利用公路甩挂运输发展水路滚装运输、铁路驮背运输和集装箱多式联运,实现公铁、公水间的快速中转和无缝衔接,推进综合交通运输体系建设。

1.1.2 甩挂运输的优缺点分析

与传统运输方式相比,甩挂运输具有明显优势:减少装卸等待时间,加速牵引车周转,提高运输效率和劳动生产率;减少车辆空驶和无效运输,降低能耗和废气排放;节省货物仓储设施,方便货主,减少物流成本;便于组织水路滚装运输、铁路驮背运输等多式联运,促进综合运输的发展。

1.1.2.1 甩挂运输的优点

(1)停挂不停车,提高牵引车工作效率。国内现存的半挂车辆,一年当中大部分的时间是在等待货物,实际上车辆真正在路上运营的时间并不是很多。几家国内开展甩挂运输业务的公司,例如城市之星,他们的牵引车每年的运营里程基本上都保持在30万km左右。甩挂运输以其独有的“停挂不停车”的运输方法,保证了牵引车非常高的工作效率。当然,这一切都要基于优质的牵引车之上。

(2)减少牵引车数量,降低投资成本。从事甩挂运输的牵引车,一般会配备3辆左右的挂车来提高运输效率。而挂车的售价较牵引车来说要便宜很多。在同等条件下,甩挂运输可以减少牵引车的数量,降低公司购置牵引车的成本投资。

(3)减少驾驶人的数量,降低人员开支。甩挂运输减少了牵引车的数量,也就可以相应地减少驾驶人的数量,从而降低人员方面的开支。

(4)降低车辆的空载率,提高车辆使用率。国内从事散货运输的车辆,除了配货需要时间之外。装卸货之后一般都会有一个“放空”的过程,也就是说因为装卸货的原因,车辆空载在路上跑的时间很多。燃油白白的消耗,并且没有任何的经济价值,这是每个货车驾驶人都不愿意看到的情况。而甩挂运输车辆基本上到了目的地之后,换完挂车就可以开始新的运输任务,不存在“放空”的情况,可减少不必要的燃油消耗,进一步减小成本的开支。

1.1.2.2 甩挂运输的缺点

(1)投资成本大,一般用户承受不起。从事甩挂运输,首期的投资成本巨大,动则就是上百万元甚至上千万元,普通的用户很难投入这么大的成本来开展甩挂运输。另外,甩挂运输还需要充足的货源支撑。

(2)驾驶人休息不好,影响行车安全。开展甩挂运输,其目的就是为了提高工作效率。正规一点的公司一辆车有3名驾驶人,一个在家里休息,另外两个在路上跑。一般的物流公司也就是两名司机,颠簸的车上影响睡眠的质量,驾驶人休息不好,影响行车的安全。

(3)车辆的维护费增高。甩挂车辆的使用率增高,使用次数更加频繁,为了使车辆的使用寿命更长,则需要更加频繁的维护,所以维护费用也会相对增加。

1.2 甩挂运输基本原理

1.2.1 甩挂运输的概念

甩挂运输是汽车列车按照预定的计划,在各装卸作业点甩下并挂上指定的挂车后,继续运行的一种组织方式。甩挂运输可使载货汽车的停歇时间缩短到最低限度，从而发挥运输效能。

1.2.1.1 狭义上的甩挂运输

狭义上的甩挂运输定位于道路运输领域，其本质上是一种货运组织形式，是指按一定比例配置牵引车和挂车，在运输停顿过程中牵引车可以甩掉一个、挂上另一个挂车继续空间移动过程的运输组织形式。在甩挂运输实践中，道路运输企业使牵引车或牵引汽车（带牵引装置的载货汽车）与挂车能够自由分离与结合，通过挂车的合理调度与搭配，缩短因装卸货物而造成的牵引车或牵引汽车停靠时间，提高车辆动力利用率。

甩挂运输具备良好的技术经济优势，可以产生较好的经济效益和社会效益。甩挂运输的基本工作模式是一部牵引车按计划或根据调度指令分时段拖挂不同的挂车，从而提高牵引车的有效工作时间。对于某些货运企业，车辆实际工作时间内的行驶时间低于或者基本等于货物的装卸时间和待装卸时间。在这种情况下，甩挂运输的应用是用 2 辆或 2 辆以上的挂车由同一辆牵引车根据需要在不同时段牵引，这样可有效地减少牵引车的数量。甩挂运输是提高汽车货运效率和运输经济效益的另一种思路，甩挂运输能够增加牵引车的有效工作时间、降低牵引车的购置费用。

1.2.1.2 广义上的甩挂运输

广义上的甩挂运输体现于道路运输和多式联运领域，其本质上是一种基于道路货运车辆调度的货运运力资源配置模式。在道路运输环节，牵引车在适当的站点可以甩掉一个（或多个）挂车、挂上另一个（或多个）挂车继续其空间移动，以实现“门到门”运输；在多式联运环节，由道路甩挂运输牵引车拖挂的挂车经过陆路行驶抵达公铁多式联运场站或者水陆多式联运场站后，挂车被接驳到铁路货物列车或者滚装船，经过铁路和水路的大容量干线运输过程后，由道路甩挂运输牵引车继续拖挂这些挂车以实现“门到门”运输。在实践中，除了道路运输企业能够获得甩挂运输的各种效益外，通过将挂车作为集装化单元而进行多式联运，可有效地发挥不同运输方式的技术经济优势和整个综合运输系统的资源整合优势，提高综合运输系统运能资源配置效率和资源利用率。基于甩挂运输的公铁多式联运、水陆多式联运在世界上若干国家或地区得以蓬勃发展，在此过程中，不同运输方式之间的运力配备策略、多式联运场站的高效运转模式等成为关键的技术问题。

广义上的甩挂运输活动的发展是综合运输系统发展的必然结果，因为自 20 世纪 50 年代以来，世界各国意识到在交通运输业的发展过程中，水路、铁路、公路、航空和管道五种运输方式是相互影响、优势互补的，许多国家开始有计划地发展综合运输，协调各种运输方式之间的关系，进行铁路、公路、航空之间的科学分工与合理衔接，构建海陆空立体化的综合运输体系。在综合运输体系的形成过程中，公路运输作为“门到门”运输的可靠途径，承担着大量的末端集疏运业务，若这些末端集疏运业务直接被公路运输“一站式”地完成整个空间交流过程，则可省略大量的中途作业环节，但由于公路运输的技术经济劣势和公路运输基础设施资源使用成本的增加，干线运输阶段耗用了相对于铁路运输、水路运输而言大量的额外成本（包括内部成本和外部成本）。若将挂车作为一种集装化容器，且充分利用公路运输车辆动力部分（牵引车）和载货部分（挂车、半挂车）可自由分离和结合的优势，则可将挂车直接牵引并固定至铁路货物列车或船舶，实现多式联运并获得良好的经济效益和社会效益。

 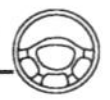

1.2.1.3　甩挂运输的主要形式

根据汽挂配备数量、线路网的特点、装卸点的装卸能力等，甩挂运输也有不同的形式，随着运输组织工作的手段不断完善，甩挂运输的概念和技术也在不断发展。一般情况下，甩挂运输（或作业）主要有以下几种形式。

（1）一线两点甩挂运输。这是在短途复式运输线路上采用的形式。汽车列车往复于两装卸作业点之间，在整个系统中配备一定数量的挂车，汽车列车在线路两端根据具体条件作甩挂作业，根据货流情况或装卸能力，可采用“一线两点，一断甩挂”（即装甩卸不甩或卸甩装不甩）和“一线两点，两端甩挂”，适用于装卸点固定，运量较大的地区。只要组织得当，其效果比较显著。

（2）循环甩挂运输。这是在循环行驶线路上进行甩挂作业的一种形式。在闭合循环回路的各装卸点上，配备一定数量的周转集装箱或挂车，汽车列车每到达一个装卸点后，甩下所带的集装箱或挂车，装卸工人集中力量完成主车的装（或卸）作业，然后，装（挂）上预先准备好的集装箱（挂车）继续行驶。采用这种形式需要有以下条件：满足循环调度的基本要求；运量大且稳定，有适宜于组织甩挂运输的货物条件。采用循环甩挂运输提高了载运能力、行程利用率，压缩了装卸作业时间，是甩挂运输中较为经济、运输效率较高的组织形式。但其组织工作较为复杂，对作业条件要求较高。

（3）驮背运输（或载驳运输）。这是甩挂运输的基本原理应用于集装箱或挂车的换载作业形式。其基本方法是，在多式联运各运输工具的连接点，由牵引车将载有集装箱的底盘车或挂车直接开上铁路平板车或船舶上，停妥摘挂后离去，集装箱底盘车或挂车由铁路车辆或船舶载运至前方换装点，再由到达地点的牵引车开上车船挂上集装箱底盘车或挂车，直接运往目的地。驮背运输组织方式加速了车辆周转，扩大了货物单元，节约了装卸及换载作业时间，提高了作业效率。

1.2.1.4　我国甩挂运输的发展历程

我国的甩挂运输是伴随着集装箱的发展应运而生的，基本起源于20世纪80年代初。受我国整体物流大环境发展的制约，甩挂运输还难以全面推广，虽然有必要、有条件开展甩挂运输的企业很多，但真正取得成效的企业却少之又少，甩挂运输推广和发展的历程漫长而艰难。

（1）国家推动甩挂运输的历程。

①1996年7月22日，国家经济贸易委员会、公安部、交通部三部委联合发布《关于开展集装箱牵引车甩挂运输的通知》（国经贸运〔1996〕493号），鼓励有条件的公路运输企业开展集装箱牵引车甩挂运输。

②2001年，交通部在2001—2010年《道路运输企业发展规划纲要》中，对提高运输效率和大力发展厢式车、半挂车、特种专用汽车及重型车均提出了明确要求。同时，对推荐车型制定了相应的优惠政策和管理办法。这是我国自1978年发展道路运输业以来，政府首次将车辆的结构调整问题纳入明文规定。尽管在纲要中未直接提及甩挂运输，但毫无疑问，半挂车正是实现甩挂运输这种效能组织运输形式的载体。

③2007年9月，在全国交通工作会议上，交通部部长李盛霖在工作报告中也提到：要加强运输组织协调，鼓励发展甩挂运输、厢式运输等先进的运输组织方式，提高运输效率，将建立以牵引车为重点的甩挂运输管理体系。

④2008 年 8 月，国务院印发的《关于进一步加强节油节电工作的通知》明确要求："要加强运输节能管理，抓紧研究完善半挂车牌照管理、交通规费征收和保险制度，鼓励发展甩挂运输。"为落实这一精神，交通运输部在同相关部门沟通、协调的基础上，将逐步建立以牵引车为重点的甩挂运输管理体系，将牵引车作为风险责任主体以及各类费用的缴纳主体，对于半挂车，主要侧重于对其车辆技术状况的监管，为甩挂运输发展创造良好的制度环境，并通过开展试点工作，引导和推进甩挂运输在全国的发展。

⑤2009 年 2 月，交通运输部下发了《2009 年交通运输行业节能减排工作要点》，安排了 14 项工作要点，其中第 8 项为推广甩挂运输。

⑥2009 年 5 月，国家推进甩挂运输发展和物流信息平台建设研讨会在河南省安阳市召开，会议称：交通运输部组织开展的甩挂运输专题调研已告一段落，《关于大力促进道路货物甩挂运输发展的通知(征求意见稿)》已进入广泛征求意见阶段，目前，交通运输部正在积极协调发改委、公安部、保监会、海关总署等相关部门，推进《关于大力促进道路货物甩挂运输发展的通知》尽快出台。

⑦2010 年 5 月，国务院印发的《关于进一步加大工作力度确保实现"十一五"节能减排目标的通知》，明确提出要加快发展甩挂运输。

⑧2010 年 10 月，交通运输部与国家发改委共同推出《甩挂运输试点工作实施方案》，进一步细化促进甩挂运输发展的具体措施。

(2)部分地方政府及相关部门推动甩挂运输的重大历程。

①2006 年 7 月 2 日，交通部公路司在长沙召开道路货物运输座谈会，深圳市集装箱拖车运输协会在会上做了"关于发展甩挂运输的政策建议"的发言。这些建议得到了公路司领导和其他省市代表的认可，交通部规划研究院为此已成立了课题组，并赴深圳、上海、厦门等地开展调研。

②2007 年 5 月 25 日，福建省交通厅发布福建省自 2007 年 7 月 1 日起对养路费征收政策进行重大调整，福建省公路货物运输牵引车头和挂车将分别征收养路费的规定再次引起福建业界的轩然大波。在厦门市集装箱运输协会、福州市港口协会集装箱储运分会等行业团体的积极沟通和反映下，该方案再次被暂缓执行。

③2007 年 7 月，厦门市集装箱运输协会、大连市道路运输协会国际集装箱运输分会、福州市港口协会集装箱储运分会、深圳市集装箱拖车运输协会联合向交通部公路司发出呼吁函，呼吁交通部尽快在全国范围内统一调整集装箱牵引列车养路费征收方式，并以"福建模式"(牵引车和半挂合并收费并以牵引车为征费主体)作为征费标准。

④2007 年 7 月，深圳市集装箱拖车运输协会、厦门市集装箱运输协会、福州市港口协会集装箱储运分会、大连市道路运输协会国际集装箱运输分会、广州市物流协会、上海交通运输行业协会集装箱储运分会、宁波市交通协会集装箱运输委员会等七家行业协会致函交通部公路司，要求制定我国国际标准集装箱公路运输行业标准。

⑤2007 年 8 月，在中国道路运输协会牵头之下，交通部公路司、交通部规划院战略研究室与来自厦门、深圳、大连等地行业协会及山东、江苏、上海等地企业代表在北京举行了一场货运甩挂运输座谈会。交通部公路司、公路司道路运输管理处相关领导参加了座谈会。

⑥2007 年 11 月，山东省交通厅成立了以副厅长为组长，道路运输局局长为副组长，基建

处处长、财务审计处、运输安全处、公路局等部门为成员的道路货物甩挂运输领导小组,全面推进道路甩挂运输工作的开展,并向全省各市印发了《推行道路货物甩挂运输的意见》的通知,在通知中分析了甩挂运输的必要性与可行性,提出了推行甩挂运输的目标任务、要求和主要措施。

⑦2015 年 11 月 12 至 13 日,以互联网 + 时代甩挂运输整合与突破为主题的第二届中国甩挂运输峰会在济南举办。此次峰会由现代物流报社联合多省市交通主管部门、区域甩挂运输联盟和中国重汽等多家商用车企业共同主办。

1.2.1.5 国外甩挂运输的发展经验

20 世纪 40 年代,发达国家开始大量采用甩挂运输方式。最初是为了满足多式联运中滚装运输和驮背运输的需要,其后又推广到一些大的汽车货运企业内。到目前为止,发达国家的大型货运企业几乎无一例外地采用了甩挂运输,这也是由于在货运市场激烈竞争的环境下,甩挂运输可以显著降低营运成本所致。在美国,半挂车约占挂车总量的 85%,其城间 90% 的道路货运量由半挂车或汽车列车承担。在欧洲,高速公路上经常可以看到厢式、罐式、冷藏保温等各种大(重)型半挂列车,以牵引车拖带半挂车组成的汽车列车运输量占到运输总量的 70% ~80%,牵引车与挂车数量比例超过 1:2.5。在一些发展中国家,如菲律宾、巴西等国,甩挂运输方式也得到了广泛采用,主要用于港口、大型堆场和仓库之间的集散运输。上述国家对甩挂运输发展都采取了政策鼓励,从一定程度上推动了甩挂运输的发展。

(1)美国的发展经验。

在美国,高速公路上行驶的货运车辆几乎全是厢式半挂汽车,无篷敞式货车、单车体厢式货车则难觅踪迹。因此,美国公路甩挂货运车实现了大运量、高效率、低成本的高效益运输。厢式半挂汽车给人最直观的感受是特长、特大、特快,在高速公路上行驶时犹如一头正在遨游的巨鲸。美国东西海岸之间相距近 4000km,如果两名驾驶人轮换驾驶一辆公路甩挂货运车,车速若一直保持在 90 ~105km/h,48h 左右即可到达对岸城市。半挂式汽车到达目的地仓库后,驾驶人与牵引车不用等候卸车,立即挂接另一辆已经装满货品的厢式半挂车,即可上路行驶。这大大提高了企业的运输效率和经营收益,与我国仍在执行的一对一、不脱挂的运输管理形式形成鲜明的对比。

美国厢式半挂车的长度,在 1990 年以前,均为 40ft(12.2m)和 45ft(13.6m),1990 年以后,开始使用 53ft(16.16m)的规格标准。如今,美国公路上行驶的半挂厢式车中,53ft 厢体已占到总数的 50% 左右。牵引车几乎都是 6ft ×4ft 长轴距,长头驾驶室的结构与半挂车挂接后,其车总长度可达 22.5m。

美国公路甩挂货运车实现了大运量、高效率、低成本的高效益运输,其甩挂运输与我国传统意义上的甩挂运输有一定的区别,美国甩挂运输所用的载运设备均为厢式货车,而我国目前多为集装箱运输甩挂,而与群众日常生活密切相关的零担货物运输甩挂还没有开展,还处在较低层次的运营层面。美国零担货物甩挂运输的运营模式是:市内需要发货的住户给货运公司打电话预约,货运公司派小型厢式货车到市内将该天预约发的货收集起来,送到分拣中心,再根据货物发送的方向和种类进行分拣,装上大型货车厢体准备起运,中转中心的小型专用拖车将厢体挂在牵引车上,一般是一个拖车拖两个挂车,即两个箱体。货物运到目的地中转站时,牵引车卸下厢体后,不停留(除非牵引车需要进行维修或清洗),再拉上另外已装好货的厢体继续运输。从事甩挂运输的货运企业均具备了较完善的信息系统，客户、货运企业、中转中心、车辆之间被有效衔接起来。

(2)加拿大的发展经验。

国外汽车拖挂列车的编组方式是多样化的，特别是北美地区美国、加拿大等国的挂车可以互换拖挂的甩挂运输方式，最大限度地提高了牵引车及驾驶人员的工作效率，免除了到达目的地的卸货等候时间，避免牵引车空载行驶，降低了燃油消耗和运输成本。分离式挂车在整个加拿大商用运输车辆中，尤其在大型货运企业中占有较高的比例。根据加拿大 1996 年的统计，当年加拿大全国的商用货车约为 100 万辆，具体结构为：单体货车约为 50 万辆，牵引车约为 20 万辆，而半挂车约为 37 万辆。显而易见，牵引车 - 挂车组合车辆的数目高于单车数量；挂车数量高于牵引车数量。在 50 万辆单体货车中主要是额定载质量 2.5 ~ 7t 的车辆，当然也包括少部分额定载重在 7t 以上的货车。上述数据说明了分离式挂车在整个加拿大商用运输车辆中，尤其在大型货运企业中占有较高的比例。而分离式挂车是甩挂运输的基础，由此可以体现出甩挂运输在货物运输中的重要地位和意义。

(3)澳大利亚的发展经验。

澳大利亚的甩挂运输已发展近 30 年，在澳大利亚，一车三挂的形式屡见不鲜，这在当地被称为“公路列车或公路火车”。一辆车长达 30 ~ 40m，核载质量达 70 ~ 80t，不但能大大提高运输的效率，还能减少发动机的排放量和燃油消耗量。在澳大利亚，有一批最大载重 200t 的公路列车是用于矿山运输矿石的专用车。这些公路列车，通常拖挂至少 3 节类似于集装箱的车厢，最多的要拖挂 6 节，总长度超过 50m。其行驶速度可达到 110km/h。

(4)英国发展的经验。

在西欧经济发达地区的国家，20 世纪末即已通过规则，可以执行一车两挂，列车总长度 25m，总质量最大可以达到 60t，牵引车的发动机功率多在 309kW 以上，最高行驶速度可达 110 ~ 125km/h。驾驶室均为双层卧铺的布置形式，以此保证在规定的列车总长度限值内，半挂车的长度可以达到最大值。

英国著名的 TRRL 研究所的研究成果显示，1974 ~ 1993 年，英国重型货车保有量从总体数量上呈下降趋势(这并不意味着重型货车的总体货运能力的下降，因为车辆的载货吨位在不断提高)。但更深入的研究发现，数量的下降主要表现为大吨位单体货车的下降。同一时期，带有挂车的重型货车数量基本没有减少，其中 5 轴的重型货车数量有了快速的发展。

表 1-1 示出了英国 1991 年 5 轴铰接式重型货车与 3 种不同轴数的单体重型货车的运输成本。从表 1-1 可以看出前者的运输成本大大低于后三者的运输成本。既然以甩挂运输为主要营运模式的多轴拖挂车的运输成本最低，那么国外大力发展以多轴拖挂车为运输设备的甩挂运输就是顺理成章的选择。

不同车辆类别成本比较表(单位：英镑)　　表 1-1

	2 轴单体货车(总重 17t)	3 轴单体货车(总重 24t)	4 轴单体货车(总重 30t)	5 轴单体货车(总重 38t)
车公里成本	75	85	95	81
吨公里成本	0.25	0.14	0.10	0.07

1.2.1.6　国内甩挂运输的发展经验

目前,甩挂运输在我国已较多地应用于沿海大型港口集装箱的集疏运和一些大型工业企业中间产品的流转。根据统计,2007 年全国拥有牵引车 23 万辆、挂车 30.2 万辆,拖车与挂车的比例约为 1:1.3。其中,福建厦门、福州和广东深圳三地甩挂运输发展较快。厦门市牵引车和挂车的比例(按全行业牵引车和挂车总数计算的平均估算值)约为 1:4;福州市牵引车和挂车的比例约为 1:3;深圳市牵引车和挂车的比例约为 1:2.5。特别是在一些港区,专门服务港区作业或大型外资企业的集装箱运输企业,牵引车和挂车的比例甚至达到了 1:6。以下对国内部分城市和地区甩挂运输发展现状和先进经验进行简单介绍。

(1)香港的发展经验。

①车辆情况。香港将集装箱牵引列车称为货柜车,牵引车和半挂车分别称为拖头和拖架,拖头主要以欧洲车和日本车为主,功率一般为 220.5kW 以上,拖架以三轴为主,约占 90%,其余是二轴车。拖头和拖架也要分别领取号牌,才能上路行驶。由于香港实行燃油税(1.1 元/L),所以不缴纳养路费。

②保险。保险按拖头购买,拖架只保财产险,车主可买可不买,发生人身意外理赔,只按拖头的保额赔付,以六轴(拖头和拖架各为三轴)载质量最高为 44t 的货柜车为例,3500 元一年的保费,可保 1 亿元的人身险。

③安全检测。香港的拖头和拖架每年各进行一次检验,检验时要出示保险证明,只要检验合格,就可以购买一年内有效的行车证。行车证的费用为拖头每年 4600 元左右,二轴拖架每年 2160 元,三轴拖架每年 2520 元,三轴拖架每月的行车证费用比二轴拖架仅多 30 元。

④大功率拖头和三轴拖架。香港货柜车按轴数确定载质量,六轴(拖头和拖架各为三轴)载质量最高为 44t,五轴(拖头二轴、拖架三轴)载质量最高为 38t,四轴(拖头二轴、拖架二轴)载质量最高为 32t。香港货柜车承运的集装箱箱货总重与深圳差不多,而三轴拖架的使用费用比二轴拖架来说也不高,而安全性能要高很多,为提高效率,承运质量范围更广的集装箱,香港车主一般选择大功率拖头和三轴拖架,而且一台拖头平均配二台拖架,这样一来,车辆对路面的磨损反而降低了。

⑤对非法营运的处罚。香港对假牌套牌的车辆管理很严,处罚力度也很大。在车辆进出码头和二线关时,严格管理,一旦发现假牌套牌的车辆,事主要承担刑事责任。由于正规运营的费用也不高,假牌套牌的风险又大,香港货柜车几乎没有假牌套牌的现象。

(2)深圳市的发展经验。

目前在深圳注册的牵引车约 1.5 万辆,基本上全是国产车,主要有东风、解放、重汽斯太尔、陕汽、川汽、江淮汽车等品牌。49% 的牵引车功率在 154.35kW(不含)以下,半挂车以两轴车为主,占 90%,三轴车近 10%,单轴车很少。

深圳集装箱牵引列车主要承担着深圳港的集疏港任务,根据深圳集装箱协会对集装箱箱货总重的抽查,最重的 30.5t,最轻的 6t,平均 10.9t,20t 以上的只占 6.7%,箱源主要集中在珠三角地区。由于集装箱牵引列车的养路费主要由半挂车负担,因此每辆牵引车目前一般只配一辆半挂车,每天平均行驶的里程约 200km,基本上只能是每天往返工厂和码头之间运作一次。

交强险政策颁布以来,由于其对牵引车和半挂车的投保和相关费率上有许多不合理甚至不妥之处,使得甩挂运输发展受到阻碍。为此,深圳积极听取行业意见,实事求是调整,在全国率先实行交强险的"深圳模式"。该模式为:有关政策集装箱半挂车不另投保"交强险",而是包含于集装箱牵引车,集装箱牵引车只要缴了"交强险"所规定的保费,即不再另行征收集装箱半挂车的"交强险"保费,同时明确集装箱牵引车拖带审验合格的挂车时,主挂车视为一体,发生保险事故时,在车辆保险责任限额内由主车统一理赔。此做法不仅适用于"交强险"也适用于商业险。根据了解,深圳公安部门也已同意此种做法,即在集装箱半挂车年审时,只要提供主车"交强险"保单即可,无须再单独提供集装箱半挂车"交强险"保单。深圳政府的这种做法在业界得到广泛好评。

(3)山东省的发展经验。

为进一步加快道路货运业结构调整,推动道路货物甩挂运输工作开展,山东省交通厅2007年出台了《关于印发〈推行道路货物甩挂运输的意见〉的通知》,计划选择大型规模运输企业在货物流量大、流向较为固定的线路上以合同运输为切入点先行试点,通过实施养路费、货运附加费包缴优惠措施,落实甩挂运输站场改扩建补助资金,安排专门人员重点指导等办法,争取用3~5年的时间,在全省推行道路货物甩挂运输。

山东省交通厅成立了道路货物甩挂运输领导小组,全面推进道路甩挂运输工作的开展。山东省提出,要以货运为主线,引导运输企业发展甩挂运输,为工商企业提供第三方物流增值服务,逐步建立以甩挂运输为主导方式的快速、准时物流配送网络系统,在试点线路实行甩挂运输。此外,一些城市的配送物流企业也开始尝试采取甩挂方式运输。具体有以下措施。

首先,选择产品流量大、流向较为固定的工商企业,以合同运输为切入点,以甩挂运输为主要组织方式,在固定线路上开展第三方物流服务;其次,依托大型的商贸市场,选择点对点或多点的商品的营销和运输路径,以企业规模大、服务质量高、经营信誉好的运输企业为主体推行甩挂运输;另外,在现有的快货专线企业中,择优选择,按照甩挂运输的要求进行经营模式和组织方式的变革,发展甩挂运输;同时依托集疏能力强的若干货运站场,形成开展甩挂运输的市场网络,企业、车辆和站场加盟合作,发展社会公用型的甩挂运输,并注意选择道路货物甩挂运输基础较好的企业作为试点单位。

为鼓励甩挂运输的发展,山东对在该省内运行的甩挂运输车辆的养路费、货运附加费等规费,在试点期间实行包缴优惠。此外,甩挂运输的牵引车将坚持合理匹配原则,即牵引车的准牵引总质量与挂车核定载质量相适应,牵引车与挂车的配比暂时按1:3配备。

1.3 我国甩挂运输发展存在的问题

甩挂运输是社会化大生产客观要求和国民经济发展的必然结果,显示的是军团协同作战能力。但我国的货运准入门槛低,组织化水平、信息化程度低,制约了甩挂运输的发展。20世纪70年代,我国就已经有学者在积极倡导当时国外已十分盛行的甩挂运输了。过去,我国由于交通法规的原因,挂车与牵引车必须同时匹配使用,近几年来,各省市均陆续对这一影响甩挂运输的法规进行了修订,允许牵引车和挂车同一牌照或不同牌照,有些省份则规定牵引车和挂车必须分开上牌,从车辆管理上为甩挂运输的实施提供了有利的条件,但时至

今日,我国甩挂运输发展依然较为缓慢,在发展和推动中仍存在着相关制约因素和瓶颈问题,究其原因,主要反映在以下几个方面。

1.3.1 运输主体无力从事规模运输,个体本位观念与社会化大生产日益冲突

至2014年年底,我国货运企业已达3000多万户,从业人员1108万人,市场表现为散、小、乱、差,尤其是新车型投放过快、过多、过滥,相当于全世界车型数量的总和,标准化程度低。有些车辆经营者采取四种方式赚取微薄"利润":一是"车辆挂靠"经营;二是用套牌车、报废车非法营运;三是伺机超限超载;四是压低运输价格和人工成本。另外,大多生产企业、商家企业的外包意识不强,大多选择自行运输,或者被不良中介非法倒卖货源、层层剥利。货源分散、运力分散,迫使专业运输企业疲于奔命,依靠不规范竞争来求取生存,甚至诱使小物流企业棋走险招,酿就贿赂揽运、"货运蒸发"等违法案件。尽管国内的货运量每年都在快速递增,但运输市场竞争依然惨烈。货源来源不一,也不成规模,更无法保证回程一定配货,在这种条件下上马甩挂车,就会出现车辆周转不灵活、空置,反而会更浪费。

1.3.2 物流服务的低层次和对时间价值的忽视

对于适宜采用甩挂运输的大中型公路货运企业而言,企业管理理念及手段的缺乏也是甩挂运输无法发展的原因。运输企业缺乏长期固定的客户,零散的甩挂运输需求使得企业开展业务困难,经济性差;运输企业的货源较为局限,使得提高牵引车使用效率没有实际的经济意义,而多购置的挂车只会徒然增加投资。缺乏长期固定客户和货源短缺都反映了目前我国物流服务水平的低层次状态。我国目前铁路运输尚未开展驮背运输,带有挂车的水路滚装运输也没有进行。对运输及多式联运的装卸效率和全程运达时间的要求不高,这在一定程度上影响了甩挂运输的应用。

1.3.3 管理技术手段的滞后

由于甩挂运输是一种先进的运输组织方式,适宜于运量规模较大、网络化经营的货物运输,除了运输组织与管理因素之外,一些诸如信息传输,车辆跟踪与调度等技术手段也是影响甩挂运输效果的重要因素。我国运输企业市场集中度低、企业规模小,在组织规模化与网络化的运输方面技术手段缺乏,难以适应甩挂运输的技术要求,由于技术手段的落后也影响了甩挂运输的优势发挥。

道路甩挂运输迫切需要科技与创新做支撑,需要运用先进的运输装备和组织技术实现运输组织的规模化、集约化和网络化,这是当前物流企业普遍遇到的一个难题。然而,破解这个难题,需要有一个区域范围内的信息发布中心和有关部门的密切配合以及切实可行的保险机构和结算方法来支撑,也需要企业有一定规模和雄厚的经济实力。尽管国内也有一些企业建立了网上车场、网上货场和呼叫系统,但是货源缺乏、GPS技术应用不足等问题,始终困扰着这些设备的市场营销推广和实际应用,实际上只能是形同虚设。

1.3.4 运输管理制度的制约

从整体上看,目前我国甩挂运输的发展严重滞后,挂车数量少,拖挂比低。虽然社会和

部分运输物流企业发展甩挂运输的需求非常强烈,但是由于一些既有的管理制度和政策不明确或不合理,没有考虑甩挂运输的特点,致使开展甩挂运输的成本明显偏高,严重束缚了甩挂运输的发展。突出体现在以下几个方面。

(1)车辆保险政策。

半挂车是开展甩挂运输的重要载体,而按照2004 年出台的《中华人民共和国道路交通安全法》和2006 年7 月《机动车交通事故责任强制保险条例》,甩挂运输的牵引车和半挂车须分开投保,且半挂车要独立承担风险责任。由于负担费用过重,企业在甩挂运输中单一项挂车的“交强险”成本压力过大,致使甩挂运输难以快速顺应发展。

现行的保险制度存在以下问题:

①混淆了事故主体。由于挂车自身没有动力,需要牵引车拖带行驶。因此,发生交通事故,挂车不应该承担事故责任,但是按照目前的规定,半挂车要独立承担风险责任,这就混淆了事故责任主体,特别是当牵引车和挂车并不属于同一所有者的情况下,很容易引起经济纠纷。

②加重了企业负担。按照目前的半挂车单独征收、单独承担风险的保险政策,运输企业发展甩挂运输,增加挂车数量,就要增加保险费,从而在一定程度上形成了对“一拖多挂”的甩挂运输发展的制约。

(2)车辆年审检测政策。

现有的管理制度对于半挂车和牵引车实行同样的检测制度,这对于行驶里程明显低于牵引车且不具备动力的半挂车显然不合理,增加了企业的负担。同时,由于牵引车和半挂车的检测时间往往不一致,半挂车检测也需要占用牵引车的运输生产时间,从而消耗了大量的运力资源。目前,挂车一年需要办理的各种年审手续包括:一次年检,三次季度检(实际上是四次,其中一次和年检合并),一次营运检。企业因为挂车多,而且需要牵引车一趟一辆拉往检测站检测,耗时耗力。据测算,如果一辆牵引车配四辆半挂车,全年车辆检测大约要占用牵引车28 个工作日,既不利于节能减排,也阻碍了甩挂运输的发展。

(3)挂车牌证管理问题。

打破牵引车与挂车之间的固定搭配,使牵引车能够与不同的半挂车自由组合,是发展甩挂运输的前提条件。然而在我国现行挂车牌证管理政策上却存在着诸多的不利因素。

①根据我国机动车分类标准,牵引车和半挂车均属机动车,均应按照规定进行管理,其上牌则分为固定搭配(头尾共用1 套车牌)和甩挂(头尾各用1 套牌证)两种。但目前有些省份半挂车并没有纳入机动车管理范畴,使政府主管部门对半挂车的管理无法到位。

②对于隶属于不同企业间、不同行政区域间的牵引车和半挂车能否自由组合,并没有统一明确的规定,各地在执行中存在很大差异,有的地方要求牵引车和挂车必须属于同一家企业,否则就不允许其上路行驶,从而在一定程度上制约了甩挂运输的发展。

③在半挂车没有分开管理之前,半挂车均未缴纳甩挂运输购置税,上牌后则需要补缴。

④假牌套牌车等非法营运行为还没有得到彻底的根治,使运价竞争恶性发展,造成了市场的不规范和大量的安全隐患,同时,行业发展恶性循环趋势加剧。

这些不利因素使得企业在推广甩挂运输、参与市场竞争时处于劣势的地位。

(4)集装箱挂车的使用年限问题。

目前,国家没有对挂车的使用年限进行单独规定,那么就意味着挂车和牵引车同样只有10年的使用年限,实际上,正是因为甩挂运输、“一头多架”、挂车轮流上路等使得挂车的使用寿命将比牵引车来得长。挂车的使用年限如果根据“只要年检可以通过就可以长期使用”的原则来管理则比较合理。

(5)海关监管问题。

目前,我国的海关监管以集装箱牵引车为监管对象,并将牵引车、半挂车、集装箱视为一体化组合进行监管,不允许牵引车、半挂车分离,而且集装箱的海关报关检验需要较长的等待时间,这也在一定程度上限制了甩挂运输的发展。

1.4 发达国家甩挂运输发展概述

在发达国家,有70%~80%的社会运输总量采用的是甩挂运输方式。1920年,美国一家叫作马丁的公司开始销售挂车。半挂车的诞生,让原本只能运载1t货物的福特T型车可以运载2~3t的货物,最大化地提升了车辆的装载能力。美国公路网建设之后甩挂运输大力发展。20世纪初期,半挂车已经出现在日常的运输当中。虽然它拥有着在当时看来惊人的装载量,但是由于道路的原因,并没有被推行开来。20世纪后期甩挂运输在美国开始普及。20世纪50年代,美国大规模建设洲际高速公路之后,拖挂组合的重载汽车列车逐渐成为干线公路货运的主力。随着运输业的发展壮大,美国公路运输也曾一度出现过混乱的局面。在1980年美国国会出台的《汽车运输法案》,增加了对运输交通行业的监管,为美国公路运输行业奠定了一个稳定的基础。20世纪后期,随着公路网的完善,原先单车的装载量已经远远跟不上货运的需求。挂车凭借其装载能力以及长途的续航能力,很快在美国上遍地开花。高效的车辆利用率、减少牵引车的投资成本、减小对环境的污染等诸多的优势,让甩挂运输很快成为美国运输业的一道风景线。不过,这一切都需要建立在完善的法规制度之上。

1.4.1 甩挂运输的发展及其内在动因

交通运输体系由三个主要部分组成:

(1)载运工具生产系统。载运工具也就是交通运输活动设备,是旅客和货物的承载体,也是形成动态交通流的基本单元。

(2)具有一定基础技术与装备的运输网及其结合部系统。运输线路是运载工具的载体,运输线路一般呈网状布局,线路之间的交叉点形成交通节点,而在大城市和区域经济中心各种运输方式的结合部,多形成交通枢纽。以运输线路和交通枢纽为主体,构成交通运输活动的固定设备。

(3)交通运输组织、管理和协调系统。运输经营管理系统是为保证交通工具和运输线路相互配合、安全有效运行而设置的,不仅要对交通流实行及时正确的动态监测、疏导、调整和控制,而且要经济合理地整合运输资源,科学有效地组织运输生产过程。

如果笼统地认为水路运输、铁路运输、管道运输、公路运输、航空运输属于人类社会科技进步成果在实现人和物空间移动方面的创造性运用,则可认为集装箱运输、多式联运、甩挂运输等应当归为人类在交通运输的发展过程中对某些运输组织管理技术的创新。道路甩挂运输属于一种运输组织方式,其产生与发展顺应了交通运输发展的某种趋势和要求。我们曾经从交通运输体系三个主要组成部分的角度出发,简要归纳交通运输发展过程中一些典型的工程、装备、组织管理技术出现的时间节点及其发展概况,以辅助明确道路甩挂运输的由来及其在整个交通运输发展历程中的位置和预期功能。这里,我们从货物运输载运工具(包括特定的容器,如集装箱)的运用技术的演变方面寻找道路甩挂运输产生与发展的动因。

1.4.2 集装箱运输利于运输服务水平和运输成本间的权衡

1801 年,英国的詹姆斯·安德森提出将货物装入集装箱进行运输的构想;1845 年,英国铁路使用载货车厢互相交换的方式,视车厢为集装箱,使集装箱运输的构想得到初步应用;19 世纪中叶,英国出现运输棉纱、棉布的一种带活动框架的载货工具,这是集装箱的雏形。集装箱这种货物装载容器的出现促进了集装箱运输组织形式的快速发展。集装箱运输就是指以集装箱这种大型容器为载体,将货物集合组装成集装单元,以便在现代流通领域内运用大型装卸机械和大型载运车辆进行装卸搬运作业和完成运输任务。集装箱运输组织形式使得运输服务水平和运输成本间的效益背反交叉点得到显著优化。

(1)在提高运输服务水平方面

第一,集装箱运输能够在简化货物包装的同时保证货运质量。集装箱具有坚固密封的箱体,一般不易发生盗窃事故,且足以防止恶劣天气对箱内货物的破坏。在运输和装卸过程中,与外界接触的是箱体而非货物,因而货物破损事故大为减少,对货物的包装要求不像传统散运那样严格。

第二,以集装箱作为运输单元,在由一种运输方转换到另一种运输方式实现联合运输时,换装的是集装箱,箱内的货物并不需要搬动,大大简化和加快了换装作业。由于集装箱具有坚固、密封的特点,口岸监管单位可以加封和验封转关放行。因此,集装箱能把海运和内陆的铁路、公路、水路等多种运输方式以及与进出口业务有关的口岸监管工作联合起来进行一体化的多式联运,从而大大提高运输服务质量。为了方便货主及保证货物运输安全,集装箱运输经营者强调一体化的运输服务,托运人只需一次托运、一次交费,即可获得全程负责的"门到门"运输服务。

(2)在降低运输成本方面

第一,由于集装箱的标准化,车船载重和容积得到充分利用,增加了运费收入,降低了运输成本。集装箱运输是实现全部机械化作业的高效率运输组织形式。将不同形状、尺寸的件杂货装入具有标准规格的集装箱内进行运输,从根本上解决了现代化生产的标准化前提,为实现高效的机械化作业创造了重要条件。集装箱运输各环节所采用的硬件设备大多是效率很高的专用设施和设备,具有装卸速度高、运输工具周转快的优点,常规的件杂货运输所无法比拟的。集装箱的标准化和单元化特点,使集装箱运输非常适合使用现代科学方法加以管理,特别是可使用计算机进行管理,在提高运输服务质量的同时也降低了运输成本。

第二,货物装在集装箱内,集装箱本身实际上起到一个强度很大的外包装作用,货物在箱内由于集装箱的保护,不受外界的挤压碰撞,故货物本身的外包装就可大大简化从而可以节约包装费用。由于集装箱运输有利于采取多式联运,特别是"门到门"运输,货物在发货地装箱，经验关铅封后，一票到底，途中无须拆箱而又便于直接换装，大大减少了中间环节，简化了货运手续，加快了货运速度，缩短了货运时间，从而减少了商品在途时间，节约商品在流通过程中所占用的资金。

1.4.3　多式联运促进了国际运输流程的便捷顺畅

国际多式联运简称多式联运，是在集装箱运输的基础上产生并发展起来的新型的运输组织方式。多式联运一般以集装箱为媒介，把海上运输、铁路运输、公路运输、航空运输和内河运输等传统的单一运输方式有机地结合起来，构成一种连贯的过程来完成国际间的运输。20 世纪 60 年代末，多式联运开始在美国出现，经试办取得显著效果，受到贸易界的欢迎。随后美洲、欧洲及非洲部分地区很快仿效，广为采用。构成国际多式联运需要具备的条件包括：

第一，要有一个多式联运合同，明确规定多式联运经营人（承运人）和托运人之间的权利、义务、责任、豁免的合同关系和多式联运的性质。

第二，使用一份全程多式联运单据，它与传统的提单具有相同的作用，是一种物权证书和有价证券。

第三，必须是国际间的货物运输，也就是说，在国际多式联运方式下，货物运输必须是跨越国境的一种国际间运输。

第四，必须由一个多式联运经营人对全程运输负总的责任。

第五，必须是全程单一运费费率。多式联运经营人在对货主负全程运输责任的基础上，制定一个货物发运地至目的地全程单一费率并以包干形式一次向货主收取。

多式联运集各种运输方式于一体，组成连贯运输，达到简化货运环节、加速货运周转、减少货损货差、降低运输成本、实现合理运输的目的，它比传统单一运输方式具有无可比拟的优越性；责任统一，手续简便；减少中间环节，缩短货运时间；节省运杂费用，有利于贸易的开展。

1.4.4　甩挂运输是提升道路载运工具运用效率的重要手段

如果把集装箱、厢式车、大吨位车辆的推广使用视为道路运输发展史中运输设备的革新，甩挂运输则是基于既有设备的一种创新型道路运输组织形式。在甩挂运输实践中，运输企业使牵引车或牵引汽车（带牵引装置的载货汽车）与半挂车能够自由分离与结合，通过半挂车或挂车的合理调度与搭配，缩短因装卸货物而造成的牵引车或牵引汽车停靠时间，提高车辆动力部分利用率。

甩挂运输的产生与发展是大吨位货运车辆发展的必然结果。这是因为：提高汽车货运效率的重要途径是提高车辆的装载能力，提高车辆装载能力最现实的措施就是使用大吨位货车，而继续提高汽车货运效率或运输经济效益则需着眼于货车之外的途径，这使人们自然地将目光转移到车辆的动力部分。对于车辆动力部分的使用效率提升，可从其燃油经济性着手；但该途径更主要地受到硬技术水平的影响；在一定的技术水平下，提升车辆动力部分的有效工作时间不失为另一种明智的选择。实践证明，甩挂运输是提高汽车货运效率和运输经济效益的另一种思路，甩挂运输能够增加牵引车的有效工作时间、降低牵引车的购置费用。

1.4.5 驮背运输有助于改善公路运输对环境的影响

驮背运输产生于美国的公路铁路竞争。美国铁路针对公路运输的迅速发展给其造成的市场竞争压力,提出并采用了驮背运输和箱驮运输,即把集装箱半挂车或集装箱装到铁路平车上进行运输,这样铁路运输的运费低、可靠性好的优点同公路能实现“门到门”运输的优点结合起来。此外,由于采用铁路作为干线运输方式,驮背运输对道路运输的环境污染和拥挤状况有一定的改善作用。驮背运输的优势在于:驮背运输能够迅速可靠地运送货物。美国的驮背运输产生于铁路与公路的竞争中丧失不少运量的时期,驮背运输之所以能够发展起来,是因为驮背运输拥有比公路运输优越的运送时间和可靠性;驮背运输也是环保高效的运输组织形式。驮背运输可以缓解劳动力不足,减少道路运输工具污染物排放对环境的污染,提高货物的送达速度和道路运输车辆的使用效率,降低运输成本。

1.4.6 几种货运组织形式的比较

集装箱运输、多式联运、甩挂运输和驮背运输是迄今为止交通运输领域内广泛采用的较为成熟和完善的几种运输组织形式,这些组织形式的产生与发展主要受到机械设备和动力领域技术进步因素的影响,同时,交通运输组织管理思想和技术的创新也发挥着不可忽视的作用。整体而言,集装箱运输、多式联运和驮背运输主要侧重于充分发挥不同运输方式的技术经济优势,实现较高的货物运输服务水平和较低的运输成本之间的平衡,而甩挂运输产生和发展于公路运输领域、侧重于提升道路货运效率,其后也逐渐向依托甩挂运输车辆的多式联运方向发展(表1-2)。

几种运输组织形式的简要比较 表1-2

运输组织形式	出现时间	产生与发展的内在动因	涉及范围	涉及的主要装备
集装箱运输	20世纪初	降低运输成本的同时提高运输服务水平	水路运输、铁路运输、公路运输、航空运输	集装箱
多式联运	20世纪30年代	国际运输流程的便捷顺畅	水路运输、铁路运输、公路运输、航空运输	国际集装箱
甩挂运输	20世纪40年代	提升载货汽车的运输效率	水路运输、铁路运输、公路运输	牵引车、挂车、滚装船等
驮背运输	20世纪50年代	改善汽车对环境的影响,提高公路运输可靠性	铁路运输、公路运输	集装箱、公铁两用车、铁路平车

1.5 我国甩挂运输发展概述

1.5.1 我国甩挂运输的发展动因

1.5.1.1 外在动因

改革开放以来,我国经济和社会发展为交通运输行业的快速发展提供了空前动力。特别是进入21世纪以来,我国工业化与信息化融合发展的背景为综合交通运输行业的发展提供了重要的技术支撑和运输需求条件。快速发展的工业化和城市化，对交通运输无论是量的方面还是质的方面都提出了新的更高的要求，但由于我国大的运输比例结构存在问题，道路运输组织化、集约化又比较低，致使运输效率低、成本高的痼疾长期得不到解决。随着应对气候变化的国际性难题的进一步凸显和世界各国对其国民经济各行业节能技术的创新发展，交通运输行业节能减排的压力加大。这些因素已经成为我国道路甩挂运输发展的重要动因。

改革开放以来，中国工业实现了跨越式发展，建立起相对完善的产业体系，中国工业化开始进入加速发展的新阶段。作为一个人力资源丰富、自然资源短缺、生态环境脆弱的发展中大国，中国工业化面临着更加严峻的挑战。长期以来，我国经济的快速增长在很大程度上是依靠消耗大量物质资源实现的，经济增长方式粗放，呈现出高投入、高消耗、高排放、低效率的特征。同时，中国的经济增长主要依赖于投资与出口拉动，工业经济在整个国民经济中占绝对主体地位。但中国工业整体的技术创新能力仍然薄弱，管理水平落后，结构性矛盾突出，我国正处于工业化加速发展的重要阶段。面对工业化、信息化、城市化、市场化、国际化深入发展的新形势、新任务，党中央、国务院提出大力推进信息化与工业化融合，走中国特色新型工业化道路，实现经济从粗放经营向集约经营转变，从规模速度型向创新效益型转变，全面转入科学发展的新阶段。这是基于我国基本国情得出的重要结论，是顺应全球化发展潮流的现实选择，是中国将要长期面对的艰巨而繁重的战略任务。

在党的十八大提出：要进一步推动交通运输科技创新，特别是把信息化、智能化作为下一轮发展的支撑点，全面提升交通运输服务水平、管理水平。要深刻认识大部门制和综合运输体系的相互关系，充分发挥政府和市场"两只手"的作用，使各种运输方式的整体优势和组合效率最大化，新型工业化道路必须与经济社会协调发展。一是工业化和信息化协调发展，加快两化融合；二是工业化和生态保护协调发展，走绿色工业化；三是工业化和农业现代化协调发展，以工业化促进农业现代化；四是高新技术和适用技术协调发展，走高质量工业化之路；五是工业化和全球化协调发展，走国际化市场之路；六是工业化和服务业协调发展，走繁荣现代服务业之路。

在现阶段，我国正处于工业化、信息化、城市化、市场化、国际化的新背景中，这个背景是发达国家未曾经历的。城市化与信息化推动着城市群的发展.并促进了城市群之间的分工协作过程，进而带动城市群间的人员、物资交流；工业化、城市化、市场化推动着区域经济分工进程，而国际化、城市化、工业化、信息化推动着我国进一步参与全球资源配置活动，正是在资源的全球配置、经济发展的空间分工与布局等因素的作用下，全社会交通运输活动特别是货物运输活动呈现出更加活跃的状态。活跃的货物运输不仅体现在规模的变化上，更体现在运输服务质量的提升上。另外，工业化与信息化的融合发展为交通运输的发展提供了更加有力的装备制造、基础设施建设、运输组织管理技术的支持。综合交通运输系统如图1-1所示。

1.5.1.2　交通运输行业的节能减排与应对气候变化

20世纪50年代以来，世界各国意识到，水路、铁路、公路、航空和管道五种运输方式是相互影响、优势互补的，各个国家开始有计划地发展综合运输。从各种运输方式进行货物运输时的碳排放情况看，差异是非常明显的，以平均每吨千米货运量的 CO_2 排放［单位：g／(t・km)］

为标准:铁路为 18 ~ 35,海运为 2 ~ 7,河运为 30 ~ 49,公路为 62 ~ 110,空运大于 665。全球由化石燃料产生的 CO_2 排放量由 1990 年的 61.49 亿 t 增长到 2000 年的 83.65 亿 t,增长了 36%。1990 ~ 2004 年,全球 CO_2 排放量增长了 27%,由 204.63 亿 t 增长为 260.79 亿 t。同期的运输业的能源需求增长了 37%。世界上两个最大的温室气体排放国是美国和中国,1990 ~ 2014 年,美国 CO_2 排放量约增长了 20%,中国 CO_2 排放量约增长了 110%,而运输业的能源需求约增长了 200%。

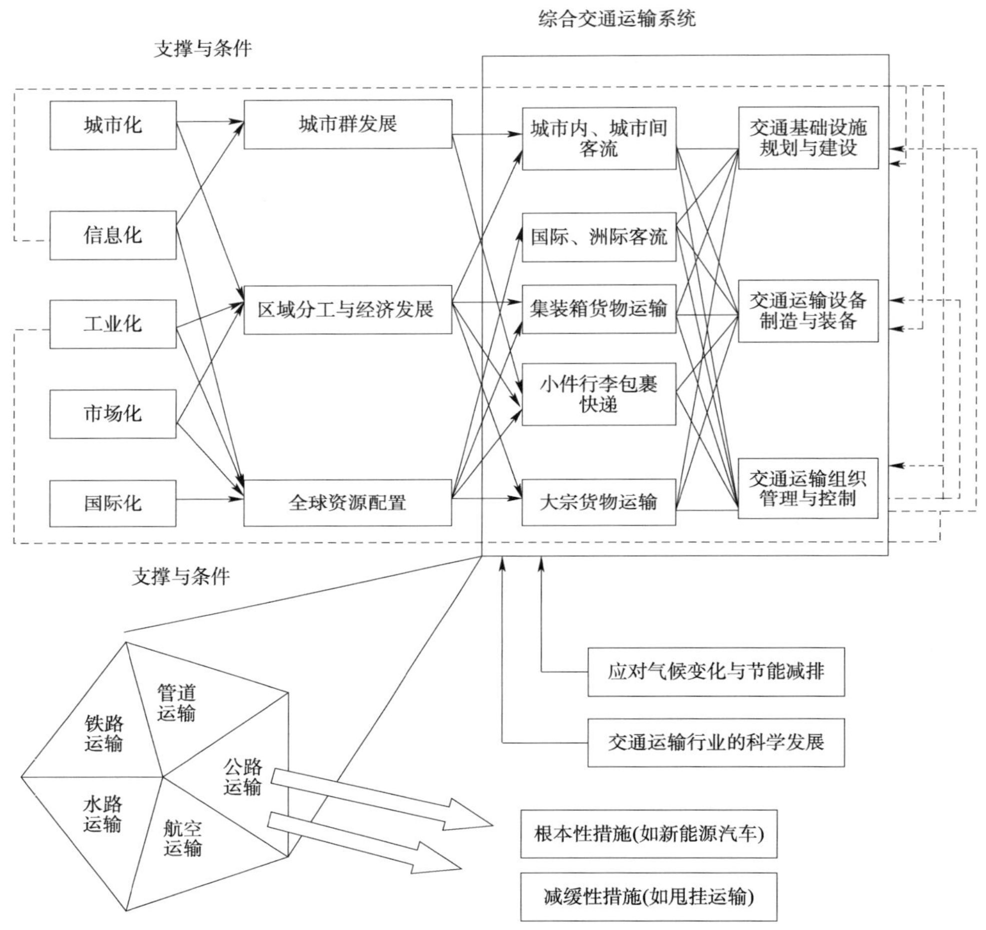

图 1-1　综合交通运输系统

欧洲运输业的温室气体排放一直处于增长状态,增长的主要原因是货运量和客运量在快速增长,这种快速增长把来自车辆燃油和能源利用率提升等技术创新创造的低碳效果抵消了。在货运方面,道路货物运输增长最快;在客运方面,私人小汽车和民航客运增长最快。2008 年,道路运输业的 CO_2 排放是欧盟 15 国(包括奥地利、比利时、丹麦、芬兰、法国、德国、希腊、爱尔兰、意大利、卢森堡、荷兰、葡萄牙、西班牙、瑞典、英国)CO_2 排放总量的第二大来源(占排放总量的 19%)。1990 ~ 2008 年,欧盟 15 国道路运输业的 CO_2 排放量增长了 21%。这些排放主要是由于道路运输过程中大量使用化石燃料,1990 ~ 2014 年欧盟 15 国道路运输业的化石燃料消耗增长了 26%。为抑制和降低道路运输业的碳排放,世界各国探索使用了多种措施,这些措施所发挥的作用差异较大。

(1)提升能源利用效率。1990～2014年,汽车的能源效率大约提升了12%。然而,这并不能足够地抵消依托小汽车的30%的出行增长幅度,因此,汽车燃油消耗仍增长了约20%。以欧盟为例,其用于减轻环境压力的政策主要侧重于提高车辆技术和燃油品质,而实践表明,这些政策并没有在减少运输业温室气体排放中发挥足够的效用,这些效用往往被持续增加的运输量抵消了。

(2)限速。由于车辆的行驶速度与燃油消耗之间存在强相关关系,车辆行驶速度与碳排放有密切关系。通过在一定路段上实施严厉的限速措施可减少碳排放。以荷兰为例,在鹿特丹的某高速公路的一段3.5km的区段上,车辆允许行驶速度由120km/h降为80km/h。实践表明,严格的限速措施在试点区段上可有效减少碳排放,试点区段在2002年的CO_2排放减少了15%(约1000t)。值得注意的是,由于重型货车的速度有限制,限速措施对于有大量重型货车行驶的路段而言,其减排的效果并不明显。

(3)其他。主要包括:设立低排放区(如奥地利在蒂罗尔的某高速公路低排放区内,7.5t以上的半挂车和汽车列车必须达到欧Ⅱ排放标准);使用替代能源;改善路网等。

发达国家发展低碳经济的重点是降低CO_2排放,主要致力于从化石能源向非化石能源转型,将节能重点放在建筑与交通领域。以美国为例,美国交通运输系统每天要消耗约1250万桶原油,这相当于美国国内的全部产量加上一半的原油进口总量。虽然石油燃料保持可靠供应是可行的,但由于依赖石油燃料,每年产生的碳化合物排量将明显增加。与此同时,交通运输系统排放了挥发性有机氧化物总量的30%、臭氧污染物的40%、一氧化物的80%,并且是颗粒物排放的主要来源。根据《2050年美国交通运输远景》的研究结论,美国改变交通运输的能源消耗结构将对能源安全和环境产生明显的效益,通过使用非碳燃料和高效率的交通运输工具,可以消除美国政府对国外石油的依赖,并且可以减少温室气体排放。实际上,近年来发达国家普遍采用节约环保的可持续交通运输发展战略,推动公共交通和快速、重载、大容量、节能环保交通装备的发展,并通过先进的交通运营组织技术最大限度地提高交通运输系统的效率。

由于能源、资源、环境限制和经济社会发展需求之间的失衡性矛盾,我国在发展低碳经济过程中不得不面对很多限制因素。目前,中国已经成为温室气体的最大排放国。在尚需依靠高碳产业发展的情况下,中国很难进行低碳经济转型,但是粗放式增长的经济发展方式有很多节能减排的空间。节能减排的范围较低碳经济要广泛一些,更适应现阶段我国的国情。我国的“九五”计划提出节能率平均每年为5%的目标,“十五”计划提出节能和减少主要污染物排放10%以上,“十一五”规划提出单位国内生产总值能耗降20%左右、主要污染物排放总量减少10%的目标。2009年11月26日,中国政府宣布到2020年单位国内生产总值CO_2排放比2005年下降40%～45%。

我国原油消费主要在工业部门,其次是交通运输业。但从原油加工后的成品油,即汽油、柴油、煤油等的消费状况看,我国汽油、柴油和煤油消耗的主要部门是交通运输部门。交通运输行业作为主要的能源消耗终端部门之一,其节能工作的成效对中国建立资源节约型社会、保证全国节能工作的有效实施具有重要意义。特别是由于交通用能以传统的石油燃料为主导技术模式,加大交通节能力度,将对节约石油资源、缓解石油消费增长压力、减少排放和提高环境质量等产生重大积极影响。但是,中国的交通运输系统长期以来发展滞后,实施交通运输节能工作必须在促进交通运输发展的前提下积极推进,不能因为交通运输节能工作的开展而制约或影响交通运输发展,这与发达国家基于已经建立起完善的交通系统开展节能具有明显的不同。当然,中国可以利用后发优势,吸取国外在解决交通运输发展和节能方面的经验教训,实现交通运输发展与节能两者并举。

在我国国家应对气候变化领导小组暨国务院节能减排工作领导小组、交通运输部节能减排工作领导小组等机构的领导、指导和协调下,我国交通运输节能减排工作取得了一定成效。但是,周期性出现的经济金融危机往往给交通运输节能减排工作提出新问题和新挑战,我国要在保持交通运输业平稳较快发展中坚持节能减排,必然面临技术创新、管理创新的压力。要把节能减排作为应对经济金融危机、促进交通运输发展的增长点,就需要探寻减缓性措施,以寻求发展与节能的平衡点。甩挂运输就是这样的措施之一:甩挂运输可以在保证运力满足经济社会运输需要的前提下有效降低运输生产活动的单位能耗和排放。长期以来,我国道路货运方式比较落后,特别是甩挂运输发展滞后,牵引车和挂车数量少,拖挂比低,道路货物运输仍然以普通单体货车为主,影响道路运输业整体水平的提升,与节能减排和发展现代物流的要求不相适应。发展甩挂运输,对于降低物流成本、推动现代物流和综合运输发展、促进节能减排、提升经济运行整体质量具有重要意义。

1.5.1.3 我国交通运输行业的科学发展

进入21世纪以来,我国社会主义现代化建设在实现了前两步战略目标的基础上,开始全面建设小康社会,向着第三步战略目标——2050年基本实现现代化迈进。当前,世界上发达国家已基本实现工业化,经济结构调整在不断探化,制造业正加快从生产型制造向服务型制造转型,服务业正在从传统的服务经济向现代服务经济转型。自改革开放以来,我国工业实现了跨越式发展,建立起相对完善的产业体系,成为全球制造业大国,工业化进入加速发展的新阶段。面对工业化、信息化、城市化、市场化、国际化深入发展的新形势、新任务,党中央、国务院提出大力推进信息化与工业化相融合,走中国特色新型工业化道路,实现经济从粗放经营向集约经营转变、从规模速度型向创新效益型转变,全面转入科学发展的新阶段。工业化与信息化融合的发展进程与交通运输发展过程之间存在密不可分的联系,实现全面建设小康社会的目标必然涉及交通运输发展战略的选择问题。实际上,交通运输部已经提出了在2040年全国基本实现交通运输现代化的战略目标。公路运输现代化就是伴随着工业化社会和信息化社会的发展,公路运输领域产生进步变革的过程。在一定的经济社会公路运输需求条件下,公路运输现代化能够实现社会资源的最佳配置。公路运输现代化以先进的工业化技术和新型的信息化技术为前提,以运输资源更加科学合理地配置为目的,以高度发达的交通基础设施和科学完善的管理为特征,以满足高度发展的经济、社会的各种公路运输需求为结果。

作为公路运输重要子系统的道路货物运输,在公路运输现代化的进程中必然扮演着重要角色,公路运输现代化向道路货物运输的发展提出了更高的要求,而道路货物运输的超前发展必将助推公路运输现代化进程。道路货物运输现代化是公路运输现代化的重要组成部分,对于降低运输成本、提高运输效率、降低公路损耗、减少交通事故、节约能源和保护环境等具有重要意义。实现道路货物运输现代化,就是要形成符合技术进步发展趋势、适应中国

经济地理特点和运输市场要求、依托发达的运输基础设施网络、使用先进的货物载运工具、建立高效的运输组织管理体系、能够为经济社会发展提供优质服务并能够促进经济社会可持续发展的现代化道路货物运输体系。目前,我国道路货物运输体系中最突出的问题主要表现在运输装备水平和运输组织方式比较落后方面,我国道路货物运输现代化应以改善和提高货物运输装备的水平、优化货运车辆结构为重点,带动运输组织形式和运输组织结构的优化。发达国家的经验表明,道路货物运输载运工具的发展方向包括大吨位车和小型车两种,大吨位车主要用于中长途道路货物运输,而小吨位车用于短途集散。中长途道路货物运输装备发展的方向是大吨位、专用化、低能耗和高可靠性,其中发展重点是半挂汽车列车。因此,我国道路货物运输装备水平的改善和提高应当致力于鼓励和推进厢式半挂车的发展、鼓励道路甩挂运输的发展。

1.5.2 我国甩挂运输发展的物流行业背景

1.5.2.1 物流行业快速发展的市场环境为货运和物流企业提供了稳定的需求条件

20 世纪 90 年代以来,随着现代物流理念在我国的深入宣传普及,我国现代物流行业在既有技术和实践经验积累相对薄弱的基础上取得了快速发展,特别是"十二五"时期以来,面对严峻复杂的国内外经济社会形势,我国经济保持了平稳发展。在经济发展和社会稳定的推动保障下,我国物流行业有效应对各种有利和不利因素的冲击,保持了规模上的较快增长和质量上的稳步发展,物流产业的地位得以确立和提升。根据中国物流与采购联合会相关资料,2010 年,我国社会物流总额和物流业增加值分别达 125 万亿元和 2.7 万亿元,与"十五"末期的 2005 年相比,双双实现了总量翻番,年均分别增长 21% 和 16.7%;社会物流总费用与 GDP 的比率约为 18% 左右;我国物流业增加值占 GDP 的比重达 7% 左右,占第三产业增加值的比重约为 16%。物流行业规模扩张的驱动力来源于经济社会发展需求,特别是作为生产消耗主体的工商企业的快速发展,提出了更多、更高服务要求的物流需求:①我国工业化进程和产业升级,若干工业企业加快资源整合、流程改造,或者采取多种方式分离外包其物流功能,由此产生第三方物流需求;或者采取合资合作的方式、生产制造企业与物流企业合资组建物流企业,由此成为制造业和物流业联动发展的表现载体。②在促进国内消费政策引导下,商贸物流加快发展,除了传统的生产资料流通企业和批发零售贸易企业拓展其物流功能外,电子商务和媒介物流"爆炸式"增长和农村物流开始释放成为新的增长极。与此同时,物流基础设施建设加快、基础设施规模和结构得以调整改善。"十一五"时期我国物流类基础设施投资超过 10 万亿元,年均增长 27.7%。到 2010 年底,我国公路网总里程达 398.4 万 km,其中高速公路 7.4 万 km,"五纵七横"12 条国道主干线全部建成;全国铁路营业里程在 9 万 km 以上,其中高速铁路运营里程已达 8300 余 km;内河通航里程 12.4 万 km,沿海港口深水泊位 1774 个,其中新增 661 个;定期航班机场达 176 个,其中新增 35 个。物流园区、物流中心、公路运输主枢纽、各类铁路货运站等物流类设施发展较快。经济社会发展产生的物流需求和物流行业供给能力的非同步、相互促进式的快速发展为各种货运和物流企业提供了稳定的市场需求条件和基础支撑保障。

1.5.2.2 物流行业性矛盾突出

单纯从衡量物流行业运行效率的指标——物流总费用与 GDP 的比率看,我国高出发达国家1倍左右。更关键的是,我国物流行业一直处于粗放式发展,企业的物流服务水平参差不齐,总体上较低,物流服务网络和基础设施网络协调性、配套性有待提高,物流市场主体多而散、企业集中度低,低层次竞争手段充斥市场导致竞争不规范。虽然物流行业的整体表现状况不佳,但作为盈利主体的单一物流和货运企业往往因地制宜地采取各种策略开展形式多样的物流活动,无论企业规模是大还是小,业务开展模式往往呈现出通用性特点;由于企业数量众多而单一企业资源配置和调控能力弱,货运和物流企业间合作联系密切,特别是在这类企业的集聚区域,企业间对应接不暇的物流需求的转手现象时有发生,其合作秩序良好;面对竞争激烈的物流市场环境和企业自身相对薄弱的盈利能力、相对难以有效控制的成本支出,物流和货运企业或者采用粗放式发展方式、"挖墙脚""争蛋糕",或者采用集约式发展方式,注重维持既有市场占有率下的成本控制;在其发展过程中,大量的中小企业在融资能力方面的欠缺是导致其资源配置和调控能力薄弱的重要制约因素,所以流动资金、融资成为一种关键的竞争手段,实际上,现阶段物流市场上不乏相关的风险投资商。

经过多年的发展,我国物流行业呈现出一个明显的特点:个别物流企业经营的高度组织性、有计划性和整个物流行业生产(物流服务)无序状态之间的显著矛盾。这一矛盾导致的直接结果就是物流行业的整体运行质量不高,物流成本的压缩空间小。

1.5.2.3 货运和物流企业资源配置问题多

我国货运和物流企业生存于整体运行质量较低的物流市场环境中,其面临的生存压力很大,一旦企业在残酷的竞争过程中形成相对稳定的运作模式发展惯性的影响使其很难对既有的物流业务运行模式(如业务网络扩张模式、运力调度模式、场站布局和经营模式等)做出激进式调整。这对于能够实现区域化、网络化、规模化经营的企业尤其如此。实际上,我国多数货运和物流企业的抗变动能力、应对市场突变能力是比较弱的。造成这种局面的原因有很多,如:

(1)个体、挂靠现象普遍,这使得具备规模的企业难以有力、全面地掌控运力,不具备规模的小企业经营灵活多变,导致货运运力市场整体无序而单个企业高度有序,可见,我国货运和物流企业经营和运作模式有待再造式设计、整合,甚至企业形态的革新。

(2)我国多数货运和物流企业的发展经验来源于传统运输仓储企业,加上我国物流行业的现代物流专业知识和技能的普及有所欠缺,货运和物流企业往往局限于传统的运力资源组织调度经验和方法,单纯追求短期的经济效益,专业化的运力调度组织方法和技术仍有待提升。

(3)我国多数货运和物流企业车辆保有量少,往往不具备规模化经营的条件,而合作开展物流业务时涉及收益分配、风险分配、责任划分等问题,难度大;此外,既有载运工具的技术状况参差不齐,匹配性和互换性差,而购置新车辆时考虑的因素不一(且受到车辆制造工艺水平、车辆性价比等影响),车辆选型的一般工作流程和辅助性标准缺失。

(4)我国自现代物流业得以重视并快速发展以来,物流信息技术的运用和物流信息系统的建设一直是热点和重点之一,但既有信息平台一般难以提供个性化的物流信息服务,个别企业商业秘密的安全性、虚假信息的有效分辨能力、信息交流机制和有关标准没有保障。

虽然现阶段我国物流业规模增长很快,但整体运行质量不高,物流成本的压缩空间小、物流总成本一直维持在过高的水平。物流行业运行质量的提高须依靠有关企业运行质量的

提升,而物流成本的节约须依靠有关企业提高效率、降低成本。从近年来我国物流总成本的构成看,物流成本中运输费用占50%以上,而道路运输费用又占到总运输费用的50%以上。可见,道路货运是我国压缩物流成本的重点领域。2009年国务院印发的《物流业调整和振兴规划》中,明确提出要大力发展大吨位厢式货车和甩挂运输组织方式,根据经济发达国家的经验,甩挂运输是一种集约、高效的货运组织模式,是道路货运业组织化、规模化、网络化、标准化发展的体现,其在提高货物运输效率、降低物流成本、促进节能减排等方面的优势显著。推广和发展甩挂运输有助于提高道路货物运输效率、加快车货周转、节约牵引车购置费用,从而为全社会物流成本的降低提供了条件。可见,甩挂运输能够成为我国现代物流业可持续发展的关键支撑因素。

1.5.3　我国道路甩挂运输发展概况

1.5.3.1　交通部对于甩挂运输的推动进程

我国的甩挂运输起源于20世纪80年代初,它是伴随着集装箱的发展而产生的,交通部对于甩挂运输的推动可分为两个阶段。

第一阶段:随着公路集装箱运输的发展,道路甩挂运输的理念得以接受并被试点运用。1986年5月,交通部公路局在广州召开"公路直达集装箱运输业务座谈会",重点研究讨论集装箱汽车甩挂运输问题,会议决定委托上海船厂集装箱分厂设计试制公路专用集装箱;6月,交通部公路局发布《关于开展公路直达集装箱甩挂运输试运线的通知》,确定在北京—沈阳、南京—扬州—南通、上海—杭州—南京、青岛—潍坊4条线路上组织甩挂试运。1987年10月,作为交通部在长江三角洲地区公路干线网上组织公路集装箱汽车甩挂运输试点企业的通沪杭集装箱汽车运输联合公司在南通举行开业典礼并正式投入运营。这对推动公路零担集装箱运输的发展起到了示范作用。1988年3月,南京—苏州—南通集装箱汽车运输联合公司成立,这是我国开通的第二条集装箱汽车甩挂运输试点线。1988年4月,山东潍坊—青岛集装箱汽车甩挂运输试点线开通营业。1988年4月,公安部交通管理局发布《关于集装箱牵引车甩挂运输管理问题的通知》,同意在4条指定线路进行甩挂,实行牵引车与集装箱半挂车分离,各自核发牌照,并要求将牵引车和半挂车的车型、牌照号码、行驶区域送经地区交通管理机关备案。1990年2月,交通部运管司在沈阳召开"集装箱汽车甩挂运输座谈会",专题研究了开展甩挂运输试点以来的工作经验和存在的问题。1996年7月,国家经贸委、公安部、交通部联合发布了《关于开展集装箱牵引车甩挂运输的通知》。该通知的发布成为我国交通部推动甩挂运输发展第一阶段工作的第一个标志。

第二阶段:自"十五"时期以来,从交通运输行业战略发展需要和企业需要出发,道路甩挂运输越来越被重视。交通部发布的多个政策文件多次提及要大力发展甩挂运输:"十五"时期直接提及鼓励发展甩挂运输的文件有一个,即《2001—2010年公路水路交通行业政策及产业发展序列目录》(交规划发〔2001〕268号);"十一五"时期直接提及鼓励发展甩挂运输的文件有多个,如《道路运输业"十一五"发展规划纲要》《公路水路交通"十一五"科技发展规划》《关于交通行业全面贯彻落实〈国务院关于加强节能工作的决定〉的指导意见》(交体发〔2006〕592号)、《关于印发资源节约型环境友好型公路水路交通发展政策的通知》(交科教发〔2009〕80号);而交通运输企业和行业协会也在呼吁解决制约甩挂运输发展的体制障碍方面做了大量工作，如：2006 年 7 月 2 日，交通部公路司在长沙召开道路货物运输座谈会，深圳市集装箱拖车运输协会做了《关于发展甩挂运输的政策建议》的发言。2007 年 7 月，厦门市集装箱运输协会、大连市道路运输集装箱运输分会、福州市港口协会集装箱储运分会、深圳市集装箱运输协会联合向交通部公路司发出呼吁函，呼吁交通部尽快在全国范围内统一调整集装箱牵引列车养路费征收方式。2007 年 8 月 21 日，由中国道路运输协会牵头，交通部公路司、交通部规划院与来自厦门、深圳、大连等地行业协会及山东、江苏、上海等地企业代表在北京举行了一场甩挂运输座谈会，呼吁交通部尽快协调解决制约甩挂运输发展的若干体制和政策方面的障碍。2009 年 12 月 31 日，交通运输部、国家发改委、公安部、海关总署、保监会联合发布了《关于促进甩挂运输发展的通知》（交运发〔2009〕808），该通知的发布成为我国交通运输部推动甩挂运输发展第二阶段工作的重要标志。2010 年，为贯彻落实国务院《关于进一步加强节油节电工作的通知》（国发〔2008〕23 号）、《物流业调整和振兴规划》（国发〔2009〕8 号）和《国务院关于进一步加大工作力度确保实现“十一五”节能减排目标的通知》（国发〔2010〕12 号）精神，根据《关于促进甩挂运输发展的通知》（交运发〔2009〕808 号），交通运输部决定开展甩挂运输试点工作，并制定了较为详细和颇具操作性的“甩挂运输试点工作实施方案”。该试点工作进程的主要目标体现在 4 个方面：一是培育一批具有示范效应的规模化、集约化、网络化运输企业，引领甩挂运输市场的规范运作和健康发展；二是建设一批能够满足甩挂运输作业要求、装备先进的货运场站，大力推广应用现代信息技术，积极发展适应甩挂运输要求的大吨位牵引车和厢式半挂车，为甩挂运输的高效运作创造条件；三是引导企业积极创新营运组织管理方式，探索形成适合不同区域、不同货类的若干种甩挂运输典型模式，为甩挂运输全面推广积累经验；四是根据甩挂运输发展的实际需要，在充分学习借鉴国际先进经验的基础上，紧密结合我国实际，抓紧建立健全政策法规和标准规范体系。结合我国现阶段甩挂运输发展实际，交通运输部选定了浙江、江苏、上海、山东、广东、福建、天津、内蒙古、河北、河南 10 个省（区、市）以及中外运长航集团、中国邮政集团等作为首批试点省份（单位）。而每个省（区、市）应推荐 1 ~ 3 家试点项目（单位）作为实施的主要市场载体。本次试点工作过程分为 3 个阶段：首先，2010 年 10 ~ 11 月为工作准备阶段，主要是确定试点项目（单位），制定试点方案，编制场站设施技术改造的工程可行性研究报告；其次，2010 年 12 月 ~ 2012 年 10 月为组织实施阶段，按照批准的试点方案和场站改造工作报告，组织实施；最后，2012 年 10 ~ 12 月为总结评估阶段，试点省（区、市）交通运输和发展改革部门及试点单位对试点工作成效及取得的经验进行总结。

1.5.3.2 我国甩挂运输发展的现实背景

我国自 20 世纪 70 年代就已经有学者在倡导当时国外已广泛应用的甩挂运输方式。过去，由于交通车辆管理等方面的原因，挂车与牵引车必须同时匹配使用。近年来，各省市陆续对这一影响甩挂运输的法规进行了修订，从车辆管理上为甩挂运输的实施提供了条件。但时至今日，我国甩挂运输市场发展依然较为缓慢。现阶段影响我国发展甩挂运输的因素很多。这些因素有来自运输市场的，也有来自宏观政策的；这些因素所起的作用有积极的，也有消极的。

（1）时至今日，我国甩挂运输的发展较为缓慢，除了政策、体制等方面的外在原因，行业发展水平、相关企业的经营规模也制约着甩挂运输的发展：①我国道路运输企业集约化、规模化经营格局还未形成,企业普遍较小的规模约束了甩挂运输的开展,半挂车运输市场实行甩挂运输的比例低;②对于最适宜采用甩挂运输的大中型公路货运企业而言,企业在经营管理方面的理念及管理手缺乏导致其无法发展甩挂运输;③由于甩挂运输更适宜于运量规模较大、网络化经营的货物运输,除了运输组织与管理因素之外,一些诸如信息传输、车辆跟踪与调度等技术手段也是影响甩挂运输效果的重要因素。

(2)不同时期我国采取的鼓励甩挂运输发展的各种政策措施表明,甩挂运输越来越受到行政主管部门的重视,甩挂运输发展的政策环境越来越好。迄今我国相关部门正式发布的引导和鼓励甩挂运输发展的文件有两个:1996 年《国家经济贸易委员会公安部　交通部关于开展集装箱牵引车甩挂运输的通知》;2009 年交通运输部、国家发展改革委、公安部、海关总署、保监会发布的《关于促进甩挂运输发展的通知》。而若干个专项规划和规范文件也对鼓励发展甩挂运输有所涉及(如《中国节能技术政策大纲》《道路运输业“十一五”发展规划纲要》《关于印发资源节约型环境友好型公路水路交通发展政策的通知》)。此外,全国交通工作会议(2006 年、2007 年、2009 年、2010 年)的部长讲话中不止一次地提出要鼓励发展甩挂运输。

(3)成品油价税费改革为运输企业广泛采用甩挂运输组织方式提供了发展机遇。另外,成本支出方式的变化也为运输企业提出成本核算改革要求。运输企业采用甩挂运输组织可不必顾虑以前各种规费的征收造成的不必要支出,但成本支出方式的变化(费变为燃油税)必然促使运输企业科学筹划其运输资源的合理配置。一般认为,成品油价税费改革为运输车辆的重载化、运输车辆空驶率的强制性降低、运输车辆实载率的鼓励性提高等提供了条件。

(4)《机动车交通事故责任强制保险条例》规定,每辆挂车都要缴纳交强险。按照《机动车交通事故责任强保险基础费率表》,集装箱牵引车按照“特种车 4”收费,挂车按相同载质量营运货车的一半收费。实行交强险后,牵引车和挂车的保险成本比此前显著增加了。另外,交强险的费率高保额低,每万元保额需要支付的保费是“三责险”的多倍,集装箱牵引车、挂车都要投保却不累加赔付。我国对每一辆挂车都要求缴纳高额交强险,这增加了运输企业的负担。

1.5.4　我国甩挂运输行业发展环境分析

1.5.4.1　来自行业发展惯性的阻力

首先,作为甩挂运输发展主要承载体的道路货运业,由于长期的粗放式发展而积累了较多的深层次问题。如道路货运业经营主体呈现“小、散、帮”的特点,缺乏能够引领行业规模化、网络化经营的骨干龙头货运企业。这导致了道路货运企业整体能力与甩挂运输的规模效应之间的矛盾;道路货运企业的经营组织与运营管理模式落后,个体运输、承包和挂靠经营占主导地位。货运车辆技术状况不佳,货运场站设施设备简陋,相比铁路、水路、航空等其他货运方式,道路货运的技术水平差距较大,装备更新进程慢。这些都不利于甩挂运输模式的开展。

其次,作为甩挂运输组织模式的装备依托,道路货运车辆的技术状况改善空间很大。国产道路货运车辆的制造标准和要求与国外货车有明显差异。这导致了国产车辆在使用寿命、能耗、安全性等方面与进口车辆的差距问题。但由于价格的差距更加明显,国产道路货运车辆的应用范围广泛；对于轻量化的材料、结构布局等技术，虽然可在节能减排方面产生一定的效益，但由于轻量化技术成本较高，而超载运输的效益往往多于轻量化所能够带来的效益，这种市场环境并不利于轻量化技术的推广应用；对于包括超宽胎、侧帘车、导流装置、边裙等其他实用技术的推广使用步伐缓慢。

最后，管理体制和机制问题一直是我国甩挂运输发展的主要阻力之一。如基于行政区划管理机制的地方保护主义引起了一些“孤岛”现象，使道路货运生产过程难以形成合作和协同效应；综合运输体系不完善引起的运输方式分工问题，导致难以发挥不同运输方式的技术经济优势；燃油价格的涨落不能与相关环节同步，运输价位不能及时调整，或者导致货运企业的额外成本支出负担，或者导致货运需求市场的排斥性萎缩；交强险制度、车辆报废制度和集装箱海关监管制度的调整期限长，也可能导致货运企业的成本负担；相关甩挂运输鼓励政策的落实在时间上有延迟；等等。

1.5.4.2 理论指导力度的欠缺

(1)国外研究现状及发展动态分析。甩挂运输的关键优势体现在两方面：一是基于大吨位半挂车的更强的道路货运能力与更高的生产效率；二是基于装卸甩挂作业的更高效的集装化调配中转与更便捷的多式联运组织。甩挂运输在经济发达国家和新兴工业化国家已得到长足发展。这些国家围绕发展汽车列车与甩挂作业，在运输组织、车型标准化等方面取得了若干学术研究与技术进步成果，这有力地促进了道路货运生产力的高效发展。

国外在针对汽车列车行车组织相关问题的学术研究中，部分研究成果集中于货车—全挂车组合，被描述为TTRP(Truck and Trailer Routing Problem)问题，作为VRP的一种变形，TTRP的建模和求解难度更大。TTRP针对由货车牵引全挂车组成的汽车列车(企业的货车与挂车的配置比例在2:1及以上)进行货物集散服务时，有些集散点只能由货车予以服务的情形，其建模目标是寻求成本最小化的车辆运行组织方案，主要采用启发式方法针对特定的算例进行求解。此外，甩挂运输车辆(Trailer)作为一种集装化容器被运用于多式联运过程中，所以与多式联运相关的研究成果中也有一些提及甩挂运输车辆组织问题的文献。但是，由于国外的多式联运研究工作相互间的联系程度低，是一个较新的领域，所以其中被提及的甩挂运输车辆组织问题研究很零散，目前研究涉及的内容有：在多式联运的末端，在时间和服务约束下建立整数规划模型求解牵引车和半挂车成本最小化的使用方案；在多式联运场站，以成本最小化为目标求解挂车的配备问题；在多式联运的干线运输中挂车与铁路车辆的匹配问题。从学术研究的趋向看，国外发展成熟的甩挂运输实践为学术研究提供了充足的素材，学者们借助各种现代运筹优化方法构建尽可能贴近实践且具备一定普遍性的模型研究汽车列车的运行组织问题。值得注意的是，国外有关学者已提出了与道路货运车辆运行组织相关的若干类型问题，特别是货车—全挂车运行路线问题、牵引车驾驶人调度问题，但针对“牵引车+1辆半挂车”(企业的牵引车与半挂车的配置比例在1:2以下)运行组织问题的研究成果很少。

(2)国内研究现状及发展动态分析。目前，发展甩挂运输已上升为国家层面节能减排的重点战略任务。我国甩挂运输相关问题无论在科学还是在实践过程都有所收获，也有很大的探索与发展空间。

①针对汽车列车等甩挂运输所涉及车辆装备的研究或分析。特别是针对汽车列车动力

学、汽车列车运行安全性和稳定性等的建模和仿真相关的研究工作较多，也有一些针对甩挂运输车辆制造与销售等的分析成果。

②针对甩挂运输组织管理的分析。这方面的研究成果可进一步分为以下几类：

首先，由于甩挂运输组织方式与海运集装箱集疏运过程中的拖挂模式较为类似，针对集装箱拖车的车辆调度问题研究成果成为道路甩挂运输组织研究的重要参考。但是，集装箱拖车相关的研究往往针对港口内部的集卡调度，很少有针对港区至客户点之间，尤其是在拖头与拖架相分离情况下的集卡调度方法的研究。值得指出的是，甩挂运输组织方式与集装箱拖挂运输模式虽然在车辆动力部分与载货部分可自由分离方面是类似的，但前者较后者有更多类别的货物集疏运方式、更多类型的车辆装备、更大的经济地理适用范围、涉及更多数量且功能层次分明的场站。

其次，若干学者针对甩挂运输的发展策略开展研究。这些研究成果以行业层面的定性分析为主要特点，分析目的偏重于我国道路货运行业发展甩挂运输的措施手段。

从学术研究的趋向看，虽然我国学者在 VRP 研究方面取得若干国际领先水平的成果，但由于甩挂运输在我国缺乏行业实践基础（长期以来我国不允许汽车的甩挂作业），国内学术界尚缺乏将甩挂运输车辆组织问题独立出来开展深入研究的力度。

（3）我国甩挂运输理论研究的迫切性。从目前我国在甩挂运输相关领域的理论研究积累情况看，多数汽车运用工程方面的教材或著作中有提及汽车列车的部分，但一般侧重于汽车技术；个别交通运输组织方面的教材或著作中有提及甩挂运输组织的零散内容，但侧重于基础概念和知识。针对汽车列车动力学、汽车列车运行安全性和稳定性等建模和仿真的研究工作较多；针对甩挂运输发展策略开展的研究工作较多，但偏定性和宏观。

总的来看，一方面，国外针对甩挂运输的学术研究难以为我国所用。国外的研究集中于货车加挂全挂车的组织管理问题，而我国不采用该种汽车列式；国外的研究集中于挂车放在铁路的专用平车上开展多式联运的组织管理问题，我国暂不具备这样的实践条件。另一方面，由于国内外甩挂运输进程不一，学术界难以寻找合适的研究依托；而甩挂运输涉及面广、可研究问题多，难以形成公认的研究框架；更重要的是，在我国交通运输、物流管理的大背景下，甩挂运输是一个点，难以引起足够的重视和关注。

1.6　甩挂运输的经济效益和社会效益

1.6.1　节能减排与车辆的燃料消耗

道路运输行业节能减排工作关键在于对车辆燃油消耗进行管理。汽车的燃油消耗常用一定运行工况下汽车行驶百千米燃油消耗量或一定燃油量能使汽车行驶的里程来衡量。燃油经济性好，可以降低企业的燃油消耗成本，同时也可减少汽车发动机产生的碳排放量。燃油消耗的影响因素有很多，并且很多影响因素之间存在关联性。如车辆的技术水平是影响节能减排的重要因素，主要包括发动机及车身结构等方面。道路的几何条件和特性对汽车能耗有明显影响，对于纵坡大、路面平整度差的道路，以相同的汽车完成同样的运量要比坡度小、平整度好的道路消耗更多燃料。

耗油量是指汽车满载时单位行驶里程所需燃油体积。我国和欧洲都用行驶千米消耗的燃油数(升)来表示,即升/百千米(L/100km);油行程是车满载时,单位体积燃油所能行驶的里程,美国就是用每加仑燃油能行里程数来表示,即英里/加仑(mile/gal,mpg)。前一种表示法,数值越小,燃油经济性越好;后一种表示法,数值越大,燃油经济性越好(换算关系:1gal = 4.546L,1mile = 1.609km)。实际上,燃油经济性(mile/gal 或 km/L)、燃油消耗量(L/100km)和CO_2 排放率(g/km 或 g/mile)之间存在确定的转换关系。

1.6.1.1　利润及其影响因素

设定牵引车由场站发生的相关作业时间为 1.5h,以交通运输部发布的“道路运输车辆燃料消耗量达标车型”中某牵引车(湖北三环专用汽车有限公司 STQ4201CL3 Y7 D3 车型)为例,载货质量取 18t,可测算运价、车速、驾驶人工资、利润等参量之间的关系。甩挂运输线路所途经的场站个数、行驶时间、牵引车驾驶人配备数量三个量之间有密切的关系。设定单个驾驶人每天最多可实现的运距为 360km,两个驾驶人每天最多可实现的运距为 800km,每名驾驶人每天可工作时间为 10h。根据各个参量的取值,可得如下初步性结论:

(1)若以甩挂运输线路所途经的场站个数、行驶时间和牵引车驾驶人配备数量为可变因素,考察每一甩挂运输车辆每日创造利润的变化情况。则由计算结果发现,随着车速的增加,利润在减少,因此应寻求车速与利润的平衡点,在对运输期限要求满足的情况下尽量降低车速。

(2)若以运价为变量,考察每一甩挂运输车辆每日创造利润的变化情况。则由计算结果发现,当运价由 0.5 元/(t·km)增加到 2 元/(t·km)时,每一甩挂运输车辆每日创造的利润由 4000 余元变为 3000 余元。所以,应推荐甩挂运输组织模式承载附加值较高的货物的运输活动,尽量避免运输大宗散货。

(3)若以驾驶人工资为变量,考察每一甩挂运输车辆每日创造利润的变化情况,则由计算结果发现,如果提高驾驶人的工资,则对甩挂运输车辆每日创造利润的影响不明显,所以,可以适当提高甩挂运输驾驶人工资,保证和激励其工作积极性。

1.6.1.2　减排效果

根据运距与百千米油耗计算出燃油消耗量,进而计算出碳排放量,则可得到碳排放量与甩挂运输车辆每日创造利润之间的关系。由甩挂运输碳排放测算结果(图 1-2),甩挂运输车辆每日创造的利润随碳排放量的变化先呈现为一种抛物线形式,后呈现为一种斜率为负的直线形式。所以,甩挂运输车辆每日创造的利润随碳排放量的增加呈现为先增长、至最高值后沿二次曲线下降,下降到一定值时又直线下降的过程。由此可见,甩挂运输在一定碳排放量时可以获得最大利润,碳排放量过大时,利润会显著减少。

1.6.1.3　甩挂运输车辆与货车的对比

所用甩挂运输车辆的规格最为相近的某种型号普通运输车为计算对象,比较两者的经济效益和碳减排效果。结果如图 1-2、图 1-3 所示。

从其利润看,甩挂运输车辆较厢式运输车单位载重的收益要多,厢式运输车在运输大吨位货物时经济效益不如甩挂运输车辆,尤其当货物的附加值高时更明显。由甩挂运输车辆和厢式运输车的碳排放与利润间的关系可以得出,在相等碳排放量的情况下,甩挂运输车辆的收益比厢式运输车的大。这在一定程度上表明甩挂运输是一种较为低碳的运输组织形式,有着良好的社会效益。

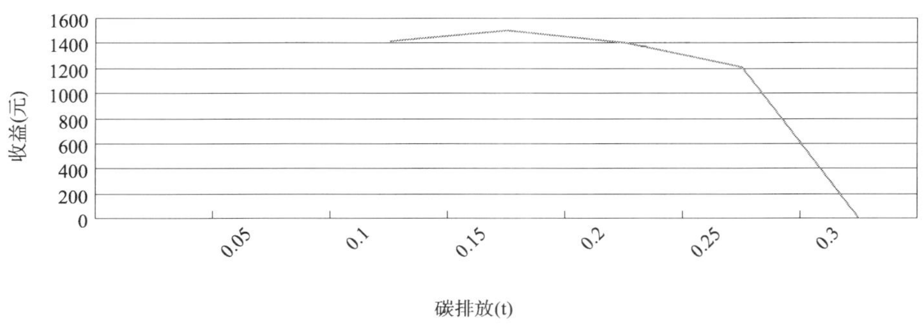

图1-2 甩挂运输车辆收益与碳排放的关系

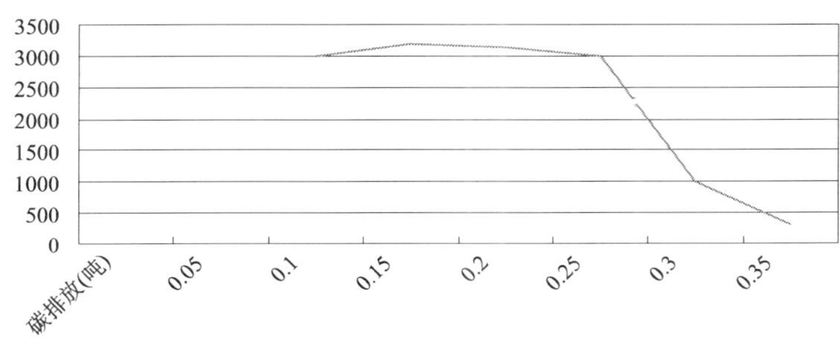

图1-3 厢式运输车收益与碳排放的关系

1.6.2 甩挂运输的经济效益及其影响因素

1.6.2.1 基本前提

首先,根据运输经济学所提出的运输的“递远递减”规律,设定运价的变化规律为:随着货物运输距离的增加,运价的增长速度趋于降低(图1-4)。

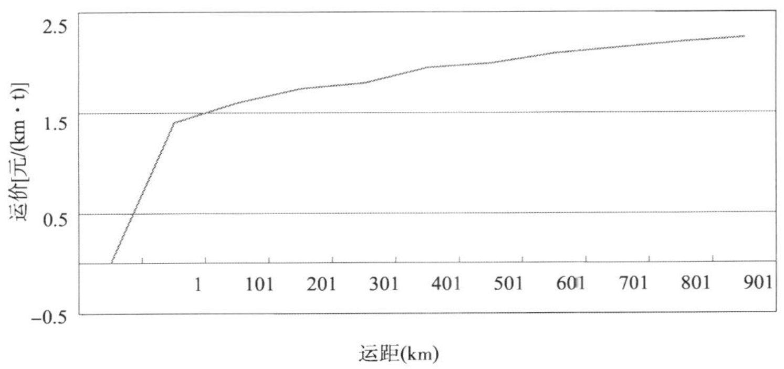

图1-4 货物运输距离与运价的关系

其次,牵引车驾驶人工资可实行固定工资制或者绩效工资制。在实行固定工资时,每名驾驶人每天的工资为150元(月薪4500元);在实行绩效工资制时,每名驾驶人每天的工资随着车辆行驶距离呈增加趋势,设定:每名驾驶人每天的绩效工资 = 0.5 × (0.0015 × 运距 + 0.234) × 运距(图1-5)。

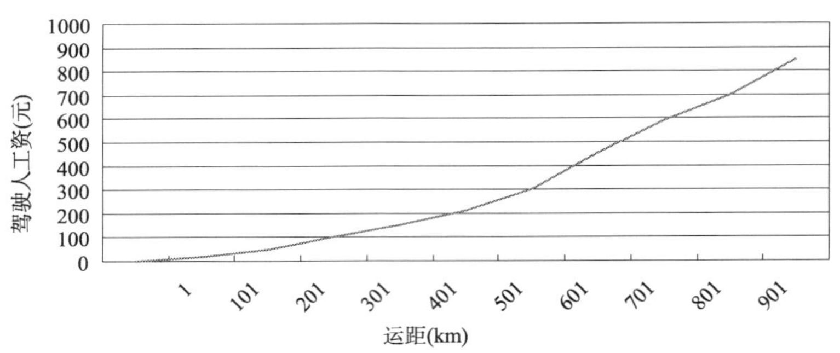

图 1-5　驾驶人工资与行驶距离呈增加趋势

最后,对于甩挂运输车辆的燃油消耗量的估算,采取以下方式:一般认为,耗燃油后获得的热量中,63%左右消耗于发动机和传统系统,其他主要用于车辆行进过程中克服滚动阻力和空气阻力。若设定车辆消耗燃料获得的总能量中的固定比例被用于克服各种阻力,则可通过估算各种阻力后,回推估计车辆的燃油消耗量。根据这种思路,使用交通运输部发布的“道路运输车辆燃料消耗量达标车型”中某牵引车、厢式运输车为案例车型,测算其满载(实际载率为90%)和空载时的燃料消耗情况(单位:L/100km),结果见表1-3。

车辆燃油消耗量的估算结果　　表1-3

运输模式	货物装载情况	车速与对应的耗油
甩挂运输	空驶(牵引车)	$0.0061\times(0.24\times i^2+7.76i+1672.48)$
	满载(牵引车+半挂车)	$0.0023\times(0.35\times i^2+34.44i+7423.12)$
单体货车运输	空驶	$0.0047\times(0.35\times i^2+15.67i+3378.5)$
	满载	$0.0035\times(0.35\times i^2+34.43i+7415.9)$

依据该估算结果,可获得甩挂运输模式下和单体货车模式下的百千米油耗情况。当然,由于参数选取过程中将滚动阻力和空气阻力所占能量比重设定为常量,故与实际测定的车辆油耗数据有所出入,但这种差异并不影响我们的分析工作。

1.6.2.2　甩挂运输效益的影响因素

根据上述三个主要前提条件,可设计给出货运企业采取不同运输组织模式时的利润测算表达式。在甩挂运输模式下:

企业每日利润(元)=收入－车辆满载时的费用支出－车辆空驶时的费用支出=运价×车速×运行时间×额定载重×实载率－驾驶人工资率×车速×载货运行时间－满载时百千米油耗量×车速×运行时间×油价/100－(通行费率+维修费率)×车速×运行时间－固定费用－驾驶人工资率×车速×空驶运行时间－空驶时百千米油耗量×车速×运行时间×油价/100－(通行费率+维修费率)×车速×运行时间－固定费用

1.7　道路货运开展甩挂运输应具备的条件

1.7.1　甩挂运输方式

目前甩挂运输方式在我国也有所发展,作业类型有两种:一是为港口服务,在码头和集

装箱堆场之间进行甩挂运输；二是为生产企业服务，在生产企业与码头（或堆场）之间进行甩挂运输。与发达国家网络化作业的多点甩挂运输方式不同，我国的甩挂运输方式多为点对点甩挂，是甩挂运输组织中最简单的形式。目前，我国珠三角、长三角以及沿海经济发达地区少数第三方物流企业依托港口开展了这种运输组织方式。

(1)具备一定规模的运输或物流企业是甩挂运输开展的基础。通常情况下，甩挂运输呈现点多面广的特点，运输组织较为复杂。由于货物来源地、目的地的多样性以及社会对物流准确、及时、快速和安全等的要求不断提高，对从事甩挂运输的物流企业的要求也越来越高。对于规模较小的运输或物流企业，由于其建立全方位覆盖的运输网络能力比较有限，也就无法实现集约化、规模化经营，因此一般物流企业很难承担甩挂运输的业务。需要具有一定规模、较为成熟的运输或者物流企业进行运作，由其建立一个较为完善的全国性或地区性运输网络，引导运输企业之间合作，组织货源，在不断满足生产企业个性化运输服务需求的同时，对物流资源进行有效整合，提高物流服务质量，加强对供应链的全面控制和协调，保证供应链达到整体最佳。

(2)充足而稳定的货源是甩挂运输得以生存和发展的前提。在相同的运输组织条件下，公路运输生产效率的提高取决于载质量、平均技术速度和装卸停歇时间三个主要因素。采用甩挂运输时，一辆牵引车配备足够数量的挂车，在牵引车运行期间，挂车进行装卸作业。这种组织方法，使得牵引车的装卸停歇时间大为减少，从而显著提高运输生产效率，但这种运输方式的发展对于货源有一定的要求，要求货源相对集中且货源相对均衡。目前我国物流企业的货源主要来自三个方面：小货主、大型生产企业和物流园区（含货代企业）。大型生产企业的货源较为集中，非常适合甩挂运输方式。而小货主的货源非常分散且不稳定，必须借助物流园区这一运输组织平台进行资源的整合，将分散的、随机产生的货源集中起来，形成大规模的、稳定的货源。

(3)完善的信息平台，合理的货物运输站场。同时在物流园区建立信息服务系统，实现物流企业和各物流园区（货运站场）之间的信息资源共享，形成覆盖面广泛的区域性货运信息平台，通过物流园区进行运输资源整合，可以提高资源配置效率。

1.7.2　制约我国甩挂运输发展的因素

缺乏网络化运输企业严重制约甩挂运输的开展，公路运输装备在一定程度上制约甩挂运输的开展道路货物运输市场放开后，经过20多年的快速发展，我国公路运输能力和水平都有了很大提高，在政府积极引导下，采取有效措施，不断优化车型结构，使公路运输装备水平明显提高。

1.7.3　促进甩挂运输发展的相关建议

培育大型运输或货代企业，构建物流信息平台，建立运输企业诚信系统，加快车辆结构调整。由于甩挂运输在我国的发展受到企业自身、设备设施、制度环境等多方面因素的限制，推进我国的甩挂运输发展，不能完全靠市场自身机制调节，而需要政府调控手段介入，对下一步工作提出以下建议。

(1)加大扶植大型运输企业和中小企业物流联合发展。努力通过各种政策手段加强行业整合,创造有利于企业做大做强的环境和条件,加快培育形成一批运输龙头企业和骨干企业。同时,参照国家扶持小微型货运企业健康发展的有关政策,激励中小型运输企业以物流联合的形式开展合作,实现资源和运力的优化配置。此外,从技术改造、信息化建设等方面对企业给予积极引导,加强对企业业务和管理等方面的培训,提高企业精细化管理水平,促进企业运作模式向规模化、集约化、网络化方向转型。

(2)鼓励推进站场等基础设施建设。要充分发挥财政资金的杠杆作用,引导企业投资开展甩挂运输所需的站场建设和装卸等基本设备采购。在此方面,中央财政已出台了一些扶持政策,如从车购税专项资金和中央预算内投资中安排资金,用于支持甩挂运输试点项目,截至 2012 年共安排专项资金 1.4 亿元。下一步,将研究继续加大对甩挂运输基础设施建设的支持力度,拓展支持范围,进一步落实省级财政配套资金,重点支持西部地区以及集疏运需求较高的港口的甩挂运输站场建设。

(3)完善甩挂运输相关法规制度标准。一是探讨修订《中华人民共和国道路交通安全法》《机动车交通事故责任强制保险条例》等相关法律法规的可能性。例如,参照发达国家做法,调整车辆分类标准,将挂车列入非机动车,免缴机动车交通事故责任强制保险,明确车辆在行驶过程中发生的交通事故赔偿责任完全由牵引车承担,挂车不再承担连带责任。二是研究发布《货运挂车系列型谱》《道路甩挂运输标准化导则》等国家标准,实现甩挂运输车辆生产的标准化,确保不同厂家生产的牵引车和挂车都能够挂得上、拖得走。甩挂运输发展的快慢已成为衡量一个国家公路运输发展总体水平的重要标志。

1.8 国内研究综述和方法

1.8.1 对甩挂运输基本理论的研究

高洪涛和李红启在《道路甩挂运输组织理论与实践》(2010 年)一书中系统详细地阐述了道路甩挂运输的基本概念和基础内容,并从行业角度分析了道路甩挂运输的发展方式、组织模式和评价体系。戴东生等在《宁波港集装箱甩挂运输模式研究》(2009 年)中对宁波开展集装箱甩挂运输的优势进行了分析,并在研究传统公路集装箱运输的基础上,提出了宁波集装箱甩挂运输的运行模式,在此基础上给出了对策和建议。相金龙等在《苏州市甩挂运输发展对策研究》(2009 年)中对甩挂运输存在的问题进行了分析,提供了国外的经验借鉴,并从规费政策、组织方式等方面给出了苏州市发展甩挂运输的对策和建议。总结现有文献,尽管甩挂运输的发展越来越受到政府和学者的关注,但从国内学者对甩挂运输的研究来看,其范围大部分局限于甩挂运输的理论、政策建议和甩挂运输车辆等方面,且主要以行业层面的定性分析为主要特点,研究目的偏重于我国道路甩挂运输发展的对策和措施,而对甩挂运输在生产作业过程中组织模式和风险的研究涉及很少,并没有形成系统的理论体系,还仅仅停留在初步探索阶段。

1.8.2 国外研究综述

随着全球经济一体化进程的加快,跨国公司规模不断壮大,其原料产地、生产车间、装配工厂以及消费市场遍布世界各地，单一的运输方式越来越不能满足来自客户在敏捷制造、快速响应市场、物流供应链管理等诸多方面的要求，整合运输链以提高运输效率、降低运输成本、减少废气排放显得尤为重要，对多式联运的研究也越来越深入，而甩挂运输在多式联运中起着极其重要的作用。

在此期间，Frank(2000 年)对整个美国的运输网络进行了建模分析，对美国大陆内不同区域之间的货物运输，通过路径选择及道路、铁路、水路等运输方式的有效衔接，使其成本降低并实现综合效益最优。尽管随着经济的发展，各种运输方式的货物运量随着货物总量的增长都有相应的增长，即使在发达国家，道路运输的增长速度始终远远高于铁路运输的增长速度，为了充分利用铁路运输在长距离运输及低环境破坏方面的优势，在长距离货物运输中，将道路货物运输转向铁路运输，实现公铁联运的有效衔接十分重要，而甩挂运输在某种程度上成为连接两者的桥梁，Allan(2003 年)以英国为研究背景，探讨了随着供应链各相关主体决策过程的改变及相应的供应链本身的改变，将道路运输转向铁路运输的潜力。Y. M. Bontekoning(2004 年)对货物公铁联运的研究现状进行了综合阐述。随着一系列政策的制定以及基础设施的不断完善，目前国际上发达国家的公铁联运系统基本上衔接通畅，为了使货物能够在各种运输方式之间方便的交接，集装箱运输以及拖挂运输发展迅速，目前甩挂运输在欧美地区已经基本普及。

1.8.3　研究方法

拟采用系统分析法、理论分析法、归纳总结法、定性分析法等方法进行研究，保证研究的科学性、规范性和整体性。

(1)系统分析法。系统分析法指将其需要研究的对象认为是一个系统，对各个子系统进行全面探讨，寻找对象的具体有效的实施方法。本文将甩挂运输技术标准体系看作一个大系统，将各个子标准看作这个大系统内部的小系统，各个子系统包涵各个特定要素，通过对子系统的研究来实现甩挂运输技术标准体系大系统的研究。并通过系统学中各个要素之间的联系分析研究甩挂运输技术标准体系各个要素之间的关系。

(2)理论分析法。理论分析法是指利用相关理论知识来分析研究评价问题的一种思路或思维方法。本文在甩挂运输相关理论的指导下，将甩挂运输技术标准体系的框架构建研究作为一个系统进行研究。

(3)归纳总结法。通过对国内外的资料，国家政策的分析和对比，归纳总结了甩挂运输技术标准体系的相关概念、现状，并分析了甩挂运输技术标准体系的框架。同时参考国内外专家学者的研究成果，针对甩挂运输技术标准体系框架的性质，归纳总结出了实施甩挂运输技术标准体系的措施和建议。

(4)定性分析法。通过对文献资料的搜集，国内外发展现状以及国家的宏观政策分析，得出了构建甩挂运输技术标准体系的必要性和现实性。并在这些资料信息的基础上，定性地分析出了甩挂运输技术标准体系的框架以及对策。构建甩挂运输技术标准体系是一个过程，涉及内容较广。

第2章　甩挂运输运营机理

引导案例　**山东佳怡物流有限公司甩挂运输**

山东佳怡物流有限公司以零担货物为主，运营网络遍布全国各主要城市，有运营网点900多家。从2008年起，佳怡公司开始探索甩挂运输模式，首先开通了货运量较大且运量稳定增长的济南—临沂、济南—菏泽2条线路。在成功试点的基础上，2010年又开通了济南—潍坊、济南—济宁2条线路，4条线路上共投入了11辆牵引车、32辆挂车，其中济南—潍坊的线路拖挂比为1:2.6，其他3条线路的拖挂比为1:3。据统计，该公司2008年甩挂运输货运量约占全年总货运量的9.0%，2010年和2011年甩挂运输量分别约占全年总货运量的11.2%和13.1%。佳怡公司通过4年多的甩挂运输试点取得了显著效果：一是降低了成本，提高了利润。以济南—菏泽为例，与传统运输方式相比，直接运输成本降低了12%，另外，由于采用甩挂运输后，半挂车相当于一个临时小仓库，为此节约了仓库租金费用约8.7%。二是提高运输效率，缩短了等待时间。以一个12.5m厢车货物为例，实行甩挂运输后，一个班次节省了约6h，保证了运输的时效性。三是减少了货损货差。由于甩挂运输装卸车及理货等各环节均有充足的作业时间，有效地减少了人为差错，减少了货损货差。据统计，与传统运输方式相比，甩挂运输线路的货损货差率降低了27%左右，客户索赔损失降低了10%左右。实践证明，公路快运行业采用甩挂运输模式，不仅能够提高运输效率，降低运输成本，而且能够促进运输行业组织结构不断优化，实现快运行业的网络化、集约化、规模化，发展前景好。

2.1　甩挂运输运营机理

道路货物甩挂运输运营机理，甩挂运输作为网络化、信息化、组织化的现代物流新形态，与传统运输相比，可提高车辆运行效率30%～50%，降低成本30%～40%，降低油耗20%～30%，提高运输能力30%～40%。对于面临节能减排、发展方式转变和降低物流成本等严峻考验的交通运输行业而言，甩挂运输是一个较好选择。

2.1.1　甩挂运输运营整体

(1)传统货运组织形式下实载率低、市场过度竞争，国家很重视甩挂运输这一运输组织形式，期望通过甩挂运输的推广来提高货运效率，整合货物运输优质资源，培育规模化运输企业，形成甩挂运输网络，为我国物流现代化、集约化作出贡献。甩挂运输运营机理作为开展甩挂运输的根本，对其研究有助于指导甩挂运输的开展。

(2)甩挂运输运营系统看作一个有机整体，每一部分的配合都不可或缺，从甩挂运输基本概念、组织形式、适宜条件、车辆设备等基本要素出发,分析甩挂运输赖以存在的道路货运市场,从运营网络和运输信息平台两方面论述甩挂运输运营系统构成,从传统货运运营机理出发,结合甩挂运输的特点,分析甩挂运营的经济机理、甩挂运输运营主体的竞合机理,以及不同形势下甩挂运输的货运组织、车辆调度和业务经营机理。从道路货运业现状出发,分析道路货运市场运力结构、运距结构、市场结构、运量结构,分析甩挂运输开展将会带来的影响,在甩挂运输运营网络选择中,针对单多中转站轴辐网络给出成本最小的目标函数及其约束条件,提出遍历性算法在路径及网点选择中的应用;针对大型生产制造企业及零担货物运输两种不同形式分别论述甩挂运输的运营机理。

(3)甩挂运输作为一种道路货物运输组织形式,随着经济的快速发展,货物运输需求量的增大,人们环保意识的提高,甩挂运输因为其高效、低成本、环境污染小等优势,受到政府、学者、运输企业等多方重视。

2.1.2 甩挂运输行业要求

(1)据国家统计公报 2013 显示,2013 年中国完成总货运量 451 亿 t,其中公路货运量 355 亿 t(占总货运量的 78.7%),完成总周转量 186478 亿 t · km,公路完成周转量 677114.5 亿 t · km(占总周转量的 36%)。截至 2012 年年底我国拥有公路营运货车 1253.19 万辆,其中普通载货汽车 1184.58 万辆,载货汽车吨位 8062.14 万 t,其中普通载货汽车吨位 6963.29 万 t。21 世纪的 2001 ~2013 年,公路货运量的平均增速达到 9.8%,不管从存量还是增量、货运量还是周转量上看,公路货物运输均占据主导地位,公路货物运输方便灵活,运输产品多样,同时也创造了大量的就业机会。

(2)甩挂运输作为一种货运组织形式,在西方一些发达国家发展较好,我国甩挂运输目前还处于发展探索阶段。改革开放以来,甩挂运输作为一种高效的货运组织方式,逐渐受到政府部门的重视,从政策和技术上给甩挂运输发展提供一定支持。早在 1986 年,交通部公路局就发布了《关于开展公路直达集装箱甩挂运输试运行的通知》,开启了甩挂运输试运行。1996 年 7 月 22 日,国家经贸委、公安部、交通部联合发布《关于开展集装箱牵引车甩挂运输的通知》,通知中鼓励有条件的公路运输企业开展集装箱。2010 年 12 月 8 日发布交通运输行业标准《道路甩挂运输车辆技术条件》(JT/T 789—2010)、《货运挂车产品质量检验评定方法》(JT/T 316—2010)(代替 JT/T 316—1997)、《厢式挂车技术条件》(JT/T389—2010)(代替 JT/T 389—1999)。2012 年 12 月,国务院公布《国务院关于修改〈机动车交通事故责任强制保险条例〉的决定》,补充修订了条例中关于甩挂运输保险,规定挂车不投保机动车事故责任强制保险。一系列政策和标准的推出,为甩挂运输的发展提供了有力支持。发展甩挂运输核心是明确甩挂运输的运营机理,认为甩挂运输就是简单的同时作业原理,即装车、运输、卸车过程在挂车与牵引车分离的情况下可以同时进行是不够全面的。事物的发展必须要在实践中不断分析总结其原理,在甩挂运输进行试点四年后来系统研究甩挂运输的运营机理成为首要任务,只有明确甩挂运输的运营机理,才能指导甩挂运输的进一步发展,促进运输业以及现代物流业的效率提高和成本节约。

(3)牵引车甩挂运输,并且首次明确要求各地经贸委、公安、交通等部门要积极支持运输企业开展集装箱牵引车甩挂运输,简化手续,提供方便,及时解决集装箱牵引车甩挂运输中的问题。2007 年初，时任交通部部长李盛霖在 2007 年全国交通工作会议上作题为《努力做好"三个服务"推进交通事业又好又快发展》的讲话，明确提出要鼓励发展甩挂运输、厢式运输等先进运输组织方式，提高运输效率。2008 年 8 月 1 日发布的《国务院关于进一步加强节油节电工作的通知》(国发〔2008〕23 号)在汽车节油措施中列出了鼓励发展甩挂运输。2009 年《国务院关于印发物流业调整和振兴规划的通知》国发〔2009〕8 号，在加强物流新技术的开发和应用中强调要大力发展大吨位厢式货车和甩挂运输组织方式，推广网络化运输。2009 年 12 月 31 日，交通运输部、国家发展改革委员会、公安部、海关总署、保监会联合发布《关于促进甩挂运输发展的通知》(交运发〔2009〕808 号)，该通知从政策层面较具体地解决了甩挂运输发展的制度性问题，要求开展甩挂运输试点工作，强调各地区、各有关部门要引导和推进甩挂运输的发展。2010 年交通工作会议中指出"我们需要用信息化技术在内的现代科学技术不断提高运输装备水平，运输工具向标准化、专业化、清洁化方向发展，提高安全性、舒适性、便捷性。优化运输组织，大力发展规模化、集约化、网络化运输，特别是甩挂运输、滚装运输、江海直达运输、集装箱联运等，提高运输组织效率。"2010 年 5 月 4 日发布的《国务院关于进一步加大工作力度确保实现"十一五"节能减排目标的通知》在推动重点领域节能减排中，重点提及推行公路甩挂运输。2010 年 12 月 1 日至 21 日，交通运输部组织赴美甩挂运输和多式联运技术培训，学习美国甩挂运输发展经验。2012 年 4 月 12 日，财政部、交通运输部出台《公路甩挂运输试点专项资金管理暂行办法》，对开展甩挂运输的企业给予专项补贴。2012 年 9 月 8 至 28 日，交通运输部道路运输司牵头组织赴德国开展了道路货运业组织模式培训，甩挂运输被列为重点考察对象。

2013 年全国交通工作会议中道路运输司司长李刚做题为"推进道路运输转型安全创新发展"的讲话，在加快促进货运业转型升级中指出要组织开展第三批甩挂运输试点项目申报审核和第一、二批甩挂运输试点项目跟踪检查、验收组织，组织开展道路货物运输成本测算、运价监测和指数编制试点工作。2014 年全国交通工作会议中提出的加快发展四个"交通"——综合交通、智慧交通、绿色交通、平安交通。甩挂运输作为开展绿色交通的重要项目理应得到重视。甩挂运输作为一种先进的运输组织模式所带来的最直接的节能减排效果就是通过集约化组织带来了实载率的提升，从而减少了单位运输量的燃油消耗。与此同时拖挂组合的模式促进了大吨位的汽车列车以及滚装运输等多式联运的发展，带来了间接的节能减排效果。

2.2 甩挂运输的理论分析与实践

随着我国高等级公路网的形成和一大批重点枢纽站场建成运营，交通主管部门已将发展甩挂运输纳入了提升交通运输业的重大战略并予以推广。究其原因，在于相比于传统意义上的定挂运输而言，作为当下全球通行的、先进的主流运输组织方式的道路甩运输具有低廉的单位运输成本、较高的运输效率、快速的周转以及显著的节能减排效果等多方面优势。

(1)相比于定挂运输这一传统的道路运输组织方式，道路甩挂运输凭借其在运输成本、运行效率、周转速度、节能减排等方面的优势，已经发展成为当今世界通行的、先进的主流运输组织方式。粗略估计，若道路甩挂运输周转量在我国总的道路运输业中的比例提升到

1/10,那么每年减少的燃油消耗将近折合 300 万 ~400 万 t 标准煤,从而减少 650 万 ~850 万 t 的 CO_2 排放,这样看来,可以产生可观的经济效益和良好的环境效果。

(2)目前,我国除东部沿海主要港口集装箱运输和少部分零担快运专线外,在其他地区、其他领域甩挂运输还处于起步阶段,道路货运仍以普通单体货车为主。牵引车和挂车数量虽多,但拖挂比低,牵引车和挂车的数量之比约为 1:1.13。

(3)于 2006 年 7 月交通部公路司在湖南省长沙市召开的道路货运座谈会上,深圳集装箱拖车运输协会作了《关于发展甩挂运输的政策建议》的报告,并赴上海市、深圳市、厦门市等地进行了发展道路甩挂运输的政策调研。

(4)交通部于 2007 年底发布的《关于加快发展现代交通业的若干意见》正式提出发展厢式运输、甩挂运输和汽车列车,提高运输装备的技术水平。这时,我国已经具备了相对比较成熟的开展汽车甩挂运输的政策条件。交通运输部会同国家发展改革委员会于 2010 年 10 月联合下发了《甩挂运输试点工作实施方案》,主要围绕"培育骨干企业、提高设施和装备水平、探索运营管理模式、完善政策标准"这一发展目标,在全国选定浙江省、江苏省、上海市、山东省、广东省、福建省、天津市、内蒙古自治区、河北省、河南省以及中国邮政集团、中外运长航集团等作为开展道路甩挂运输的首批试点省份(单位),并选择典型运输企业开展试点工作,正式启动了甩挂运输试点工作。无论是对车辆生产制造企业抑或是道路货物运输企业,还是终端用户乃至国计民生等,道路甩挂运输的推行都将产生积极而深远的影响。根据"培育市场环境、探索运营模式、完善政策标准、改进设施装备"这一思路,通过在全国范围内进行甩挂运输的试点工作开展,率先培育出一批具有示范引导作用的企业和项目,进而逐步扩大道路甩挂运输的开展范围和规模,从而争取到"十二五"末年道路甩挂运输周转量占到干线运输总量的 12% 以上,每年节约的能源相当于 300 万 ~400 万 t 标准煤,每年实现减少 650 万 ~850 万 t 二氧化碳的排放,从而为现代物流业的发展以及国家节能减排目标的实现做出重要贡献。

(5)国外道路甩挂运输发展始于 20 世纪 40 年代,其时,主要是规模相对较大的一些货运公司在公司内部采用了甩挂运输这一道路运输组织形式。当前,道路甩挂运输几乎为国外发达国家所有的大型货运企业所采用。在公路网相对发达的欧美国家,道路甩挂运输已经成为主流的运输方式,公路运输总量的 70% ~80% 都是由半挂汽车列车承担的,而且挂车拥有量与牵引车拥有量之比通常都在 2.5:1 以上。在美国,高速公路上行驶的货运车辆几乎全是厢式汽车列车。目前,美国全国商用牵引车和半挂车的比例约为 1:3,即平均一辆牵引车配三辆挂车,而一些龙头货运企业的拖挂比则更高。如美国最大的整车运输企业 Schneider,约 90% 以上的整车运输都采用甩挂方式,公司拥有 1.4 万辆牵引车,共配备 6 万辆半挂车,拖挂比高达到 1:4。根据相关统计,1996 年加拿大全国的商用货车超过 100 万辆,其中包括大约 50 万辆的单体货车,将近 20 万辆的牵引车,以及 37 万辆左右的半挂车。由此可见,在加拿大,牵引车与挂车总车辆数多于单体货车数,而且半挂车数量要高于牵引车数量,将近是牵引车的两倍。而在大型货运企业中分离式挂车在商用运输车辆中的比例更高。从上述数据可以大致反映出加拿大开展甩挂运输的规模和程度。欧洲允许一车两挂,其列车总长可达到 25m,总质量达到 60t。在澳大利亚,汽车列车的主要方式为一车三挂,列车总长达到 30 ~40m,总质量达到 70 ~80t。在韩国、新加坡、菲律宾、巴西等一些发展中国家,甩挂运输开展也很广泛。可以说,甩挂运输在这些国家也是一种极为普遍的运输组织方式。国外甩挂运输组织模式都是采用网络化的运作模式。通过网络化运作可以提高拖车的利用率,降低运输的空驶率,最大限度地提高运输的效率和效益。从甩挂运输模式来看,依托规模化货源和运营网络所形成的网络型甩挂、多式联运甩挂、客户端甩挂是国外甩挂组织的主要形式。

2.3 甩挂组织节能减排机理

2.3.1 直接节能减排内在机理

直接节能减排指通过甩挂运输组织本身带来的燃油消耗及温室气体、污染物的排放的降低。直接节能减排效果主要体现在运输效率的提升上。传统模式下,货车到达卸货地后往往要等待较长时间进行卸货,若要继续装载货物返回则需要等待更长时间,如此一来,使原本2h行程的线路一天内无法完成一趟往返运输,为了不耽误下一次运输车辆往往空驶返回,这种现象在短途运输中尤为常见。而采用甩挂运输方式时,在装卸货点预留挂车进行装货作业,车辆到达卸货地后可直接将装载货物的挂车甩下等待卸货,并挂上预先装载好货物的另一挂车返回,使车辆在途行驶和货物装卸两个过程同时进行,大大提升了牵引车使用效率。由于挂车可以提前进行装货,使得企业有更多的时间进行货源组织和货物配载,从而提高了车辆的载重行驶里程及吨位利用率,因而带来了实载率的提升。作为运输组织的主要考核指标,实载率的提升可以带来可观的节能减排效果。例如某试点企业采用传统模式时,对于运距100km的线路里程利用率仅为65%,挂车标定载重吨为30t,吨位利用率为80%。采用甩挂模式后由于空出了较多组货及配载的时间,使里程利用率提高到90%,吨位利用率达100%。虽然采用甩挂模式后单车平均百公里油耗稍有上升,但由于实载率的提升,平均百吨公里油耗下降了27%。可见,由于甩挂运输组织提高了运输效率,带来了可观的节能减排效益。

2.3.2 影响甩挂组织因素分析

甩挂运输之所以能够节能减排是因为效率提升带来的实载率提升,从而降低单位运输量的能耗和排放。实载率主要由里程利用率和吨位利用率组成,影响吨位利用率和里程利用率的因素是复杂多样的,它涉及企业的实力、组货能力、线路配置情况、地区货运水平以及整个市场的经济水平和景气指数。甩挂运输通过提高牵引车作业效率,提高站场节点组织能力能够有效提高货源的组织水平从而提高实载率。综合分析,影响节能减排效果发挥的主要因素有以下几个方面。

(1)装卸及等待时间占在途运输时间的比重。甩挂运输组织模式最大的特点在于运输过程与装卸过程在不同的空间同时进行,大大节省了牵引车因为等待装卸而耽误的时间,同时增加了有回程货的概率。然而当装卸效率较高,或者运距较长而运输时间长时通过甩挂运输带来的节能减排效果并不明显。当运距较长时,企业往往会牺牲一定的装卸等待时间来换取回程货,空驶返回虽然增加了车辆的周转率,但长距离空驶的燃油消耗会严重增加企业的运营成本。因此在长距离运输中，甩挂模式与传统模式的实载率差别并不大，因而节能减排效果不甚明显。下面简要分析能够较大程度发挥甩挂运输节能减排效果的装卸等待时间与在途运输时间比值范围。设装卸等待时间为 t_1，来回在途运输时间为 t_2，记 $\gamma = t_1/t_2$。

①$1 \leqslant \gamma \leqslant \alpha$。

α 为短途运输与超短途运输临界点，此时装卸时间或等待装卸时间大于在途运输时间，同时运输距离不致过短有双向货运需求。在传统模式下，即使有返程货源运输企业也往往会选择空驶返回，或空驶到客户端处进行装货，因为此时由于牵引车周转率效率低下带来的损失大于满载回程带来的效益。因此在理想状态下，传统模式里程利用率为50%，而甩挂模式由于可以预先装载或卸货里程利用率可达100%，节能减排效果十分可观。

②$\gamma > \alpha$。

此时运输距离过短，运输过程的单向性十分显著，不论是传统模式还是甩挂模式，里程利用率皆在50%左右。虽然运输效率大大提升，但节能减排仅体现在减少牵引车的怠速运转上，效果十分有限。

③$0 < \gamma < 1$。

表明装卸时间或等待装卸时间小于整个在途运输时间，此时甩挂节能效用的发挥取决于甩挂节点的组货能力。以一线两点的线路为例，理想状态下，甩挂模式的实载率为100%，传统模式的实载率可看作是一个随机变量 X，X 的概率分布为 $f(X)$，$X \in (50\%, 100\%)$ 显然 $f(X)$ 的表达式与装卸等待时间与运输时间的比值 γ 有关，γ 越小，$\int$ 取越小 $\int Xf(x)$，即平均实载率越小。表明当装卸时间与运输时间的比值较小时，通过甩挂模式提升货运车辆实载率效果有限。

(2)甩挂站场作业能力。场站设施是发展甩挂运输重要的网络节点，不仅提供货物装卸中转包装理货等服务，同时提供车辆摘挂、维修检查、停车保管服务。为了提高甩挂运输的效率，应按照甩挂运输作业和技术特点，对传统道路货运场站进行升级改造，逐步构建层次清晰功能完善衔接顺畅的场站节点体系，使之能满足甩挂运输车辆进行机械化装卸作业的要求。首先，实施甩挂运输从提高装卸作业的效率考虑，应对货运场站的设施进行相应的改造按照半挂车的车厢底板高度改造装卸平台或设置沉降式装卸泊位，并考虑到半挂车载质量的不同导致车厢底板高度的变化，在条件允许的情况下，在装卸平台上加装固定式登车桥；对一些难以改造的设施配备移动式登车桥，满足汽车甩挂运输装卸作业的要求，方便装卸设备的作业，提高装卸效率。其次，为确保挂车交接顺利，必须在场站设有用于甩挂交接的专用泊位，并安装摄像头，实时监控交接货物的整个过程，明确分清场站和驾驶人之间的责任，保证货物安全完整交接。再次，用于甩挂运输的牵引车在场站停留时间不多，且一般场站又不具备对机械设备的维修及管理能力，因此，可以引进一些资质较好的汽车维修企业，为进入场站的牵引车挂车提供及时的维修等服务，以保证车辆及设备等的正常运行，快速周转。

(3)甩挂信息系统发达程度。信息系统为甩挂运输组织提供技术支撑，使运输企业能够及时准确记录货源信息，便于配载人员根据车辆吨位、体积等情况对货物进行有效配载，保证实载率的最大化；将配载信息事先通知到达地的场站，便于场站预先通知客户做好接货准备，安排配送车辆接驳人员和装卸搬运设备；实时跟踪车辆路途运行情况，便于公司各部门和客户实时查询,保证干线运输与配送过程无缝对接,确保甩挂运输顺利进行。先进的运输系统包括了车辆管理子系统中挂车追踪管理、挂车随车档案管理以及车辆维修管理、集成全球定位系统(GPS)地理信息系统(GIS)和无线射频识别(RFID)等现代化技术的开放式信息共享平台,以便及时掌握车辆地理位置信息,为甩挂运输的合理调度提供必要的技术支持借助信息系统。

2.3.3 典型模式直接节能减排效果分析

(1)基本型。以平湖亚太物流有限公司平湖上海线路为例,该线路运距80km。传统模式下,采用30t的普通单车运输,在途时间3h,货物平均装卸时间3h左右。据统计亚太公司在该线路每月运输27次,里程利用率为0.6左右。则每月完成周转量70×2×80×3×0.6=7760t·km,平均百公里油耗33L,则百吨公里油耗为33×2×80×27/7760=1.83L。甩挂模式下,采用30t厢式车运输,在途时间3h,由于采用甩挂运输组织,车辆到达后可以在较短时间内换上装满货物的挂车继续运行,因此单辆牵引车每月可运行54次,效率是普通模式的2倍,且里程利用率由0.6提升到0.8。则每月完成周转量为54×2×80×30=207360,平均百公里油耗35L,百吨公里油耗为80×54×35×2/207360=1.46L。与传统模式相比,甩挂模式百吨公里节约燃油20.0%。

(2)网络型。网络型甩挂是依托良好的运输网络,在网络节点进行集货和分拨,实现区域内各节点相互关联,牵引车挂车互换性强的高级的甩挂模式。以上海新杰货运服务有限公司上海—成都、重庆线为例,该线路途经武汉分拨中心,总行程2020km,载重30t。采用甩挂模式后,运输效率提高较多,里程利用率由0.8提高至0.9,完成周转量提高80%。经计算,普通模式下,单位周转量能耗为1.18L/100t·km,甩挂运输下单位周转量能耗为1.4L/100t·km,能耗下降11.11%。

(3)集装箱甩挂。以宁波港铃与物流有限公司宁波萧山线为例。该线路运距190km,单车载重20t。该线路采用甩挂和甩箱相结合的双重作业模式,在各线路上的进出口工厂采用甩挂模式,各无水港采用甩箱模式,北企站场采用甩挂与甩箱相结合的模式开展甩挂运输。采用甩挂模式后,运输效率显著提升,牵引车每月运行次数由27提高到了54,同时里程利用率由70%提高到80%。经计算,单位周转量能耗为2.36L/100t·km,甩挂运输下单位周转量能耗为2.06L/100t·km,能耗下降12.5%。

2.4 间接节能减排机理分析

甩挂运输组织模式除了通过其集约化组织直接带来节能减排效益外,还促进了车辆大型化及多式联运的发展,从而间接地带来了节能减排效果。

2.4.1 促进车辆大型化发展

甩挂运输主要采用拖挂组合的重载汽车列车,与传统单体货车相比,拖挂车运载能力大,容积扩展空间大。美国甩挂运输车辆的主力车型是53ft半挂汽车列车,其挂车标准总容积达到近120m^3;在我国《公路甩挂运输推荐车型(第一批)》公布的车型中,挂车最大总质量

均达到40t。在高速公路匀速行驶工况下,货运车辆的百车公里油耗随载重吨的增加而增加,但增加幅度逐渐减小,其相关关系曲线呈现凸曲线的特点。重载汽车列车与普通单体货车比,具有较好的燃油经济性,较大的额定载质量。在运距相同的情况下,大吨位的甩挂运输车辆百车公里油耗会有所增加,普通单体货车总油耗量较小,但大吨位车辆完成的周转量大,根据车辆燃油特性,周转量的增加量大于总油耗的增加量,即采用大吨位运输车辆时,单位周转量的油耗会减少。例如某公司采用20t的普通单体货车,平均百车公里油耗为30L,行驶100km完成周转2000t·km,则百吨公里油耗为1.5L;若另一公司在相同线路上采用重载汽车列车,挂车载重30t,单车百公里油耗为35L,行驶100km完成周转量3000t·km,则百吨公里油耗为1.66L,与传统单车相比,燃油节约了22.22%。

2.4.2 促进多式联运的发展

多式联运是以实现货物整体运输的最优化效益为目标的联运组织形式。它以集装箱为运输单元,将不同的运输方式有机地组合在一起,构成连续的、综合性的一体化货物运输。与单一运输方式相比,多式联运可以综合各种运输方式的特点,将其有机结合在一起,具有高效、低能耗、环保的特点。甩挂运输的发展扩大了多式联运的应用范围。

甩挂运输对多式联运的促进作用主要体现在以下两方面。一是挂车运输可以减少起重设备的配置。在以挂车运输主导的多式联运市场,多式联运办理站不需配备起重机械,只配备渡板。渡板的装卸方式只要求装卸线末端设置为站台式,利用汽车牵引车通过折叠渡板上下车实现挂车的装卸,减少了站场装卸作用投资费用。二是可以减少安全隐患。甩挂运输对多式联运安全隐患的减少主要体现在滚装运输上。普通滚装运输在发展过程中曾面临着一个巨大的发展“瓶颈”——安全事故。普通滚装运输模式下,牵引车连同挂车一起登船,在情况复杂的海域,风大浪急,海难事故频发,尤其是滚装客船,船体在风浪中摇摆,船中滚装车辆相互碰撞,容易造成牵引车燃油泄漏引发火灾,形成群死群伤的重大事故。滚装车辆的安全隐患一定程度上限制了滚装运输的发展。而甩挂模式的出现能够很好地解决这类问题,牵引车拖带挂车上船后即将挂车甩在滚装船上,固定后牵引车驶出滚装船,牵引车不进行滚装运输减少了燃料泄漏引发火灾的可能。

目前国内运作多式联运比较成功的是渤海湾甩挂,至2007年开展渤海湾甩挂运输以来,共实现滚装挂车1.76万辆次。多式联运实现了运输模式的转换,由高能耗高排放的汽车干线运输转向更加绿色环保的铁路和海上运输,对运输行业的节能减排起到了巨大的推动作用。

2.5 综合节能减排效果

综合甩挂运输直接节能减排效果与间接节能减排效果得到甩挂运输节能减排传动机制如图2-1所示。

由于促进多式联运带来的节能减排效果难以准确度量,以上只考虑效率提升与车辆大型化带来的效益。在增加车辆额定吨位及实载率时能有效减少燃油的消耗。甩挂运输正是使用大吨位运输车辆并能有效减少牵引车空驶的一种先进运输组织方式。

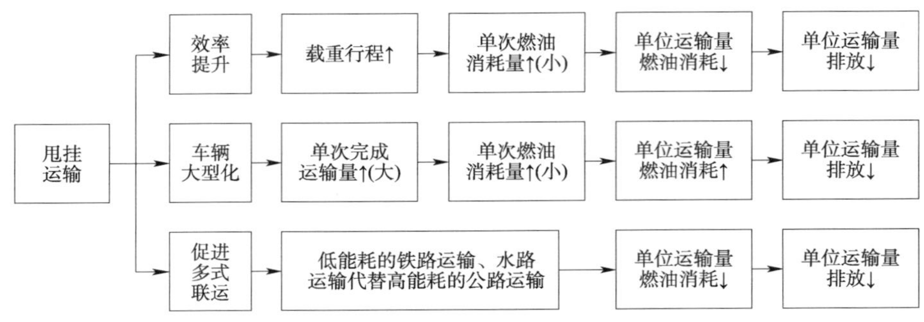

图 2-1　甩挂运输节能减排传动机制

2.6　甩挂运输节能减排效益测算指标与评估方法

2.6.1　甩挂运输节能减排效益测算指标体系

甩挂运输节能减排效益测算指标体系能够把甩挂运输节能减排效果和影响因素进行量化,并能作为对甩挂运输试点工作和试点企业进行评价、考核的依据,为甩挂试点的进一步发展规划提供决策和支持,使甩挂运输推广工作步入成熟广泛的发展轨道。其重要作用体现在以下三个方面。

(1)通过建立甩挂运输节能减排指标体系,构建评估信息系统,对当前试点工作、试点企业甩挂情况进行评估,为管理决策提供依据。

(2)通过评价与比较,找出差距与薄弱环节,并分析原因,及时提供给交通管理部门,以便采取对策,促进甩挂节能减排效益的最大发挥。

(3)通过分析评价,利用预测手段制定区域甩挂运输节能发展战略规划,进行有效的宏观管理。

为科学评估甩挂运输节能减排效果,基于甩挂运输节能减排内在机理,本研究系统构建了甩挂运输节能减排效益测算指标体系。它直观反映了甩挂运输究竟能带来多大的节能减排效果,包括可直接统计获取的直接指标及需要通过直接指标计算的间接指标。有效的节能减排评价体系应该建立在测量、信息和分析的基础上。这就要求在甩挂运输试点工作中要加强信息管理,包括注重资料、事实和数据的搜集、整理、记录过程,以及对事实、数据和信息的分析。分析的方法可以是逻辑和直观的,也可以是数理统计的。分析的目的是为了提取更多的信息来支持组织对节能减排工作的评价和进行管理决策,以便及时发现决策实施过程中出现的问题,并及时修正,以保证节能减排工作取得预期的效果。

2.6.2　指标体系框架

甩挂运输节能减排效果评估指标反映了甩挂运输实际节能效果的大小,根据甩挂运输节能减排内在机理,其节能效果即采用甩挂运输后单位运输量的能耗和排放减少量,因此效果指标体系主要包括最终节能减排结果以及计算这些结果所需的基础指标值。根据甩挂运输节能减排的内在机理,从指标的全面系统性和科学合理性的角度来考虑,甩挂运输节能减

排效果评估指标体系主要包括运输效率指标和节能减排指标。运输效率指标又包括里程指标和运输量指标;节能减排指标分为能耗指标和排放指标,具体如图2-2所示。

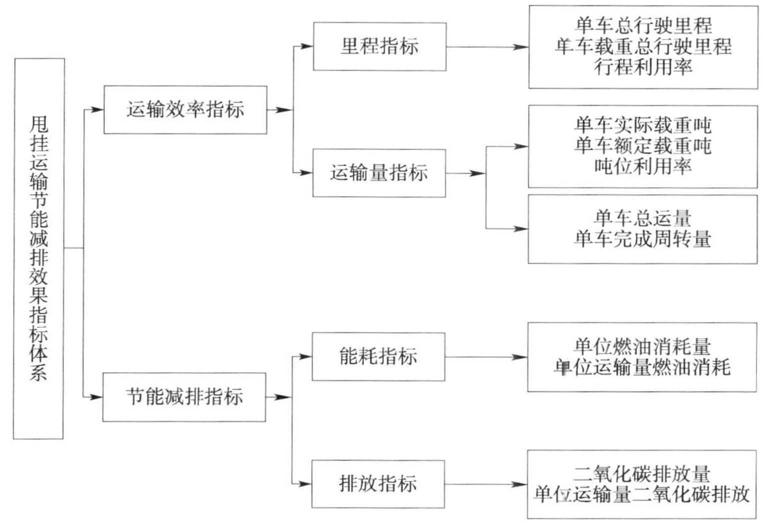

图2-2　甩挂运输节能减排效果指标

各指标的内涵及指标值获取渠道如下。

(1)里程指标。里程指标是反映运输效率的一个重要指标,它包括单车总行驶里程、载重行驶里程及里程利用率。

①单车总行驶里程:统计期内(一个月)牵引车总行驶里程,包括载重行程、空驶行程及其他非工作行驶里程。

②单车载重行驶里程:统计期内牵引车载重行驶里程,它是节能减排效果发挥的关键。

③里程利用率:单车载重行程占总行驶里程的比重,其越高,则运输效率越高。该指标为间接指标。

(2)运输量指标。运输量指标是效率指标的核心,反映了载运工具的运载能力及运输组织的效率,包括单车额定载重吨、单车实际载重吨、吨位利用率、单车总运量、单车完成周转量。

①单车额定载重吨:牵引车所托带的挂车额定吨位,该值越大,则节能减排效果越显著。为直接指标。

②单车实际载重吨:挂车实际拖带货物质量,该指标为间接指标,通过信息系统提取统计期内的总载重计算平均值。

③吨位利用率:单车实际载重吨与单车额定载重吨的比值。该指标反映了车辆载重能力的利用程度,为间接指标。

④单车总运量:统计期内牵引车拖带货物的总运量。

⑤单车完成周转量:统计期内牵引车拖带货物的总运量与完成的载重里程之积。

(3)能耗指标。能耗指标是整个体系的最终输出指标,根据甩挂运输节能减排的内在机理,甩挂运输之所以有节能效果在于其运输效率的改善。能耗指标是衡量甩挂节能效果的主要指标,包括:单车燃油消耗量单位周转量燃油消耗。单车燃油消耗量:统计期内牵引车燃油消耗总量,该数据可以通过企业的信息系统油量监控模块提出。该指标为直接指标。单位周转量燃油消耗:计算公式为统计期内燃油消耗总量统计期内单车完成周转量。该指标反映了道路货运的能源利用强度,以及汽车技术、实载率和里程利用率变化对能耗水平的影响,是衡量节能减排效果的关键指标。

(4)排放指标。根据联合国国际能源署的统计,道路交通排放的二氧化碳约占全球二氧化碳总排放量的20%,占温室气体总排放量的12%,汽车是碳排放的一个重要来源。此外汽车污染物排放是机动车污染的重要来源,机动车排放污染已成为城市空气污染源之一。交通运输活动能源消费中碳排放量及其他污染物排放量的统计和估算一般是在获得能源消耗统计监测数据的基础上进行。本文主要采用各能源的排放系数计算温室气体的排放量。主要排放指标如下。

①二氧化碳排放量:统计期内,单车二氧化碳排放总量。该值通过燃油或 LNG 的消耗量进行计算。柴油的二氧化碳排放系数为2.70kg/L,LNG 的排放系数为2.66kg/L。

②单位周转量二氧化碳排放:统计期内单车二氧化碳排放总量与统计期内单车完成周转量的比值。该指标综合反映了汽车的环保和技术、运输组织效率等对汽车二氧化碳排放的影响。由此可见效果指标值的获取主要在于直接指标数据的采集和处理。

2.6.3 指标值获取方法

甩挂运输节能减排效益测算指标包括直接指标和间接指标。间接指标可通过直接指标计算获得;直接指标根据各指标的不同特性,其指标值有不同的获取方法,包括利用既有信息系统进行自动采集以及通过企业自主填报两种方式。不同指标值的获取方式见表2-1。

指标值获取方法 表2-1

指　标	直接/间接	获取渠道	计算公式
单车总行驶里程 C_1	直接	信息系统自动采集	—
单车载重行驶里程 C_2	直接	信息系统自动采集	—
行程利用率 C_3	间接	企业自主填报	C_2/C_1
单车实际载重吨 C_4	间接	企业自主填报	通过系统采集的单次载重吨求平均值
单车额定载重吨 C_5	直接	企业自主填报	—
吨位利用率 C_6	间接	企业自主填报	C_4/C_5
单车总运量 C_7	直接	信息系统自动采集	—
单车完成周转量 C_8	间接	企业自主填报	$C_7 \times C_2$
单车燃油消耗量 C_9	直接	信息系统自动采集	—
单位运输量燃油消耗 C_{10}	间接	企业自主填报	C_9/C_8
单位运输量额二氧化碳排放 C_{11}	间接	企业自主填报	C_9 ×燃料二氧化碳排放系数/C_8

单年总行驶里程直接信息系统自动采集,单车载重行驶里程直接信息系统自动采集,行程利用率企业自主填报,通过系统采集的单次载,单车实际载重吨间接企业自主填报,重吨求平均值,单车额定载重吨企业自主填报,吨位利用率企业自主填报,单车总运量直接信息系统自动采集,单车完成周转量企业自主填报,单车燃油消耗量直接信息系统自动采集,单位运输量燃油消耗间接企业自主填报,单位运输量二氧化碳排放燃料二氧化碳排放,间接企

业自主填报系数。下面简要介绍信息系统自动采集和企业自主填报两种数据获取方式。

2.6.3.1 利用既有信息系统进行自动采集

信息系统自动采集指利用企业甩挂运输智能调度系统、重点营运车辆GPS联网联控系统、车载终端、油耗监测仪、电子路单等系统自动获取的动态运行监测信息。

(1)甩挂运输智能调度管理系统。系统主要基于甩挂运输车辆智能调度技术研究、场内装卸流程控制与优化技术的研究成果,依据甩挂运输信息交换标准体系建设,主要包括以下几个模块。

①车辆信息化管理。实现车辆动态信息的自动采集与传输,实现牵引车和挂车之间的自识别及信息的采集,建设基于车辆定位信息、运行状态信息等、静态信息(总吨位、牵引总质量、所属企业等)的车辆管理模块。

②人员信息化管理。实现车辆驾驶人的优化管理,实现驾驶人配班、考勤记录等功能,可与企业的其他信息化系统进行数据交换,达到信息的共享。

③货物信息化管理。实现货物信息的采集、货物的跟踪,与企业订单管理、财务管理、客户综合管理等其他信息化系统的数据交换。货运场站信息化管理,实现货运站车辆进、出站动态监控管理,将货运站基础信息与驻场、待入场车辆的动态空间信息相结合,达到货运站。

④车辆智能调管理。在甩挂运输智能调度技术研究的基础之上,建立基于最优化理论和算法的计划调整方法,对运输车辆实现动态编组,通过与车载终端的交互,最终实现对车辆的动态调度。

(2)甩挂运输运行监测系统。该系统以试点工作为范围的基础数据库,为应用系统提供数据支撑;实现综合分析模型,提供数据统计、效果分析等功能。主要利用甩挂运输运行监测系统中的以下模块。

①动态位置目息采集。动态位置信息一般可以通过企业及各类GPS平台获取,采集的指标或信息包括:车辆GPS定位信息(时间、经度、纬度、速度、方向)、运行状态信息[点火状态、载货状态、燃料消耗量(L)]。企业GPS监控平台数据来源于车载终端,须满足以下技术要求:符合JT/T 794—2001道路运输车辆卫星定位系统车载终端技术要求;具备车辆的载货状态(空载、半载、满载)检测功能;具备车辆油耗检测功能,按天汇总车辆燃料消耗量(L)(图2-3)。

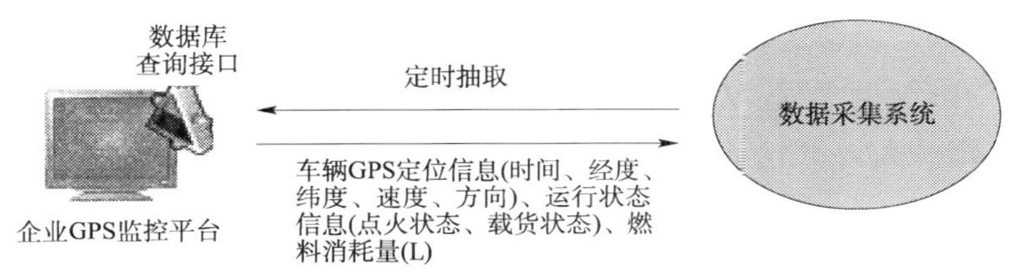

图2-3 企业GPS监控平台

数据采集系统通过企业GPS监控平台提供的数据库查询接口,定时进行对数据进行抽取。

②企业管理系统信息采集。从企业管理信息系统可以获取的指标或者信息包括:电子路单信息(牵引车号牌、挂车号牌、货物质量、运输距离、货物价值、运输价格)、牵引车挂车数

量、牵引车挂车匹配信息，以及企业经营成本、效益、安全信息，包括检测维修时间(牵引、挂车)、装卸等待时间、营业收入(万元)、分摊折旧费(万元)、燃油费(万元)、修理费(包括轮胎)(万元)、支付保险费(含交强险费用)(万元)、支付人工工资(万元)、支付通行费(万元)、支付税金(万元)、单车每月分摊管理费用(万元)、其他费用(含罚款)(万元)、载运工具资产价值(含牵、挂车、仓储成本、装卸搬运成本、事故件数等)，如图2-4所示。

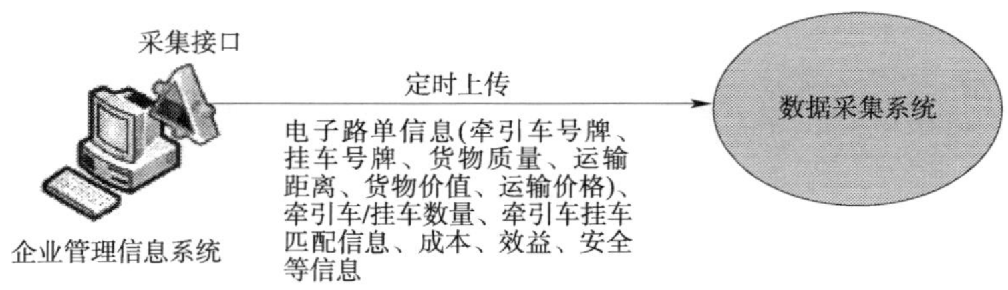

图2-4　动态位置信息采集技术路线

企业管理信息系统通过数据采集接口，定时上传电子路单信息(牵引车号牌、挂车号牌、货物质量、运输距离、货物价值、运输价格)、牵引车挂车数量、牵引车挂车匹配信息、企业经营成本、效益、安全等信息。

2.6.3.2　企业自主填报

指标体系中部分数据无法通过信息系统获得，需要通过企业自主填报的方式向上提供数据。此外，部分信息系统尚未完善的企业仍需通过自主填报方式上报所有指标数据。根据甩挂运输第二批试点工作方案，要求试点企业定期上报运行情况数据。该工作可配合甩挂运输运行情况监测项目进行。企业自主填报方式弥补了信息系统覆盖不全及部分信息无法自动获取的问题。但是，企业自主填报有其主观性，数据缺乏一定客观性。这就要求地方道路运输管理部门加强数据填报方面的培训讲座，培养企业定期记录汇总数据的意识，同时实行数据负责制，试点企业为其填报的数据负责，保证其真实性、客观性。

2.7　甩挂运输节能减排效益评估方法

2.7.1　评估思路

确定节能减排效果目的是对甩挂运输的运行进行监测，为“十二五”期间全面展开的甩挂运输试点工作的绩效评价提供技术支撑。本文在理顺指标体系中各指标之间的逻辑关系的基础上，基于甩挂运输节能减排的内在机理，提出了甩挂运输节能减排效果评估方法。对甩挂运输节能减排效益的评估，就是对甩挂运输节能减排评估指标体系中的各项指标进行处理，结果是需要知道各相关指标对应节能减排效果。通过指标体系计算出甩挂运输节能减排效益。效果指标的评估主要采取数据测算和模拟对比相结合的方法来实现甩挂运输有无评价。具体来说就是将采用甩挂运输模式与非甩挂模式两种方式的节能减排效果进行对比，计算确定相应效率、能耗、排放指标。根据数据的可获得性将对比方式分为同需求模拟和实时采集两种。具体评估思路如图2-5所示。

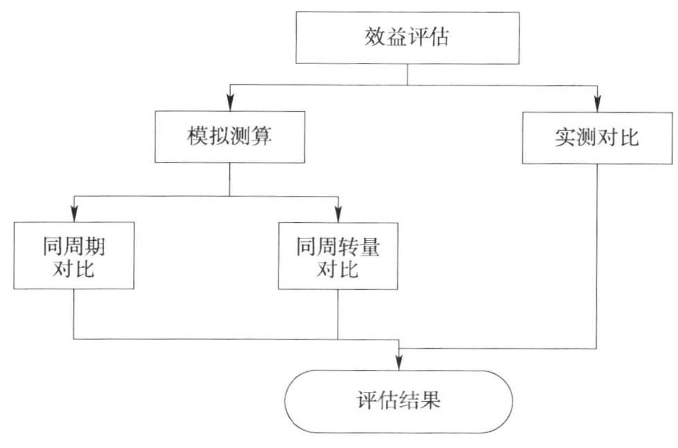

图 2-5 评估思路

2.7.2 模拟测算

同需求作对比的传统模式与甩挂模式有相同的货源需求，运输方向一致，运量相同。考虑两种运输方式在同一线路运营的各项指标的表现情况。由于实际运作中，某线路达到了甩挂组织的条件即会逐步用甩挂模式代替传统模式，使在甩挂模式与传统模式并存的时期内也无法具体区分甩挂车辆与非甩挂车辆，因而同需求的对比无法获得实时的数据。但可根据以试点项目实时方案为基础进行模拟对比。具体有以下两种对比方式。

2.7.2.1 同周期对比

同周期对比是以甩挂运输单车为基本单位，以单位时间内（趟、周、月、年），完成的运输量作为基本模拟条件，计算单车在这个时间内的能耗和排放水平。

（1）确定评估对象。根据待评企业已开通的甩挂运输情况选择适合的线路进行对比测算。线路合适与否是评估结果是否准确的关键因素，选择线路货运部稳定，变化风险大线路会造成评估结果偏离预期。所选取的线路开展甩挂运输的条件较为成熟，具体来说要满足以下基本条件：

①线路两端货源稳定充足，历史运营数据较为平滑，波动性不大，运量的增长有明显的规律性。

②该线路组织较为完善，有专门的甩挂运输工作小组，可绘制牵引车运行图。

③线路两端有较规范的甩挂运输站场，场区道路尺寸满足汽车转弯半径，有专门的甩挂作业区及装卸平台，线路确定后选取该线路上运营的牵引车作为对比对象。

（2）确定对比周期。为消除估计误差及其他不均衡因素，对比周期取一个月为佳。

（3）模拟计算。在模拟计算中，甩挂模式的数据仍以实测为准，通过信息系统及企业填报方式获取效果指标体系的指标值。传统模式数据采用模拟方式获取。参考试点企业项目实施方案，传统模式与甩挂模式有相同的挂车吨位，相同的运量。具体的差别在运行效率及实载率上。运行效率根据运输时间、进站作业时间、牵引车每天工作时间计算。牵引车每天作业次数计算公式如下：

牵引车每天作业次数 = 2 × 牵引车每天工作时间/（运输时间进站作业时间）

通过统计获得的行驶里程、载重行驶里程和挂车实际载重吨计算得到甩挂模式实载率。

传统模式实载率根据企业历史运营情况估算获得。考察甩挂模式开展前,车辆的里程利用率以及挂车的吨位利用率或箱容利用率,并估算其取值。根据公式分别计算甩挂模式和传统模式的一个月内的单位周转量燃油消耗量。则采用甩挂模式后的节能减排效果为两者的差值,并计算单位运输量能耗、排放降低率。排放水平的测算采用燃料折算数的方法,柴油的二氧化碳排放系数为2.73kg/L,的排放系数为2.66kg/L。预期结果分析:根据甩挂运输节能减排的内在机理,采用甩挂运输模式时,车辆的装卸等待时间大大减少,只要充分利用信息平台均能在最短的时间内完成双重运输,实载率大大提升。因而当挂车吨位相同时,在相同的周期内,采用甩挂运输方式能够实现“增加不太多的油耗完成较多的运输量”。

2.7.2.2　同运量对比

同运量对比是以一条线路单位时间内车队的总运量为基础计算两种方式下的平均的效率、能耗、排放等指标。具体来说就是对比相同数量的单体车,在本企业惯常的组织模式下,完成这些运量所需时间,进而算出效率、能耗和排放等指标。具体步骤如下。

(1)确定评估对象。同样地,选择适合的线路进行对比测算。选取原则与同周期对比方式相同。线路确定后选取该线路上运营的牵引车,以相同数量的单体车作为对比对象。

(2)确定对比运量。对比的运量选取过少则会影响对比精度,运量过大则耗费时间长,评估效率低下。根据试点企业甩挂车辆平均单车年完成周转量300万t·km,根据牵引车数量选取不同的对比吨位数如100万t、200万t、300万t。

(3)模拟计算。同样地,在模拟计算中,甩挂模式的数据以实测为准,通过信息系统及企业填报方式获取效果指标体系的指标值。当周转量达到确定的对比数量时则停止统计。传统模式的数据根据试点企业项目实施方案,计算传统模式运输效率指标,计算完成相同运量所需时间。同样根据公式计算不同模式的能耗及排放水平,得到单位运输量能耗、排放降低率。

预期结果分析:根据甩挂运输节能减排内在机理,采用甩挂运输方式能有效提升牵引车效率,因此完成相同周转量,甩挂运输方式所需时间更短。同时,由于甩挂运输方式的有效组织能够提高里程利用率,完成相同周转量,甩挂运输牵引车运行的次数比普通单车运行次数少,因而总油耗也较少。

2.7.3　实时采集对比

同需求模拟有较好的对比条件,排除了一切与甩挂无关的因素影响,其对比结果为甩挂运输带来的最直接效益。但从上面的分析可以看出同需求模拟是一种理想的对比模式,其数据实测性较差。在运输实际中,同一条线路进行甩挂和非甩挂的车辆是无法区分的,企业会根据实际情况进行即时的调整。同需求对比只能依靠经验进行模拟分析,因此其对比结果客观性一般。实时采集即对吨位相同的车辆进行实时监控,对比其统计周期内的数据。第一章分析了甩挂运输的充分条件和必要条件,甩挂运输的开展是需要具备一定的基础条件的,且企业有进行甩挂运输的需求,在试点工作的不断推动下,企业发展甩挂运输的意识越来越强烈,只要条件具备了甩挂运输的条件,必然会抛弃传统模式而选择高效低能耗的甩挂运输模式。因此实时采集对比只要设定一定的对比条件,也能获得较高的信服度,具体评估步骤为如下。

2.7.3.1 确定评估对象

确定评估对象即选定作对比的甩挂车辆与传统单车。由于车辆的能耗及排放指标是由多个因素共同作用的,包括发动机的性能、驾驶人操作水平及行驶的路况。为准确统计甩挂运输带来的节能减排效果,应尽量避免其他因素的影响。因此选取的车辆所参与的线路应该是相似的。具体来说,线路覆盖区域经济发展、交通基础设施及企业管理组织应相似;牵引车型号相同;驾驶人驾驶水平接近。同时为消除统计误差,选取一组车辆进行对比。对比所需数量以服务线路运量为基础。

2.7.3.2 确定对比周期

对比周期过短计算结果不精确,周期过长则评估效率低下,因此对比周期一般以一个月为最佳。

2.7.3.3 车辆监控、数据采集

确定了对比的车辆和周期后,则以一个时间为基点开始对两组车辆进行监控。一个月后通过信息系统提取对比数据。分别计算两组车辆的效率、能耗、排放指标。

预期结果分析:实时采集对比虽然是对比不同线路上的车辆运行效果,但通过对比条件的限定,两组车辆运行条件基本一致。根据甩挂运输节能减排内在机理,甩挂组车辆回程货的概率高于传统模式,且由于提前组织装卸货,有时间对所装货物进行配载,车辆吨位利用率会有一定提高,从而提高了整个实载率。因而预期结果为甩挂模式单车单位周转量能耗低于普通模式。

2.7.4 算例分析

研究所依托的信息系统正在测试阶段,目前已与部分首批试点企业的信息系统进行了数据交换,预计年底正式投入运营。由于目前测试阶段仅采部分甩挂线路数据,传统线路数据将在正式投入后开始采集,因此实测对比方法作为研究展望在今后的项目研究中进行实际运用。因此本文仅就同需求模拟方法进行算例分析。在同需求模拟对比中,甩挂数据仍为实测数据,主要依托测试阶段采集上来的数据。以无锡新东南物流有限公司无锡广州线路为例进行分析。

2.7.4.1 案例背景

新东南物流总部位于江苏省无锡市广石路,地处锡澄路、凤翔路、江海西路、广石路中心地段,紧临国道、沪蓉高速、锡澄高速、京杭运河。作为无锡地区第三方物流的领军企业,新东南物流秉承“优质、高效、快捷、创新”的服务理念,与众多大中型企业形成战略合作关系,为这些战略合作伙伴提供仓储、装卸、包装、运输服务,主要有:美的、小天鹅、荣事达、海尔、格力、一汽锡柴、中粮集团等众多国际国内知名企业。新东南物流已在全国主要省市成立余家分支机构,开通了十二条零担专线和六条甩挂运输专线,其中运作最为成熟的是锡穗线(无锡—广州)。从无锡广石路站场到广州林安站场主要运输纺织品、零担货物,配有牵引车10 辆,半挂车 22 辆。回程则主要是家电、食品、零担等货物,此线路上配有牵引车 8 辆,半挂车 10 辆。线路总运距 1574km,在途运输时间约 3h 左右,平均装货时间大约在 2h 左右,但是等待装卸时间往往高达 15h 甚至更长,原因是新东南物流货车到达客户仓库必须等候其仓管安排装卸货物。此条线路采取的是一线两点的作业模式,具体作业流程在此不作赘述。

2.7.4.2 甩挂运输节能减排效果测算

(1)甩挂模式测算。通过甩挂运输运行监测系统采集到该线路车辆(若干辆)在2012年4月份的运营数据,提出与节能减排评估相关数据汇总结果见表2-2。

穗锡线甩挂运营数据 表2-2

指标名称	计量单位	数量
行驶里程	km	184158
其中:载重行驶里程	km	184158
运输量	t	4165
周转量	t·km	6556024
运行次数(来回)	次	117
平均单次运输时间(来回)	h	48
平均完成一次甩挂作业车辆等待时间	h	2.5
其中车辆检测时间	h	2
燃料消耗量	L	68138.46

经过计算得到甩挂模式下,锡穗线单位运输量燃油消耗为1.039L/100t·km。则单位运输量二氧化碳排放量为1.039×2.73kg/100t·km=2.83kg/100t·km。

(2)传统模式测算。传统模式为模拟数据,除运行效率及实载率外均与甩挂模式相同。传统模式与甩挂模式运输效率对比见表2-3。

穗线效率对比情况 表2-3

	运输时间(h)	装卸等待时间(h)	进站趟检测时间(h)	牵引车每天工作时间(h)	牵引车每天工作次数(单次)
传统模式	30	17	2	20	0.4
甩挂模式	30	1	2	20	0.63

因而用甩挂模式运输效率是传统模式运输效率的1.58倍。由于线路所运送货物比较固定,因而两种模式下吨位利用率几乎无差别。但由于传统模式下,零担货物的组织、家电的装卸载都需要较长的时间,致使企业在回程时会综合考虑牵引车的使用效率,选择部分空驶运输,此情况比例大概在20%作用,因而可估算传统模式下里程利用率为80%。根据上述分析,模拟出锡穗线传统模式数据见表2-4。

锡穗线传统模式数据 表2-4

指标名称	计量单位	数量
行驶里程	km	116923
其中:载重行驶里程	km	93541
运输量	t	2116
周转量	t·km	3330044
燃料消耗量	L	43263

经过计算得到传统模式下,锡穗线单位运输量燃油消耗为1.30L/100t·km。则单位运输量二氧化碳排放量为1.30×2.73kg/100t·km=3.6kg/100t·km。

因而锡穗线甩挂运输节能减排效益测算结果如下：

单位运输量能耗减少量为：0.261L/100t·km；

单位运输量二氧化碳排放减少量为：0.719kg/100t·km。

2.8 甩挂运输节能减排效益评估支持保障体系

为进行甩挂运输试点项目的节能减排效益评估，需要一个完善的工作体系作为保障。支撑保障体系的建立尤为关键，支撑保障体系主要包括组织体系与管理制度。

2.8.1 组织体系

由于甩挂运输节能减排效益分析和评估工作任务重、创新性强、手段少、要求高、涉及面广，为使这项工作落到实处，确保此项工作有质量、有成效、能持续地开展，必须充分发挥各方面的力量，建立相应地组织管理体系。组织管理体系框架如图2-6所示，具体内容如下。

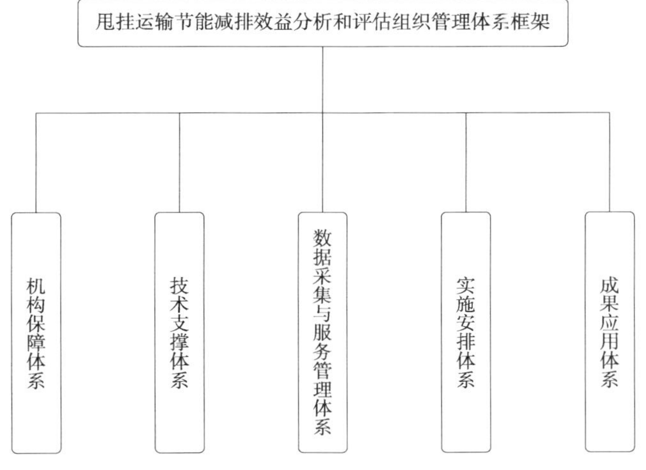

图2-6 组织管理体系框架图

2.8.2 机构保障体系

根据项目实施的特点，机构保障体系可分为三个层次：部级、省级、企业层级。企业层级为开展甩挂运输工作，试点企业均已建立或着手建立甩挂运输工作专班（专项工作组）甚至专门组建了公司。试点企业是开展甩挂运输节能减排效益分析和评估工作的载体，试点企业要进一步提高重视程度，采取切实有效的措施构建长效工作机制。将这项工作职责明确到具体的部门，将责任落实到具体人，逐步形成领导重视、专门部门（人员）负责具体实施的工作机制，做到该项工作层层有人抓、事事有人管。

2.8.3 技术支撑体系

工作的开展涉及整体方案的设计、数据采集渠道和调查方式的实施、基层单位人员的培训以及相关数据的汇总、整理、分析和成果报告的编写等工作内容，必须建立相应的技术支撑体系。技术支撑体系主要由技术支持单位和专家小组构成,技术支撑单位由规划(科研)院承担,按照统一部署,具体负责甩挂运输节能减排效益分析和评估的相关制度建设和组织实施方案的细化;负责数据采集报送体系和多级共享服务体系的功能开发、部署和推广;负责全行业运行的培训工作;负责数据资源的汇总、整理、分析和成果报告的编写;负责根据领导要求组织开展一些专题调研工作。专家小组由行业内外、相关协会的领导组成,可以从已经建立的甩挂运输专家库中选定,主要是提供技术咨询和业务指导,协调重大技术问题。

2.8.4 数据采集与服务管理体系

工作的核心是要制订甩挂运输节能减排效益分析和评估数据的采集渠道、建立相关的制度和运行管理办法。数据采集与服务管理办法主要包括确定各类数据的采集主体、来源渠道、报送制度,涉及数据内容、数据标准、数据采集的方法与手段、数据采集的要求,数据报送的周期、频率,服务要求等方面的内容。运行管理办法主要包括组织管理、技术管理、运行管理,以及数据质量评价、工作检查考核体系等。数据采集工作主要由部道路运输司、甩挂运输项目管理中心、地方道路运输主管部门以及试点企业组成。统计工作主要由甩挂运输项目管理中心负责,部道路运输司出具相关文件,督促地方运输主管部门及试点企业配合。

(1)信息系统自动获取数据统计。

以两个交通运输科技项目甩挂运输智能调度系统和运行监控系统为基础,将系统与企业信息管理系统进行对接。由甩挂运输项目管理中心组织解决相关接口标准问题,使统计数据直接通过甩挂运输智能调度系统和运行监控系统提取。

(2)企业自主填报数据统计。

由项目管理中心规定统计范围与时间,并向运输主管部门发放统计表,再由运输主管部门转发给待评估试点企业,并根据相关规定组织信息填报培训,保证企业填报数据的客观性、真实性。道路运输主管根据统计周期定期收集汇总并递交项目管理中心。

2.8.5 实施安排体系

甩挂运输节能减排效益分析和评估工作涉及面广、实施难度大、可借鉴的经验不多,为减少工作的难度以及确保实施的效果,建议在进行评估工作的实施安排上,分三个阶段推进,具体包括典型企业验证阶段、试点企业实施阶段和全面铺开阶段。典型企业验证阶段计划用半年的时间,主要是在研究成果的基础,深化细化项目实施方案包括统计体系建设、数据采集渠道和方式、数据提交及核查、评估方法验证等内容,并选择家基础条件好、运作规范的企业进行检验验证。

2.8.6 成果应用体系

成果应用体系建设是指甩挂运输节能减排效益分析和评估分析成果的发布主体、发布周期和发布渠道。成果类型:年度道路甩挂运输节能减排效益分析报告;月(季)度道路甩挂运输节能减排效益统计数据及动态分析报告;专题分析报告。通过以上成果,为行业管理部门、企事业单位、科研院所和社会公众提供参考。成果发布形式主要涉及发布主体和发布载体两方面。发布主体主要是各级交通运输主管部门或道路运输管理机构,发布载体可以通过网站、报纸以及新闻通气会等多种形式。

2.9 管理制度

2.9.1 建立宣传培训制度

甩挂运输作为一种先进的运输组织方式,在我国刚刚起步发展,但同时又是一项对精细化管理要求较高的工作。从目前各地的发展实践看,无论是管理者还是从业者都还不同程度地存在认识不足的问题,因此,迫切需要通过宣传和培训,进一步提升各方对甩挂运输在推动行业转型发展、提高运输效率、降低运输成本、落实节能降耗战略以及提升道路货运及物流企业竞争力等方面重要意义的认识,使发展甩挂运输成为一种自觉的行动。甩挂运输节能减排效益的评估,是一项全新的工作,各层级工作人员可能对这项工作的重要程度、所要实现的目的还不是很清楚,同时,各级工作人员对如何实施也需要加强培训,以确保工作的规范化,通过培训,使具体工作人员进一步理解甩挂运输节能减排指标的内涵、数据采集的渠道、节能减排效益评估的方法以及相关的报送制度等。

2.9.2 建立沟通交流制度

甩挂运输节能减排效益分析和评估是一项探索性很强的工作,可借鉴的经验不多。虽然甩挂运输在我国才刚刚起步,但发展迅速,急速发展也不可避免会带来一些不可预见的问题。同时,从我国道路货运市场发展看,不同经济成分、不同业务类型、不同经营业态的货运及物流企业的发展呈现出千差万别的局面,也进一步增强了这项工作实施与开展的难度。通过建立沟通交流制度,可以进一步促进以下工作的开展:一是通过定期或不定期举办论坛、座谈会以及运输经理人沙龙等活动,及时反映甩挂运输节能减排效益分析和评估工作过程中存在的问题,交流总结一些好的经验和做法;二是搭建平台,积极推动国内外的考察、学习,加强与国外发达国家管理部门、知名货运及物流企业的交流,学习他们先进的理念、技术等。

2.9.3 建立评优评先制度

甩挂运输节能减排效益分析和评估,可以实现对甩挂运输运行状态以及能耗排放进行比较准确的监测和统计,一方面能够科学量化甩挂运输试点的节能减排效果以确定进一步的推广策略,另一方面为甩挂运输全国推广后实现行业监管和产业引导奠定。同时,也可以为全国道路运输尤其是干线运输的统计和综合分析提供有益的补充和借鉴。应该说,无论对支持宏观决策还是掌握微观运行都是一项非常有意义的工作。为进一步推动这项工作的开展,鼓励先进和树立标杆,建议每年开展一次评优评先活动,对组织保障得力、数据报送及时、分析质量较好、积极创新的先进单位和先进个人,在全行业给予通报表彰并颁发荣誉证书,对未按要求推进此项工作的,取消评比资格,并视情况,将评选结果与国家的相关支持政策挂钩。

2.9.4 建立法规规范制度

建立长期、有效的甩挂运输节能减排效益分析和评估工作机制，必须有相应地法规、规范作为保障。一是建议交通运输部积极协调政府统计部门，建立健全道路甩挂运输节能减排效益分析和评估指标体系及相应的采集制度，一并纳入现有的交通运输统计制度框架，为该项工作开展奠定制度基础；二是交通运输部研究出台《道路甩挂运输节能减排效益分析和评估工作规范》，进一步明确各有关单位在信息与数据的采集、汇总、报送中的责任，确定相关信息的发布程序、时间与渠道，确保该项工作纳入一个制度化、程序化的轨道。

甩挂运输是目前一种比较先进的运输组织方式，是提高道路货运和物流效率的有效手段。在欧美、日本等地区，甩挂运输早已成为了主流的运输方式，在北美和西欧等公路网络比较发达的国家，以牵引车、拖挂半挂车组成的汽车、列车的运输量已占到了总运量的70%～80%，牵引车与挂车数量比达到1:2.5以上。但在我国，甩挂运输的发展目前依然非常落后，在整个行业中所占的比重也很有限。低碳经济，甩挂运输是方向，但需要政府一些政策支持。国家的政策没有全国性的统一标准，每个地区都有小的改变，不利于规范化的甩挂。

第3章　甩挂运输运营组织模式

引导案例　岳阳市海纳物流公司甩挂运输运营

岳阳市海纳物流有限公司是一家集公路危险货物运输、普通货运配载、货运中转、仓储理货及物流园服务相关业务的全国网络型运输公司，注册资本2000万元，企业已通过SO9001:2008质量管理体系认证，是国家AAA级综合服务型物流企业。公司地处岳阳市郊的新开镇新开工业园，紧临107国道及岳长高速岳阳连接线（岳阳连接线设在新开），距岳阳市中心仅12km，西临京广铁路，东靠京珠高速，岳潭高速、交通便捷，地理条件十分优越。公司的核心业务之一是液化气等危化物品的三方物流，近年，在实施液化气甩挂运输以来，公司开通了岳阳—广州、岳阳—东莞、岳阳—贺州、岳阳—肇庆、岳阳—深圳、岳阳—湖南各地等甩挂线路，公司共开通甩挂运输线路20多条，投入牵引车60多辆，挂车100多辆，甩挂站场15个，占地10万m^2。甩挂运输的实施，为公司赢得了经济效益和社会效益，公司加大了物流园甩挂装卸作业区建设力度，海纳物流园按照“物流平台整合运营商”的定位，在“与您共同成就事业，推动区域经济发展”的经营理念指导下，海纳危货物流基地通过信息交易、甩挂装卸作业、仓储、配送、零担快运、管理服务“六大中心”以及完善的配套服务功能模块建立与运营，快速形成了物流服务、物流载体、物流需求、物流管理服务四大资源的集聚，搭建了高效“甩挂”物流平台。实现在区域范围内整合物流资源，培育物流企业，推动行业发展，促进了和谐社会和节约型社会建设。

3.1　甩挂运输组织的策略选择

目前，我国的甩挂运输发展还不是很成熟，设施、设备和网络技术还不是很完善，货源信息共享较差，开展甩挂运输受到诸多因素的制约。企业应当根据自身状况，选择合适的方式开展甩挂运输。通过调研，目前企业开展甩挂运输主要有两种方式：一是自营；二是第三方外包。

(1)自营甩挂运输。对于大型制造企业来说，资金雄厚，企业涉及面广，有能力打造自己的物流中心，货源充足，运输量大，运输路线固定，制造企业可以根据业务需要在企业内部或者仓库和供应地之间开展甩挂运输。

(2)第三方外包。对于某区域内的一些小企业和小货主，他们实力薄弱，产品运输量小，但有着固定的客户群，由于受生产规模和需求差异化的影响，利用自身的条件很难开展甩挂运输，可以外包给第三方物流公司。第三方物流公司利用自身优势，整合该区域内的货源信息，将分散的货源，整合成具有一定规模、稳定的货源整体，开展甩挂运输。例如福建的胜辉物流集团就是提供区域性甩挂的第三方物流公司，以福州为基地，在海西、珠三角、长三角、京津唐、华中、华西之间开展60多条省际专线、30多条国内专线甩挂。

3.2 甩挂运输种类

甩挂运输作为一种高效、集约、环保的运输组织模式，在提高运输效率、降低物流成本、促进节能减排等方面的优势明显，是道路货运产业升级的重要途径，未来势必成为我国道路货运发展的方向。

3.2.1 公路甩挂运输

公路甩挂运输，顾名思义就是在公路上的甩挂运输，其主要交通工具为牵引车与挂车，现我国第一批甩挂运输试点工作启动以来，第二批的试点紧接开始接受申请。国家的相关部门又相继出台了许多关于甩挂运输的政策，同时国内也有很多省已经开始实施相关政策，通过种种迹象表明，我国的公路甩挂运输工作正在不断发展，稳步向前。公路甩挂最重要的是车辆的选择，以中国重汽集团济南商用有限公司与中国重汽集团济南货车股份有限公司为例(见表3-1)。

济南货车股份有限公司挂车指标　　表3-1

技术参考 \ 车型 \ 制造企业	中国重汽集团济南商用车有限公司	中国重汽集团济南货车股份有限公司
	ZZ4181N4211D1L	ZZ4187N3517N1B
推荐车型种类	半挂牵引车	半挂牵引车
燃料消耗量达标车型编号	LNG车型暂不要求	Q0153376
驱动形式	4×2	4×2
准拖最大总质量(kg)	35200	35000
整备质量(kg)	6600	6800
牵引座负荷(kg)	11270	11005
发动机型号	T10.34－40	WD615.95E
发动机净功率(kW)	248	245
牵引座离地高度(mm)	1290	1290
变速器型号	HW10	HW10

公路甩挂是一种十分便捷快速的方式，同时很大程度地缩小了运输期间的时间，提高了运输的效率，例如：一批货物从A地运往B地，以往是整车货物送达，空车返回，途中造成了空车返回的不必要的资源浪费，且效率不高；现在运用甩挂方式，货物送达后，车厢可留在B地做后续的货物分拣，车头可另外运货物返回，一个往返完成了两个货物的交接。因此，大力推广甩挂运输是有很大益处的。

3.2.2 水路甩挂运输

水路运输拥有长距离、低成本、大批量的干线优势，这里，我用滚装船运输为例，滚装运输需分析厢式、敞式、仓栅式、平板半挂车和罐式半挂车的滚装船甩挂运输流程，提出采用专用码头低底盘车装载集装箱进行滚装船运输的流程。长江滚装船甩挂运输能够进一步的发挥长航优势,与公路达到完美的衔接,在效率和利益方面都有很大的提升,形成了一种独特的市场优势,形成异地连接,资源共享,合作共赢的效果。有数据显示,郭家沱滚装码头的载货汽车进出口量为8.4万辆,日均发送量在60辆以上,形成了一种繁忙的景象。但是,因为水路甩挂运输需要沿河沿海,因此港口集疏运系统的优化就必须得满足水路甩挂运输的主要运输功能的实现。在各个港区的重型滚装货物分流比例不断提高,货源组织难度持续加大。所以我们需要提升滚装船运力的竞争潜力、配置新型滚装船运力、更新现行滚装运输模式已成为当务之急。

3.2.3 铁路甩挂运输

铁路甩挂运输是一种以铁路运输为基础的高效率运输方式,铁路运输可以比路面运输运载同一质量货物时节省50%~70%成能量。而且,铁轨能平均分散火车的质量,令火车的载重力大大提高。在铁路甩挂运输过程中,灾害监测是必须要做的,铁路运输处于全自然的环境下,大风、洪水、雪害、塌方滑坡等,无一不对运输安全造成危害。只有通过采取措施才能有效地减少和避免货物的损坏。铁路货运一直都是被广泛使用的,每年的货运量也不断的提升,在甩挂运输项目实施后,铁路货运量得到了更大的提升。

3.2.4 公水铁联合甩挂运输

联合运输是一种综合利用某一区间中各种不同运输方式的优势进行不同运输方式的协作,使货主能够按一个统一的运输规章或制度,使用同一个运输凭证,享受不同运输方式综合优势的一种运输形式。而公水铁联合运输正好符合运输条件,拥有两种以上的运输方式相连接,综合了三种运输方式的优势,提高货物运输的效率,其主要组合运输方式为:陆空、海空联运,陆海联运,集装箱运输。

1)衔接运输或接力运输

衔接运输或接力运输是指两种运输方式以上或一种运输方式两个环节以上的运输接续(包括回程配载)。货物联运按运输组织方式的不同,可分为大宗货物干线联运和零散货物干支线和支线间联运。大宗货物干线联运,习惯上称之为"大联运"在我国一般由交通、物资、商业等部门在各级经济综合部门的组织和领导下互相签订协议,具体进行。零散货物干支线间和支线间的联运,就是由当地联运企业与联运企业之间、联运企业与运输企业之间签订协议和合同,互为代办中转或异地代理转运以完成全过程的多式联运业务,习惯上称之为"小联运",货物联运按装载方式的不同,可区分为整车(或整批)货物联运和零散货物联运以及集装箱联运。按不同运输方式之间的运输组合情况又可分为铁、水联运,铁、公联运,铁、公、水多式联运,公、空联运,水、水联运等。按区域划分又可分为国内联运和国际联运。

2)运输代理服务

运输作为社会经济活动,必须由托运方和承运方相结合才能进行。随着市场经济的日益发展,社会化生产规模的日益扩大和产、供、运、销分工的不断变化,这种直接结合的运输经济活动,越来越显示局限性,因此,一种承运方、托运方双方间接结合的运输经营方式就产生了,这种运输方式就是在整个运输全过程中,货主和运输企业之间不发生直接关系,而是通过代理人开展业务活动,充当这种代理人角色的就是由此而产生的各种联运企业。运输代理服务的具体经营方式,有多种形式:从代理的服务对象来分有为货主代理和为运输企业代理两种形式。

(1)为货主代理,包括代办托运手续;代理包装、清点货物;集装箱货物的拼装和拆卸、中转仓储、保管、代办报关和保险,取货上门,装车装船、小报运等;货物运到目的地后,代货主提货,送货到家,有的还代办财务结算,代货主催促和验收货物;货物送到后,提供拆卸、搬运和安置妥当等各项服务。还有的联运企业进一步运销结合、代货主推销产品、代购原材料、介绍合作、合营对象等业务。

(2)为运输企业代理,主要是组织和提供运输货源,代办承运手续,组织港、站的集、疏、运任务,帮助运输企业堆码货物和寻找货主催促提货,提供中转仓库和场地,以缓解港站和厂矿企业设施不足等业务。运输代理是联合企业的基本任务,它的基本要求是力争做到"一次托运,一次收费,一次结算,一票到底,全程负责",它节约了办理运输的人力和时间,方便了货主和运输企业,加速了货物的周转,提高社会经济综合效益。

3)运输协作

运输协作是指在货物的运输全过程活动中,把生产、供应、运输、销售等部门的各个环节联成一个有机整体,主要是通过运输企业之间、运输企业和厂矿企业之间的协作,而联运企业则是这种协作中的一个重要组成部分。联合运输是随着现代化社会生产的规模日益扩大和专业化大分工而出现的一个新兴运输分支,在各种运输方式和产、供、运、销以及集疏运等"结合部"和"枢纽"中起衔接配合、协作服务的作用。通过联运企业开展代理业务,组织各种运输之间的联运,发展横向联合和运输协作更有条件做到选择人员优化、最经济的方式和运输线路,促使铁、公、水、空进行合理分流和各种运输工具设施得到充分的利用,从而加速了商品、资金的周转和缩短运输工具的停留时间。联运企业既为货主服务,也为运输企业服务,这种"一手托两家"的双向服务,可以更好地发挥综合运输体系的整体功能,取得更为良好的经济和社会效益。

公水铁联合运输的发展是社会发展的必然结果,同时也是国家运输方面提升的重要依据,同时利用三种交通方式做最有利的结合,加速货物运输的效率,节省资源,降低全程运输成本,提高利润,不断协调,简化了制单和结算的手续,节约了贷方的人力、物力,交货期间能减少滞留问题,加强流通。当然,在发展迅速的期间,少不了相关政策与部门的支持,加强法规建设,才能更好更迅速的发展。

3.3 开展甩挂运输的条件

甩挂运输是一种集约、高效、先进、绿色的运输组织方式,是提高车辆运输效率、降低物流成本的有效手段,是建设资源节约型、环境友好型物流行业的重要途径。是降低物流成本、提高物流效率的有效手段。甩挂运输能够增加牵引车的纯运行时间,提高车辆运输效率。区域甩挂运输要求企业必须具备较高的组织化、信息化程度与货源组织能力。企业在开展区域甩挂运输过程中,自发地通过联合、并购等手段形成企业联盟或企业集团,能促进改善"多小散弱"的行业困境,推动交通物流业向集约化、规模化、网络化和标准化方向发展。另一方面,由于区域甩挂运输的网络化布点需求,也将促进物流配送中心和港站枢纽等物流节点的建设与发展,形成层次分明、功能互补的物流节点体系。装卸效率低下、装卸设备要求较高、货损较大是目前开展多式联运的主要障碍，开展区域甩挂运输后，可通过水路滚装运输等方式实现整车整箱搬运，极大减少了货物装卸作业时间，使“零损耗”成为可能，从而充分发挥各种运输方式的优势，促进综合运输发展。特别是在甩挂运输过程中，不需要机械工具装卸，可以在更多的站场、仓库开展，有利于促进甩挂运输的发展。采用甩挂运输模式，比传统运输模式，年耗油总量降低50%，百吨公里油耗降低19.79%。例如福建盛辉物流集团通过开展甩挂运输，每年节约燃油38.4万L，减少二氧化碳排放1044t。促进道路运输服务创新的重要推力，甩挂运输打破传统的运输理念，创新并延伸运输服务职能。由于甩挂运输创造了时间效益和增强了货品的流动性，使得材料随定随到变为可能。从而可以实现企业零库存，提供门到门的服务。

3.3.1 开展甩挂运输的条件

甩挂运输的根本目的是减少牵引车在装货环节和卸货环节的停歇时间，从而增加牵引车的纯有效运行时间，提高车辆工作时间利用率，提高车辆运输生产率和企业的经济效益。因此，道路物流运输企业在进行甩挂运输决策和生产作业组织时，必须立足于这一根本的出发点，合理有效地选择运输方式，而不是盲目的开展甩挂运输。

3.3.1.1 甩挂运输适宜的货源条件

(1)货源充足，货运量大。因为只有在货源充足、运输量大的情况下，才有必要投入足够的运力，而开展甩挂运输增加了周转挂车的数量，提高了牵引车的周转速度，就相当于增加了运力的投入。只有货源充足，保证车辆有足够的运输工作量，才能充分发挥出车辆的工作效率。

(2)客户稳定，货物起运点和接收点比较固定。稳固的物流服务客户，一方面可以保证拥有稳定的货源，从而可以保证有针对性地、合理地配置周转挂车，有效地开展甩挂运输；另一方面，固定的装卸货地点便于周转挂车的投放与管理，便于挂车的循环使用。

(3)货物类别比较相近。由于不同性质的货物，所要求的车辆类型、装卸设备的差别较大，因此，采用甩挂运输的货物一般应是性质、形状相似的货物类别，以便配置相同类型的牵引车、周转挂车和装卸设备，便于甩挂运输的作业组织。

3.3.1.2 甩挂运输适宜的车辆行驶道路条件

车辆行驶线路是保证甩挂运输车辆行驶安全性的重要基础条件。由于汽车拖挂后，汽车的动力性、通过性、行驶稳定性、转向操纵性、机动灵活性等性能都远远低于单体汽车，因此，应该充分考虑道路的技术条件和道路通行条件，保证挂车安全行驶、顺畅通过。

3.3.1.3 甩挂运输适宜的运输距离与装卸作业组织条件

对于“一线两点”的甩挂运输组织形式，装货点与卸货点两点之间的运输距离及装卸作业条件是决定甩挂运输经济效果的重要因素。一般来说，当两点之间的运输距离较短，而车辆装卸作业时间较长时，车辆到达装卸点之后，需要停歇较长时间等待装卸，在这种运输条件下进行甩挂运输则可以减少牵引车的停歇时间，才有必要进行甩挂运输。

3.3.2 甩挂运输服务的领域

目前甩挂运输作业服务类型主要有两种：一是为港口服务，在码头和集装箱堆场之间进行甩挂运输；二是为生产企业服务，在生产企业和码头(或堆场)之间进行甩挂运输。相对应的主要是采取越库作业策略的物流中心、采取移货作业策略的物流中心和多式联运节点的集散运输采用甩挂运输。目前,我国主要是多式联运节点的集散运输采用甩挂运输,如港口、大型堆场、海关监管站场。多式联运节点的核心业务是货物在不同运输方式之间的转换,配合先进制造企业即时生产的供应物流,通过组织甩挂运输“以挂代库”,实现“零库存”,降低库存成本及风险。从广义上讲,大型商贸企业的部分配送中心、以转运为核心崇尚“零库存”的大型物流基地也适合甩挂运输。例如,江苏飞力达国际物流有限公司就是以海关监管战场为节点,在企业和港口之间开展“一线两点”的短驳甩挂。

3.4 甩挂运输的运营组织模式

3.4.1 甩挂运输基本运营模式

从我国的道路运输行业现状来看,企业开展甩挂运输的基本运营模式有4种类型。

(1)“一线两点、两端甩挂”模式,适宜于货运量较大且稳定、装卸作业地点固定的中短途运输线路。

(2)“一线多点、沿途甩挂”模式,适宜于装(卸)货地点集中、卸(装)货地点分散、货源比较稳定的运输线路。

(3)“多线一点、轮流拖挂”模式,适宜于发货点集中、卸货点分散,或卸货点集中、发货点分散的运输网络,主要特征是多条线路集中于一点,在该点集中进行装卸作业。

装货、卸货甩挂如图3-1~图3-3所示。

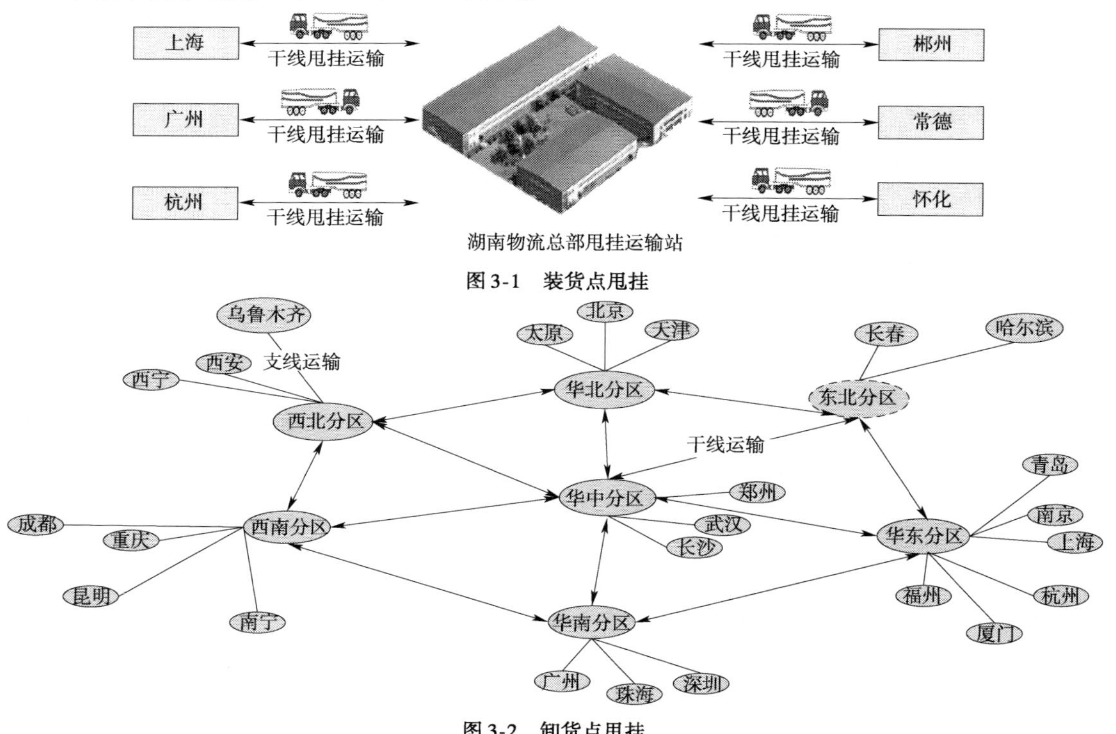

图3-1 装货点甩挂

图3-2 卸货点甩挂

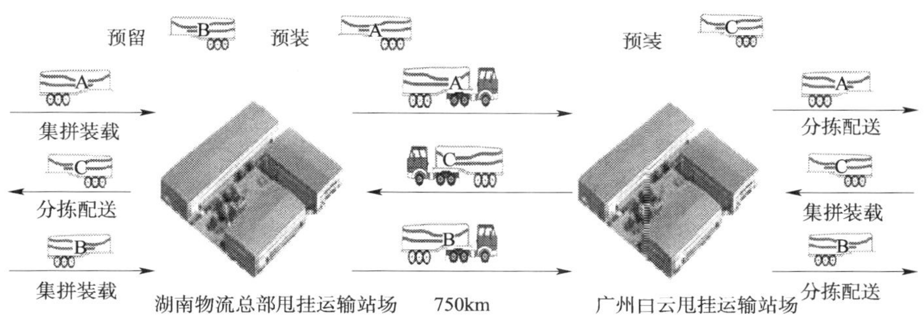

图 3-3 两端甩挂

(4)“网络化甩挂运输”的基本模式。适合于具有较好的运输网络,在网络中的货物来源条件较好的公路快速化货物运输中。公路快速化货物运输是以高速时间效率的货物为对象,用高等公路为基础,进行有效地运输组织,用来实现货物的安全性、准确性、快速运输的现代化运输组织。网络化甩挂运输模式的总体结构由干线运输网络、区域配送网络和智能化甩挂运输信息网络 3 大部分组成,主要由快运货物、运输干线、站场设施、运输配送车辆、信息网络和运输组织 6 大要素构成。6 大要素之间既相互独立又相互联系,构成了完善的快运网络体系(图 3-4)。

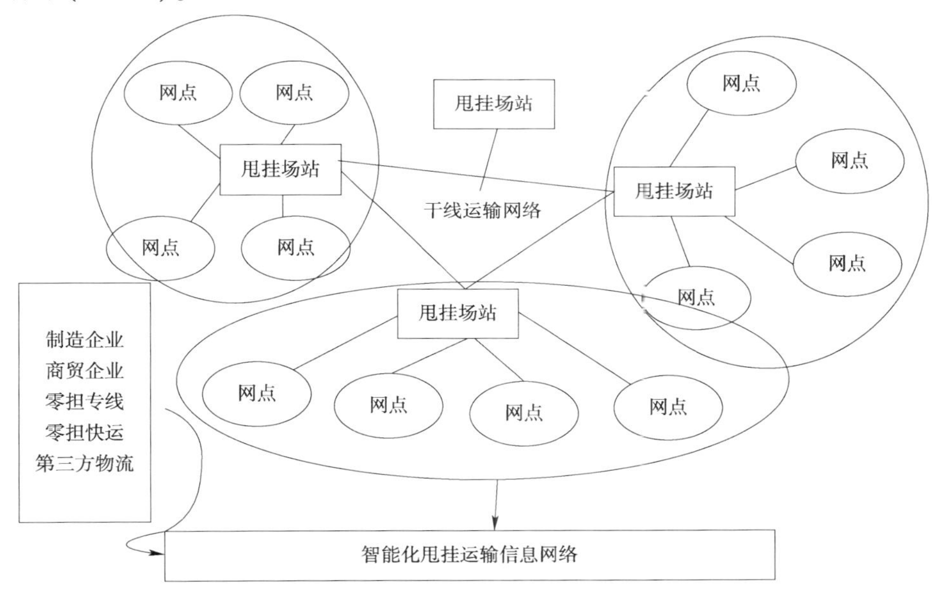

图 3-4 网络化甩挂运输模式的总体结构

3.4.2 甩挂运输的方式与服务对象

(1)整批货物的甩挂运输。道路运输中整批货物是指一次托运量在 3t 以上,或者虽然不足 3t 但其性质决定需要一辆整车运输的货物。一般情况下对于货源稳定、货运量较大、装卸货地点比较固定、运输距离较短的“一线两点”之间的整批货物运输,适宜在装货点和卸货点两端都进行甩挂作业。对于整批货物的长途运输和短途零散客户的货物运输一般不适宜采用甩挂运输。

(2)零担和快件货物的甩挂运输。零担和快件货物运输属于网络化运输组织形式,其组织化程度较高,运输站场等节点设施较齐全适宜采用甩挂运输。零担和快件运输一般是按地理位置和物流吞吐量将运输点分成不同级别。大城市和重要枢纽位置的一级站点,一般物流吞吐量较大,站点与站点之间多为高等级干线公路连接,适宜采用甩挂运输。零担和快件运输的支线运输,由于运输量较小道路条件较差,一般不适宜采用甩挂运输。

(3)集装箱运输是最适宜采用甩挂运输的一种运输形式。因为道路集装箱大多是承接和转运海运集装箱,为港口和铁路车站进行集装箱货物集散运输,运输距离一般较短,而集装箱在货主一端的装货和卸货点,大多需要进行就车装货或拆箱卸货,装卸作业时间较长,采用甩挂运输可以大大提高牵引车周转速度;另一方面,集装箱大多利用专用集装箱半挂车运输开展甩挂运输不需占用牵引车装卸作业时间,而且集装箱半挂车结构简单,购置费用、使用费用均较低,因此,开展集装箱甩挂运输具有显著的经济优势。对于特种运输和各类专业运输,一般由于运输量较小运距较远,不适宜采用甩挂运输。

(4)快运货物是甩挂运输体系的服务对象,适合开展汽车甩挂运输的货物种类有:小型机械及零配件、纺织服装、医药产品、食品、电子产品、化工原料、日用快速消费品等,这些货物的物流需求呈现“小批量、多品种、高时效、高品质”的特征。运输干线作为甩挂运输的基础设施,应具备较高的通行能力和服务水平,选择物流量较大且货源稳定的高等级公路,形成一定规模的干线运输网络。站场设施是甩挂运输网络中的节点,主要包括干线甩挂站场设施和城市配送网点设施。不同层次的节点构成了完备的物流服务体系。甩挂站场作为一级节点,应布局在高速公路与配送城市的交汇处,主要用于干线运输网络的整车甩挂业务。网点是二级节点,分布于城市及周边区域,应根据甩挂运输服务的客户情况设置。同时节点之间应该是开放的,网络中的任何节点之间要可以快速交换信息、协同处理业务。载运工具包括运输配送车辆及装卸搬运机械等。载运工具宜选择技术先进、高效节能、安全环保的车型。干线运输车辆宜选择大吨位的厢式半挂汽车列车,现阶段重点考虑交通运输部推荐的牵引车和半挂车型,随着我国《节能与新能源汽车产业规划(2011~2020年)》的实施,新能源配套设施将会不断完善,未来的干线运输车辆应以LNG车型为主,城市配送车辆应以电动车为主,以确保国家节能降耗总体目标的实现。运输组织和信息网络是实现甩挂运输各种资源科学调度的关键要素,应以集团化、联盟制等形式形成较大规模的运输组织平台,利用智能化甩挂运输信息网络平台,实现甩挂运输各种资源的智能调度与优化管理,以快速满足市场需求。

道路货运市场集中度偏低,大型骨干龙头企业较少,企业物流人才匮乏,管理水平有待提升,企业甩挂运输“单干”的现象较为普遍,影响了甩挂运输集约化、网络化发展;从市场秩序看,管控手段相对缺失,监管力度相对薄弱,恶性竞争、竞相压价等问题突出,市场秩序亟待规范;从企业运营看,货运经营成本不断增加、企业整体盈利水平不断下降;同时,企业还缺乏有效的融资渠道,发展甩挂运输的资金投入受到制约。

我国的运输企业仍呈现多、小、散、弱的特点,我国的甩挂运输起步晚,发展慢,挂车数量少,拖挂比率低,这种多、小、散、弱的市场结构,货物运输的组织化程度低,管理手段落后,客户的随机性和临时性大,严重制约我国公路货运企业甩挂运输的开展。目前,我国的甩挂运输主要集中在华东和华南港口城市,如上海、广州、深圳、厦门等地,甩挂车辆主要用于港口海上集装箱运输,基本没有涉及其他领域。牵引车和挂车的数量之比约为1:1.14,与发达国

家1:2.5以上的标准仍有较大差距,远远不能满足国民经济和现代交通运输业发展的需求。我国的甩挂运输起步晚,但是发展潜力巨大。随着"东北振兴、中部崛起、西部开发"等战略的实施,宏观环境对社会需求的拉动力不断增长,我国面临着三大的区域经济增长和财富转移的发展机遇,高附加值、高科技产品的迅速发展非常适合开展甩挂运输,将为甩挂运输的发展提供发展的需求动力。2001年交通部印发"道路运输企业发展规划"提到了甩挂运输;2009年出台的"物流业调整和振兴规划"中明确指出,中国要在2011年形成一批具有国际竞争力的大型物流企业,并将大力发展甩挂运输及多式联运作为重要任务;2009年12月31日,交通运输部、发改委、公安部等五部委联合发布"关于促进甩挂运输发展的通知";2010年10月,交通运输部与发改委共同推出"甩挂运输试点工作方案",在全国10个省市开展试点工作;交通运输部部长李盛霖在2011年全国交通运输工作会议上的讲话提出到2015年营运货车单位运输周转量能耗下降12%的发展目标,都为甩挂运输的发展提供发展了保障。

3.5 甩挂运输的工作原理

甩挂运输组织的工作原理就是指用牵引车拖带挂车至目的地,将挂车甩下后,换上新的挂车运往另一个目的地的运输方式。

第一步,将办好手续装满货物的挂车①由牵引车牵引从A点往B点行驶。

第二步,与此同时,有需要从B点运送至A点的货物,由运输公司在B点进行集货并装挂车②;有需要从A点运送至B点的货物,在A点进行集货装挂车③,并办好相关手续。

第三步,当挂车①由牵引车牵引到B点后,牵引车甩下挂车①,挂上挂车②,由牵引车把挂车②往A点运送,此时,挂车①在B点开始卸货。

第四步,当挂车②送至A点时,牵引车甩下②,挂上挂车③继续运行,周而复始。

在甩挂运输的操作流程中,最重要的是货源的组织和车辆调度,最大化的减少牵引车的停歇时间,提高其运输效率(图3-5)。

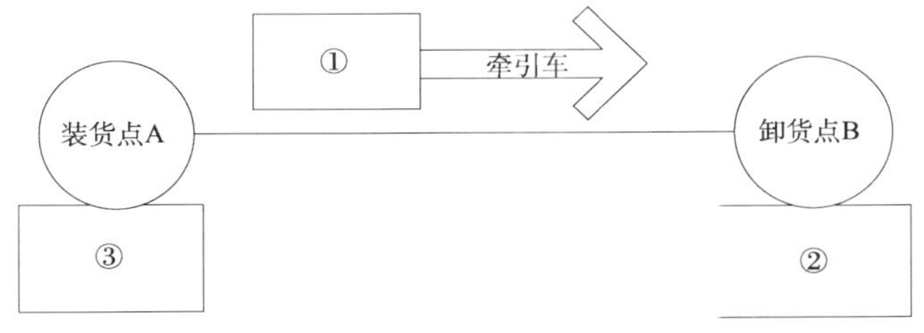

图3-5 甩挂运输流程

运输的工作案例:

假设在郑州海尔的仓储中心,为洛阳、焦作、安阳、平顶山4个销售网点配货,平均每个网点的上货周期为4天,装卸货的时间均为5h,郑州至每个网点的空、重载时间均为2.5h,一辆牵引车,两辆挂车分别为A和B。

某年1月1日:

第一步:8点工人开始往A挂车上装洛阳的货,13点从郑州牵引A挂车去洛阳,到洛阳后卸下挂车A,空牵引车于18点回到郑州。

第二步:此时,焦作网点所需货物已经装完至B挂车上(工人下班),牵引车拉上B挂车,20 点半到达焦作后,卸下 B 挂车。

第三步:空牵引车直奔洛阳,拉上空挂车 A,回郑州。

1 月 2 日:

第一步:8 点工人开始往 A 挂车装发往安阳的货(驾驶人可休息),13 点从郑州牵引 A 挂车去安阳,15 点半到达安阳。

第二步:在安阳卸下 A 挂车后,直奔焦作,大约 18 点半到达。

第三步:在焦作挂上 B 挂车,直接返回郑州。

1 月 3 日:

第一步:8 点工人开始往 B 挂车装发往平顶山的货(驾驶人可休息),13 点从郑州牵引 B 挂车去平顶山。

第二步:15 点半到达平顶山,卸下 B 挂车,直奔安阳。

第三步:大约 20 点到达安阳,拉上 A 挂车,回郑州。

1 月 4 日,休息。1 月 5 日,重新开始循环运输。

3.6 甩挂运输车队运营组织模式分析

通过调研,根据服务的侧重点不同,我国目前主要有以下几种较为常见的甩挂运输车队运营组织模式。

3.6.1 "一线两点"的甩挂运输车队运营组织模式

(1)甩挂车队运营组织模式。

"一线两点"的甩挂运营组织模式是指牵引车往返于 2 个装卸作业点之间,在线路两端根据具体条件在一端甩挂或者在两端同时甩挂,具体运作模式如图 3-6 ~ 图 3-8 所示。

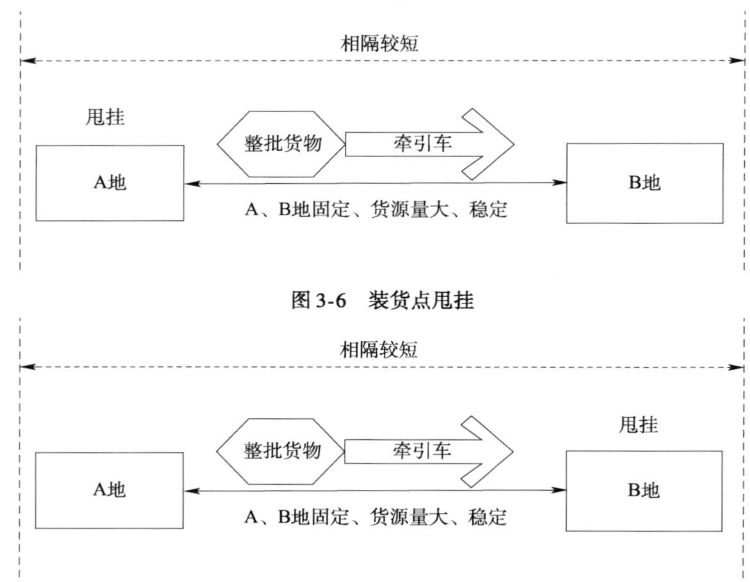

图 3-6 装货点甩挂

图 3-7 卸货点甩挂

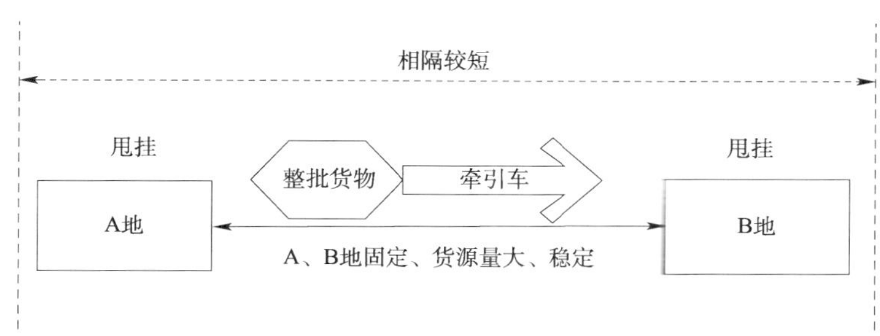

图 3-8 两端甩挂

图3-6、图3-7为"一线两点"间的单方甩挂;通过整合区域内的货代、车队及相关资源,实现货源与箱源、箱源与车源的优化匹配,当线路两端运输需求趋于稳定,适宜开展点到点的"双重"甩挂运输,可有效提高车辆实载率(图3-7)。这三种是目前我国运用较多的甩挂运输运营组织模式,但两端甩挂往往存在回程货不足的问题。

(2)甩挂运输运营组织模式应用。

对于货源稳定、货运量较大、装卸货地点比较固定、运输距离较短的企业可以采用模式这种开展甩挂运输。企业为减少过多库存所带来的资金压力和仓储成本,国内许多制造企业大多采用即时制生产方式,对原材料的供应和产成品采取零库存,利用挂车作为"临时仓库",可在客户端(工厂、商贸企业)预留部分挂车,按照工厂生产进度的需要进行产品装车,在线路另一端也预留部分挂车进行装车,按照企业的生产计划和运输网络调度计划,进行一线两点的甩挂运输,提高运输效率,降低运营成本。

(3)案例分析——江苏飞力达国际物流有限公司的"一线两点"甩挂模式。

江苏飞力达国际物流股份有限公司主要提供以上海口岸为运营中心的基础物流服务;以昆山为运营中心的综合物流业务。现有甩挂运输牵引车56辆(新购20辆),挂车112辆(新购56辆),已建成昆山综合保税区物流园项目(109.4亩)、昆山现代物流中心项目(72亩)、沪苏直通式陆路口岸(110亩,包括6000m^{2}的高标准仓库、3000m^{2}的甩挂运输作业区、约70000m^{2}的堆场),已完成甩挂运输信息化建设,含供应链协同平台、智能化运输系统和客户服务中心平台等多个功能模块,2010年完成甩挂运输标箱28740箱,实现营业收入2485万元(表3-2)。

江苏飞力达国际物流有限公司甩挂运输运量表 表3-2

年份(年)	出口标箱量	进口标箱量	货运总量(t)	年营业收入(万元)
2008	12985	13772	401355	2364
2009	12751	18444	467925	2547
2010	13385	15355	344880	2485

①飞力达的甩挂运输运行图(图3-9)。

②以海关监管站场为节点的"一线两点"甩挂运输模式。

飞力达以海关监管站场为主要节点,在企业和港口之间开展"一线两点"的甩挂运输模式(图3-10、图3-11)。

③以区外甩挂运输站场为主要节点的甩挂运输模式(图3-12)。

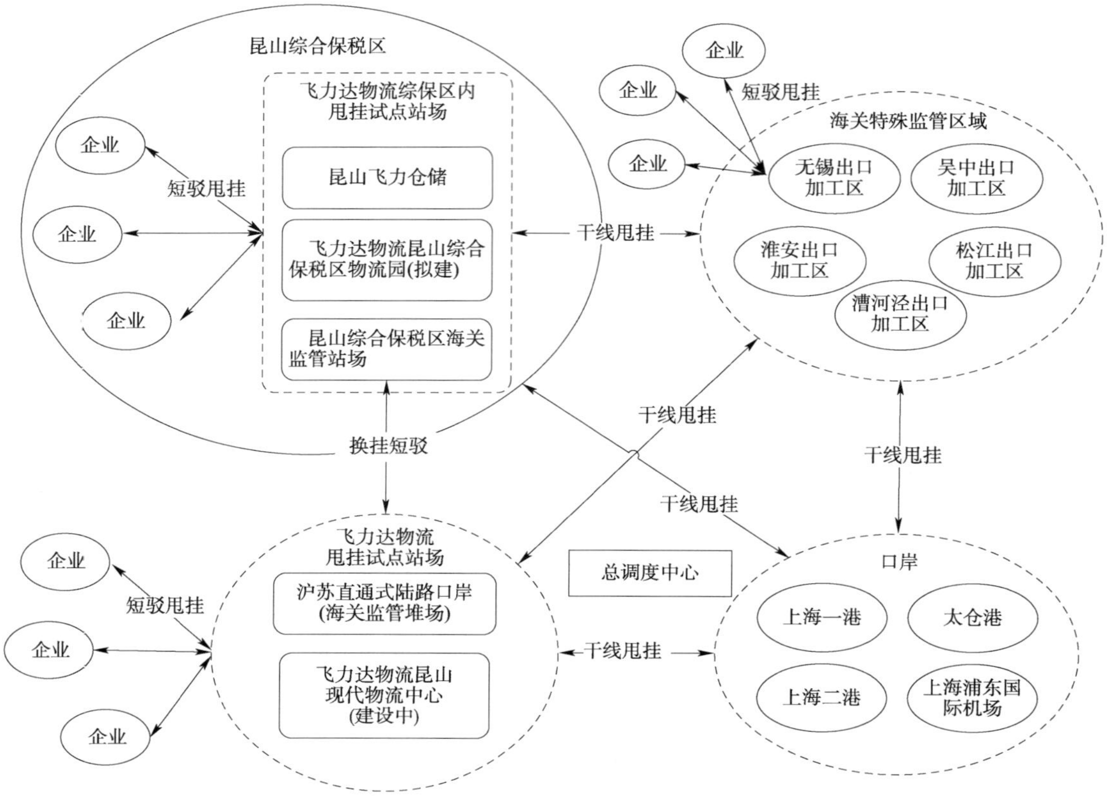

昆山综合保税区
飞力达物流综保区内
甩挂试点站场
昆山飞力仓储
飞力达物流昆山综合
保税区物流园(拟建)
昆山综合保税区海关
监管站场
企业
企业
企业
短驳甩挂
企业
企业
企业
短驳甩挂
海关特殊监管区域
无锡出口
加工区
吴中出口
加工区
淮安出口
加工区
松江出口
加工区
漕河泾出口
加工区
干线甩挂
换挂短驳
干线甩挂
干线甩挂
干线甩挂
飞力达物流
甩挂试点站场
沪苏直通式陆路口岸
(海关监管堆场)
飞力达物流昆山
现代物流中心
(建设中)
总调度中心
企业
企业
企业
短驳甩挂
口岸
上海一港
太仓港
上海二港
上海浦东国
际机场
干线甩挂

图 3-9　飞力达甩挂运输运行图

拖挂比例
1：3
(不落箱操作)
拖挂比例
1：2
(空箱或重箱)
仁宝
换挂短驳甩挂
昆山综合保税区海关
监管站场
干线运输
港口
六合轻
换挂短驳甩挂
调度中心
单证交接
海关特殊监管区域

图 3-10　以综保区为节点的甩挂运输模式

六丰机械
换挂短驳甩挂
沪苏直通式陆路口岸
(海关监管堆场)
干线运输
港口
换挂短驳甩挂
利乐包装

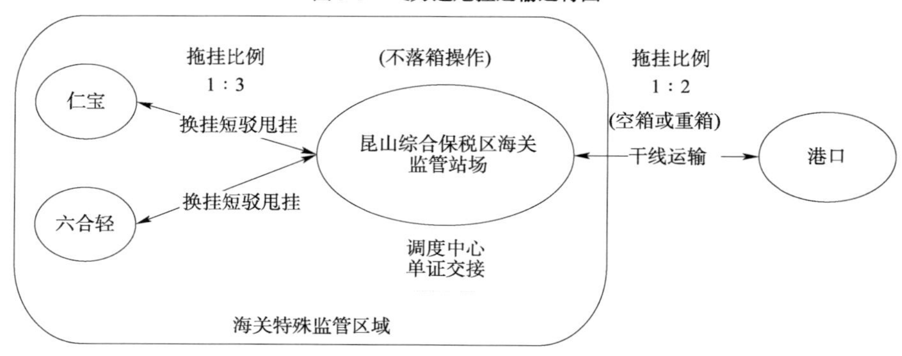

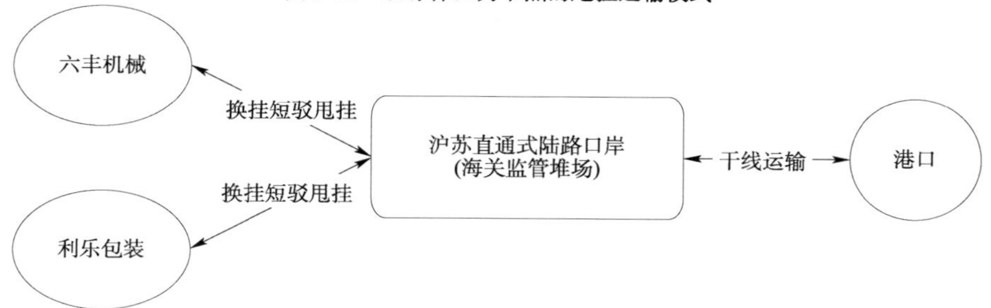

图 3-11　以沪苏直通口岸为节点的甩挂运输模式

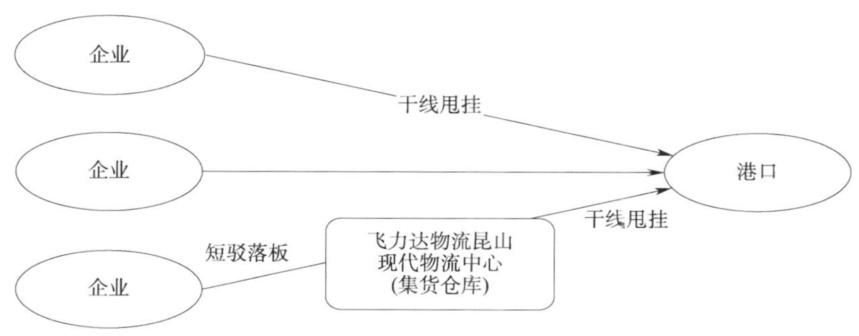

图 3-12　以区外运输战场为节点的运输模式

④运输效率对比。与传统运输模式相比,采用甩挂运输模式年运输效率提高 50.0%(表 3-3)。

运输效率对比分析表(2011 年)　　表 3-3

运输方式	车辆平均吨位(t/车)	单车年总行程(车 km)	单车年载重行驶里程(重车 km)	单车完成周转量(t·km)
传统模式	20	36300	21780	435600
甩挂模式	20	54450	40837.5	816750
增减量		18150	19057.5	381150
增减比率		50.00%	87.50%	87.50%

注:1. 以昆山综合保税区至上海外高桥为例(里程 110km)。

2. 单车年总行程 = 年运营天数 × 每天作业次数 × 线路平均长度。

⑤运输成本对比。与传统运输模式相比,采用甩挂运输,单车运输成本将降低 25%(表 3-4)。

运输成本对比分析　　表 3-4

运输方式	折旧费(万元/年)	燃油费(万元/年)	修理费(万元/年)	保险费(万元/年)	工资(万元/年)	通行费(万元/年)	税金(万元/年)	管理分摊(万元/年)	其他费用(万元/年)	运输成本(元/t·km)
传统模式	8.13	8.02	1.50	2.00	8.40	2.10	2.31	1.50	1.20	0.78
甩挂模式	9.25	12.03	2.00	2.20	12.60	3.15	2.81	2.50	1.20	0.58
对比分析	13.78%	50.00%	33.33%	10.00%	50.00%	50.00%	21.65%	66.67%	0.00%	-25.64%

⑥单车能耗对比。与传统运输模式相比,采用甩挂运输模式,单车百吨公里油耗将降低 20%(表 3-5)。

甩挂运输和传统运输平均单车能耗对比分析 表3-5

运输方式	总行驶里程（车 km）	年运输量（t·km）	年耗油总量（L）	车百公里油耗（L/100km）	百吨公里油耗（L/t·km）
传统模式	36300	435600	12342	34	2.83
甩挂模式	54450	816750	18513	34	2.27
增减量	18150	381150	6171	0	-0.56
增减率	50.00%	87.50%	50.00%	0.00%	-19.79

注：单车百吨公里油耗=单车年总行程×车公里油耗/单车年完成周转量。

根据调研可知，飞力达的甩挂业务就是以海关监管站场和运输站场为节点，以挂车为企业提供临时性仓库，开展“一线两点”的中短驳干线甩挂，取得了巨大的成功。一是飞力达起源于货代企业，立足于昆山市，临近上海，有着得天独厚的地理优势；二是昆山作为中国电子外贸企业的加工基地，制造企业多而且集中，有着充足的货源且产品非常适合甩挂；三是由于昆山的地理位置，仓库成本高，更多的企业为降低成本选择挂车作为仓库。这三个条件是飞力达成功的关键因素。

（4）案例分析——岳阳市海纳物流有限公司有限公司的甩挂模式。

①岳阳市海纳物流有限公司每年的企业效益对比分析见表3-6。

企业效益对比分析 表3-6

运输方式	完成总周转量（t·km）	单位运输成本（元/t·km）	年度运输总收入（万元）	年度运输总成本（万元）	税前利润（万元）	利润率水平
传统模式	12000000	0.466	6200	5600	600	9.6%
甩挂模式	14000000	0.457	7200	6500	700	11.1%
对比分析	提高	降低	提高	降低	提高	提高

②岳阳市海纳物流有限公司运输成本及效率对比，运输效率对比分析。主要通过以下指标，对传统运输模式下和甩挂运输模式下的运输效率加以对比，见表3-7。

运输效率对比分析（每年） 表3-7

运输方式	车辆吨位	单车平均周转次数（次）	单车平均载重行驶里程（km）	单车完成周转量（t·km）	完成单位周转量所需时间（h）
传统模式	1296	150	60000	1413600	120~150
甩挂模式	2356	300	120000	2827200	24~36
对比分析	增加	增加	增加	增加	减少

注：以上表格中单车均为牵引车。

③平均运输成本对比分析。对企业完成相同周转量下的单位运输成本进行对比分析，包括总的成本和各项成本结构（燃油、车辆折旧、保险等）对比（表3-8）。

完成相同周转量下的单位运输成本对比 表3-8

运输方式	投入车辆数	单位运输成本(元/t·km)	其中燃油费(元)	车辆折旧(元)	通行费(元)	人工(人数×工资)(元)	各项规费(元)	车辆维护费用(元)	管理费用(元)	其他费用(元)
传统模式	55	0.466	1000	500	1200	1300	200	500	300	50
甩挂模式	100	0.457	800	400	1000	1000	160	400	260	45
成本节约	1000	0.009	200	100	200	300	40	100	40	5

④岳阳市海纳物流有限公司社会效益分析。能源消耗对比分析。对于完成试点运输项目,企业采用传统运输模式和甩挂运输所产生的能源消耗加以对比,对项目采用甩挂运输模式所产生燃油节约进行系统测算,并换算成标准煤量(表3-9)。

年度燃油及排放的对比分析表 表3-9

运输方式	月运输车次(车次/月)	年运输里程(km/年)	年运输量(t·km/年)	年总耗油量(L/年)	百车公里油耗(年均)(L/100km)	百吨公里油耗(年均)(L/100t·km)	年耗油量(L/吨标准煤)	年污染物排放量
传统模式	12	60000	1413600	22800	3800	161	22800	—
甩挂模式	24	120000	2827200	45600	2580	109.5	45600	—
增减量	+12	+60000	+1413600	+22800	-1220	-51.5	22800	—
增减率	+50%	+50%	+50%	+50%	-32%	-32%	+50%	—

注:车辆数在甩挂模式下指牵引车数量。

⑤尾气排放对比分析。对完成该运输项目所产生的尾气排放总量进行对比,对采用甩挂运输模式所减少的尾气排放量进行测算可得出百车耗油减少近32%。

结论及建议:该项目在技术上是完全可行的,一方面,一辆牵引车可带2~3辆挂车,对公司来说,在保证运力的同时,既能节约资金,又能提高牵引车的运输效率,同样也降低了单位运输成本和能耗及尾气排放。岳阳作为石化大市,石油化工企业生产的石油化工产品应用于国民经济各行各业,与人们的衣、食、住、行息息相关,如果较高的物流成本,将导致制造企业服务质量不到位,产品成本偏高,这样,一方面偏高的成本将转嫁到了广大消费者身上,影响社会平衡。另一方面将冲击制造企业的核心竞争力,削弱了企业自身的市场竞争力。如果能通过扶持像海纳物流这样规模较大且管理规范的物流企业推广甩挂运输来降低运输成本,提高运输服务质量,使广大消费者最终受益。同时,也能较好地解决了制造企业的安全生产、运输配送、售后服务等方面的工作,使生产企业较大地降低了经营成本,也给第三方物流提供了巨大的市场需求和发展动力,对推动我市"甩挂"运输的普及起到一个较好的示范作用,以点带面,更好地促进物流产业的全面升级。

3.7 零担货物的网络型甩挂运营组织模式

(1)零担运输是我国道路运输的重要组织形式之一,由于在发货端为完成货物的集货、分拣、装卸的时间相对较长,从而降低了牵引车的运作效率。采用甩挂运输的运作模式,在牵引车到达之前完成预留挂车的集货和装卸工作,可有效节省牵引车的等待时间,提高运输效率。同时,通过整合,依据线路和货流的分布设立不同的区域分拨中心,将相同方向的货源实现集约化配置,在网络内实现不同节点、线路的甩挂作业,充分利用网络经济效益,降低整体的运输成本(图3-13)。

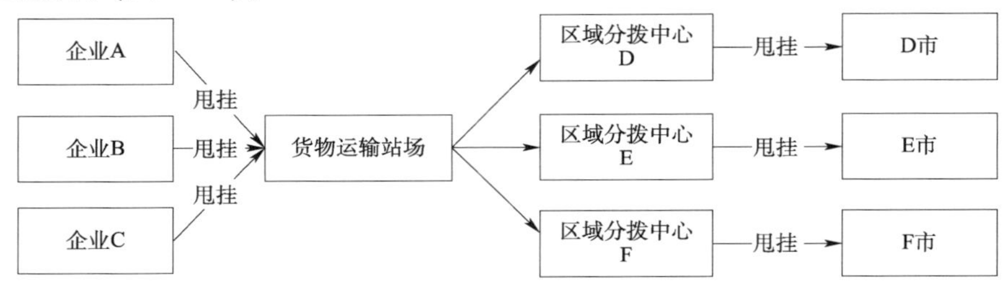

图3-13 零担货物的网络型甩挂运营组织模式

(2)甩挂运营组织模式应用。如果运输企业为某一区域内的小企业提供第三方甩挂服务,可以选择这种模式。由于区域内的制造企业规模比较小,一定时间内发往某个方向的货源比较少,这样可以利用货物运输站场进行集货,并按路线进行分拨,提高运输效率。

例如,在阜阳的雨润集团(阜阳肉联厂)同时为上海、杭州、南京、苏州、马鞍山、安庆等几个城市的各大超市配送冷鲜食品,由于冷鲜食品装卸等待时间较长,需求量较大,需要一定的配货周期,保鲜时间要求严格,可以配备一定的保鲜挂车进行甩挂,根据各大超市的差异化需求进行装货,然后根据配送路线进行甩挂(图3-14)。

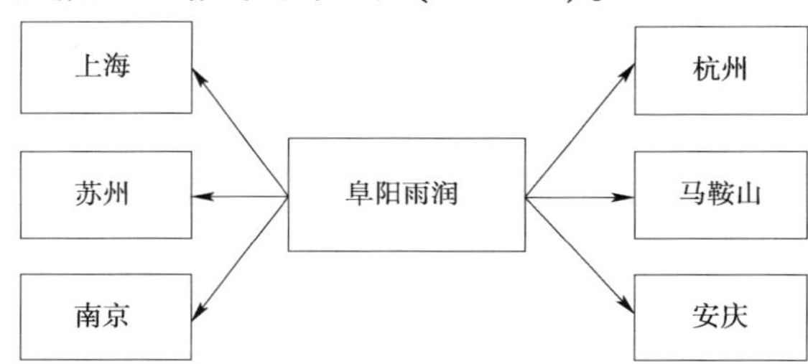

图3-14 零担货物的网络型配送运作模式

3.7.1 "循环甩挂"的运营组织模式

3.7.1.1 甩挂运输运营组织模式

"循环甩挂"运作模式,是指在闭合循环回路的各装卸点上,配备一定数量的周转集装箱或挂车,牵引车到达一个装卸点后,甩下所挂的集装箱或挂车,装(挂)上预先准备好的集装箱或挂车继续行驶,实质是用循环调度的方法来组织封闭回路上的甩挂作业,即将牵引车作为循环调度的对象,把挂车当作车辆在环形路线上行驶时需要装载或卸载的货物。运作模式如图3-15所示。

3.7.1.2 甩挂运输运营组织模式的应用

企业采用这种甩挂模式,组织工作较为复杂,对作业条件要求较高。适用于大城市和重要枢纽位置的一级站点,物流吞吐量较大,运输站场等节点设施较齐全,站点与站点之间为环形高级干线公路连接的运输。由于受到货源信息、道路条件和组织调度等原因的限制,目

前这种甩挂模式应用不是很广泛。

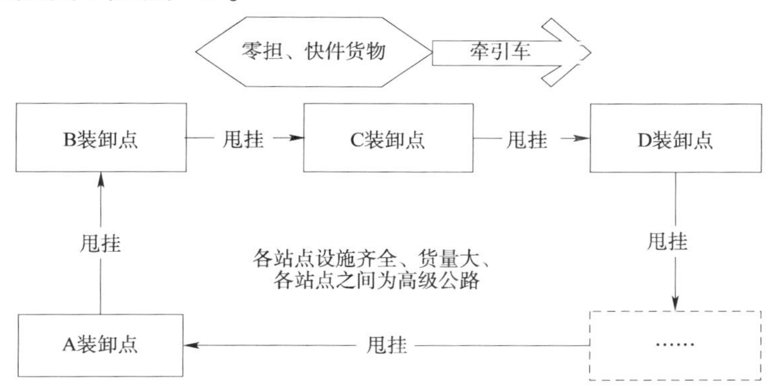

图3-15 循环甩挂运营组织模式

3.7.1.3 优点

①充分利用车辆的载运能力。由于牵引车是在闭合循环的回路上进行甩挂作业,它几乎在每一条线路上都载有挂车,因此车辆的载运能力得到了充分利用。

②压缩了牵引车装卸作业停歇时间,提高了车辆的周转速度。循环甩挂要求在各个装卸点配备一定数量的挂车,牵引车每到达一个装卸点后甩下所带的挂车,然后可以立即挂上预先准备好的挂车继续行驶,这样牵引车的装卸停歇时间被压缩到最短,车辆周转速度大大提高。

③提高了里程利用率。循环调度本身就是一种能够有效地提高车辆里程利用率的行车组织方法,因此循环甩挂也可以大大提高车辆里程利用率。

3.7.2 甩挂运输运营组织模式的拓展

以上几种甩挂运输运营组织模式是现阶段使用较早,发展相对比较成熟的甩挂运营组织模式。在调研过程中,发现一些城市立足本区域的地理、企业服务特点积极创新开展不同形式的甩挂运输。

3.7.3 多式联运集疏运甩挂运营组织模式

(1)依托铁路站场、港口,为满足其规模化、大批量货源的集疏运服务,以公铁联运、公水联运为基础,通过水路滚装运输、铁路驮背运输(或铁路集装箱运输)开展多式联运集疏运甩挂。由于运能紧张及技术原因,目前我国铁路尚不具备运输挂车的条件,而依托港口,通过滚装船运输的公水联运将会成为下一步的发展重点。海上滚装船运输,指由牵引车将装好货物的挂车拖至港口,牵引车与半挂车分离,再吊装至船舶甲板或舱位上进行长途运输,到达目的港后,再由当地的牵引车将半挂车运至堆场(图3-16)。这种运输组织形式明显地减少了对牵引车的占用,提高了船舶的容积利用率。

(2)海上滚装船甩挂运输流程。为更好地实现滚装船月挂运输的前提是实现物流服务功能的区域性整合,由牵引车拖带挂半到起运港口,港航部门验证货单及安全检查证书,在进行必要的安全检查后放行登船,然后牵引车从事另外业务;半挂车按照提前预订的车位,按照长度或质量分类停放、系固;半挂车随滚装船渡海至到达港,由到达方的物流中心的牵引车拖挂该半挂车至当地的物流中心,或直接牵引半挂车到达目的地(租用、合作关系)。

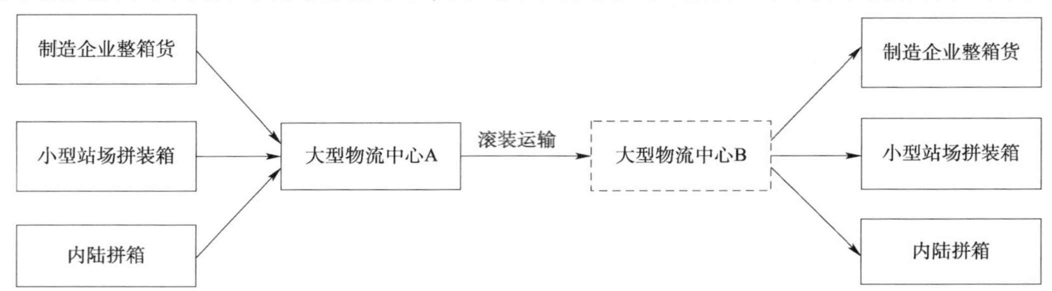

图 3-16 滚装船甩挂运输模式

以渤海湾的烟台至大连之间甩挂为例。

①首先必须拥有一定数量的牵引车和挂车,有两处或两处以上的集装箱货运站场,便于集货和散货,并提供区域性物流服务;有一个高效运转的信息中心,保证滚装船和挂车的运输调度。

②由烟台的物流中心,将各种货物集中到烟台的港口,进行安检和办理登船等相关手续。

③牵引车将半挂车牵至滚装船的相应车位,牵引车与半挂车分开,驶离滚装船。牵引车结合其他挂车从事烟台的另外工作业务,货物到达大连港后,由当地的大型物流中心或烟台物流公司的分公司把挂车牵引到货场,进行配送或直接将货物配送到目的地,同时将空挂车回收到当地大型物流中心,并将装好的挂车牵引至滚装船,完成一次区域性甩挂运输任务。建立互利互信的诚信机制,是开展两地间区域性合作甩挂的前提。

3.8 甩挂运输中存在的问题和发展对策

3.8.1 挂运输发展中存在的问题

甩挂运输具有得天独厚的发展优势,但是在调研中发现,有些企业在实际开展甩挂运输过程中也遇到一些问题。

3.8.1.1 制度障碍

(1)半挂车保险问题。按照现行的保险制度,甩挂运输的牵引车和挂车须分开投保,且挂车要独立承担风险责任。这种制度下存在以下问题:一是混淆了事故主体,由于挂车自身没有动力,需要牵引车拖带行驶,因此发生交通事故后挂车不应该承担事故责任;二是加重了企业负担,按照目前的挂车单独征收、单独承担风险的保险政策,运输企业发展甩挂运输,增加挂车数量,就要增加保险费,从而在一定程度上增加了“一拖多挂”甩挂运输企业的负担。在车险投保方面,保监会下发的《转发交通运输部等五部委关于促进甩挂运输发展的通知》中只强调了“按两个责任限额累加进行赔付”,却未对挂车无需投保做出具体阐述,挂车保费过高的问题仍旧未得以解决。

(2)车辆的报废制度不合理。由于甩挂运输一车多挂,牵引车配备的所有挂车行驶时间的总和等于牵引车的行驶时间。正是因为甩挂运输“一头多挂”、挂车轮流上路,使得挂车的

使用寿命比牵引车的长。而目前挂车的使用年限也是按照普通货车的标准(即10年)来计算的,这种“一刀切”的车辆报废制度不符合资源节约的原则,也增加了企业的负担。

(3)海关监管制度问题。海关监管制度方面,由于以牵引车头作为白卡发放对象的模式尚未改变,不利于甩挂运输的发展。

3.8.1.2 技术障碍

(1)通用性问题。区域甩挂运输首先要保证牵引车与挂车快速、正确、安全地甩开和挂上,还要考虑各种牵引车、挂车有统一的技术标准和参数。因此要尽快制定与国际接轨的牵引车与挂车连接技术标准,确保牵引车、挂车的牵引鞍座通用性,方便实现甩挂,同时还要考虑制动气管连接的通用性和可操作性。

(2)挂车所有权问题。当一个单位的牵引车甩挂本单位的挂车时,不存在挂车归属和所有权问题。但甩挂运输不仅要甩挂本单位的挂车,还要甩挂其他单位的挂车,造成运输周转过程中牵引车挂车所有权不同,以及空载挂车返还所属单位等问题。

(3)设施建设问题。发展甩挂运输,需要集成仓储、运输、货代、配送、信息处理等多种功能的物流园区支持,推进物流一体化运作。甩挂运输是一种高度组织化的运输形式,对货源、运行线路、时间有严格要求,对物流信息网络化的依赖度很高。部分中小型城市的物流园区规模小、功能少、组织化程度低,有的甚至就是个停车场。在激烈的运输市场竞争中,货源来源不一,形不成规模,无法保证回程配货,甩挂车就会出现车辆周转不灵活、空置,反而会更浪费,一定程度上制约了甩挂运输的发展。

3.8.2 调整行业监管政策和思路

3.8.2.1 充分调研,合理规划

加大市场宣传和政策扶持力度,充分发掘辖区内适宜开展甩挂运输的运输企业和货运站场情况,及其主要货物种类的流量、流向和运输组织现状。参照甩挂运输的四种典型运作模式,合理组织,选择管理规范、质量信誉优良、有稳定甩挂运输业务需求,站场设施条件合格的企业开展甩挂试点,以点带面,逐步推进。

3.8.2.2 建立协调沟通渠道,解决发展障碍

加快政府与企业两级甩挂运输组织领导机构建设,组成包括交通、发改委、公安、海关、保监会等部门共同参与的甩挂运输领导小组,通过协商会办等形式先行开放面向试点企业的“绿色通道”政策,解决阻碍甩挂运输发展的政策问题。

(1)建立适合甩挂运输特点的保险制度,逐步调整当前牵引车与挂车均需要单独投保的交强险和商业险制度,实行以牵引车为主体、挂车(包括集装箱半挂车和其他厢式、罐式专用半挂车)只投财产险的保险政策。

(2)解决车辆报废制度,由交通管理部门、交警部门联合对牵引车、挂车进行安全检测,每年1次,只要挂车检验合格且通过年检,就应该允许其长期使用。

3.8.2.3 加强政策扶持,打造龙头企业

建议政府有关部门积极落实面向试点企业的政策扶持,引导企业使用统一技术标准,实现信息共享,对采用先进信息管理设备及管理模式的试点企业予以资金扶持等。

3.8.2.4 政府引导,优化甩挂运输

积极推动多式联运,促进甩挂运输的发展。以集装箱半挂车、箱式半挂车甩挂运输为基

础,形成由公路运输、铁路运输和水路运输等多种运输方式相联合的多式联运,是发挥各种运输方式的优势、提高综合运输效率的先进运输组织方式。管理部门应该鼓励利用公路甩挂运输发展水路滚装运输、铁路驮背运输和集装箱多式联运,促进公铁、公水等多种运输方式间的有效衔接,以甩挂运输为切入点,建设地区性综合运输枢纽。甩挂运输企业要充分发挥道路运输机动灵活的优势,积极完善道路运输网络,为货主提供快捷。低价、优质、高效的运输服务。

3.8.2.5　开展业务培训,培养专门人才

发展甩挂运输离不开专业技术人才。从事甩挂运输的技术人员要对多式联运的衔接、车辆调度、车辆运行路径等相关问题非常熟悉。运管部门应加强专业物流人才的培养,利用讲座、脱产培训、研讨会等多种形式加强对从业人员的教育和培养。同时,跟高校合作,根据需要积极输送具有高素质的专业管理人才。

3.8.3　运输企业要积极创新,发展甩挂运输

3.8.3.1　改进组织结构,发展网络化经营

有条件的物流企业通过联盟、合并、参股或连锁经营等方式实现联合发展,开展网络化运输。以货运站场、保税物流园区、港口等物流节点为依托,建立区域性甩挂运输网络系统,形成定线、定点、定时、统一领导、分级管理的运输经营组织机构,对周转挂车实行统一配置、统一调度、统一管理,提高企业的整体服务能力。

3.8.3.2　强化客户服务与管理理念,加强货源组织

开展甩挂运输要求货源相对稳定、运量大、物品性质相近,因此企业必须加强货源组织与开发。一方面要加强港口、铁路等大宗货源集中地的整合和组织;另一方面,要应用现代物流管理与运作技术,主动与生产企业、商贸企业建立稳固的物流服务合作关系,为其提供采购与商品配送服务,形成稳定的甩挂运输货源。企业要强化客户服务与管理理念,精心为客户设计合理的甩挂运输服务方案,既满足客户的服务需求,又提高自己企业的运输生产效率。

3.8.3.3　构建物流信息平台,实现资源共享

构建物流信息平台,具备方便市场主客体之间的信息交换、方便企业的业务管理、方便管理部门市场监管的多功能综合信息平台,实现各物流园区、企业之间的信息联网和信息共享,以便能及时了解挂车和货源信息,提高甩挂运输的效率。

第4章　集装箱甩挂运输运营组织模式

引导案例　连云港吉安集装箱甩挂运输交易中心

一个追日逐月的港口,必然孕育着激情勃发的精神;一个跨越发展的港口,必定演绎着震撼人心的神奇。作为新亚欧大陆桥的东方桥头堡,连云港港不断集聚着多种物流资源,而处于转型升级阶段的连云港港,如何创新运输组织模式、整合优化多方运输资源、通过新型运输方式的建立来开创多方运输资源共赢的良好局面,已经是连云港港物流企业生存发展的必然选择,一个璀璨的物流之星——连云港港口吉安集装箱甩挂运输交易中心应运而生。连云港吉安集装箱甩挂运输交易中心是由连云港吉安物流有限公司和连云港凯达国际物流有限公司合作经营,专业从事集装箱陆运甩挂运输的第三方公共交易平台。甩挂运输是用牵引车拖带挂车至目的地,将挂车甩下后,换上新的挂车运往另一个目的地的运输方式,能为客户提供快捷、经济、低成本、高效率的服务。公司从高起点,高目标入手,坚持数字信息化管理,高效率组织管理运作,以信息化、标准化、流程化、产品化的经营模式,致力于为社会和广大客户提供准确、及时、经济、安全的高质量现代物流以及车辆、货物、集装箱存放和中转等多项服务。

连云港吉安集装箱甩挂运输交易中心打破传统,以超市交易平台模式+大客户直销销售模式+出租车式公车公营管理模式+专线运输模式相结合的商业运作,在港口陆运领域独树一帜。甩挂运输交易中心提供统一的公共集装箱陆运交易平台,主要负责市场营销和货物管理;负责评估开设运营专线;负责业务操作;负责信息化技术研发和投入使用;负责驾驶人培训和管理;负责车辆后勤保障等工作。

未来几年,公司致力于将吉安集装箱甩挂交易中心打造成港口集卡车的集散中心,为车主提供统一的货源、统一的人员管理、统一的车辆维护、统一的运费结算等多项服务;客户货源的调配中心,为客户提供统一的货物调配、统一的船舶运力规划、统一的货物运输安全管理、统一的仓储调剂等多项服务;合作单位的信息中心,提供实时在线信息动态查询多项服务。连云港吉安集装箱甩挂运输交易中心正在用智慧和汗水书写东方大港的共同愿景。

4.1　集装箱甩挂运输的背景

据国家权威部门估算,道路集装箱运输采取甩挂方式,能够提高车辆运输效率30%~50%,油耗下降20%~30%,降低成本30%~40%。若我国现有运力全部采用甩挂运输,运输能力将整体提升40%以上,同时也更利于减少碳排放量,推动节能减排。20世纪80年代初,我国甩挂运输伴随着集装箱的发展应运而生。1996年,国家交通部、公安部和经济贸易委员会共同发出《关于开展集装箱牵引车甩挂运输的通知》,鼓励有条件的高速公路运输企业开展集装箱牵引车甩挂运输。2010 年 10 月 27 日,交通运输部、国家发改委联合发布《关于印发〈甩挂运输试点工作实施方案〉的通知》,集装箱甩挂运输迎来了实质性发展阶段。但是,我国集装箱甩挂运输在整个运输行业中所占比重非常有限,总体发展相对于欧洲发达国家依旧落后,主要体现在以下几个方面。

第一,目前欧美发达国家广泛采用甩挂运输,以牵引车拖挂半挂车组成的汽车列车运输方式占到运输总量的 70% ~80%,牵引车与挂车数量比达到 1:2.5 以上,而我国甩挂运输挂车与牵引车总体数量少,约有牵引车 23 万辆,挂车 30.2 万辆,牵引车与挂车比例仅为 1:1.3,其比例远远低于其他国家。

第二,我国集装箱甩挂运输主要集中应用于华南、华东港口城市的集装箱集疏运以及一些大型企业间货物的流转,如广州、上海、厦门、深圳等地,相对其他领域,集装箱甩挂运输发展较小。

第三,我国货运企业散户多,规模小,运力分散,市场结构弱,货源组织效率低。

第四,道路集装箱运输仍然以普通单体货车为主,其车辆管理制度不完善,不能适应发展现代物流业及节能减排的要求。

第五,我国运输场站的建设与公路规划不配套,造成集装箱运输过程中运距较长、空载、超载以及运输折返情况严重,影响了道路货运生产效率,降低车辆利用效率,加大了企业的运输成本。

第六,现阶段我国集装箱甩挂运输组织模式方式单一,一般都采用“一线两点”的模式,使得所服务网点较少,牵引车过度地独自行驶,大大影响了集装箱甩挂运输的效益。这些问题使得我国甩挂运输总体上发展滞后,其产生的运输效率和经济效益不明显。综上,为发展现代交通运输业、转变行业发展方式、促进节能减排,集装箱甩挂运输作为较先进的运输组织方式,是提高道路集装箱货运和物流效率的有效手段。

通过降低牵引车数量,提高车辆运输效率,减少空驶等情况发生,使企业经济效益达到最大化。根据运车辆行驶路线及货物流向,选择装卸点间不同的组织模式,使公路运输优势充分发挥,推进集装箱甩挂运输集约化、规模化经营水平以及组织化程度。

4.2 集装箱甩挂运输的意义

研究的目的是优化集装箱在港口、站场、工厂以及物流企业等各节点间的甩挂运输,为道路集装箱运输提供一种更加高效节能的组织模式,并引用实例进行分析。物流企业成本所涉及项目较多,选择有效的集装箱甩挂运输组织模式能帮助企业提高车辆利用率,降低运输成本,进一步提高企业的市场竞争力。同时,集装箱甩挂运输对节能减排、建设资源节约型社会意义重大。发展集装箱甩挂运输有助于提升经济及对外贸易的发展,通过减少牵引车使用数量、提升车辆利用率节约运输成本,运输需求的变化要求发展集装箱甩挂运输,集装箱甩挂运输不同组织模式产生的经济效益与社会效益不同,国家提倡节能减排,集装箱甩挂运输在技术及组织方面的创新有助于甩挂运输在其他领域的推广及应用,进一步推动道路运输企业和货运市场规模化、集约化、组织化发展,从整体上实现节能减排(图 4-1)。

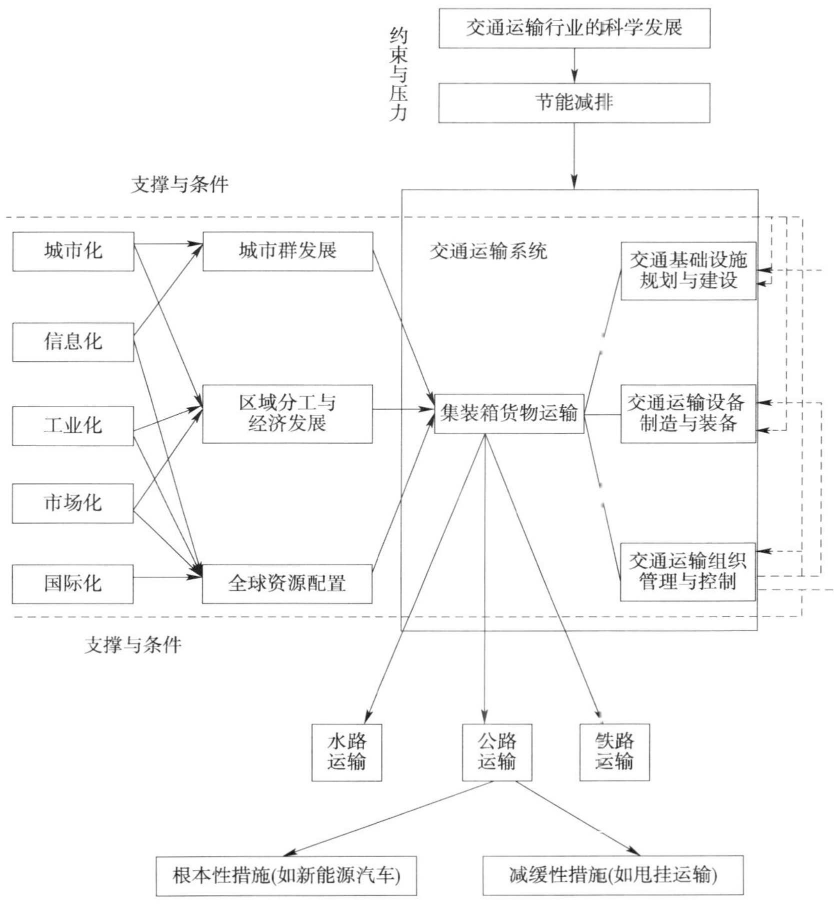

图 4-1　我国发展集装箱甩挂运输原因及意义示意图

4.3　国内外集装箱甩挂运输研究现状

4.3.1　国内集装箱甩挂运输研究现状

由于我国集装箱甩挂运输起步较晚,运输组织化程度不高,组织模式单一,规模化、信息化、网络化的高效运输组织模式少之又少,道路货运业经营主体呈现明显的“小、散、弱”特点,集装箱甩挂运输发展缓慢。国家经济贸易委员会、公安部、交通部在 1996 年共同发出《关于开展集装箱牵引车甩挂运输的通知》,交通部开始逐渐加强对集装箱甩挂运输这种运输方式的重视。随着集装箱运输在沿海各城市快速发展,道路运输领域中相关交通费用改革以及不断推动集装箱甩挂运输的呼声高涨。2007 年 12 月,原交通部发布《关于加快发展现代交通业的若干意见》,正式提出了加快运输结构调整,提升交通运输服务能力,优化运输组织结构,大力发展规模化、集约化、网络化运输,提高运输组织效率,逐步实现货运的无缝衔接和客运的零换乘。引导营运车船向标准化、专业化、清洁化方向发展,发展厢式运输、甩挂运输和汽车列车,提高运输装备的技术水平。2012 年 1 月 18 日,交通运输部发布了《关于发布第1批公路甩挂运输推荐车型的通知》(交运发〔2012〕27号),满足我国甩挂运输试点工作需要的11个车辆生产企业的16款推荐车型公布于众,这表示我国适用于甩挂运输的挂车列车开始从标准上、技术上进行统一。2010年11月,我国正式确立了甩挂运输第一批试点省份及单位,包括了上海、福建、江苏、浙江等10个省(区、市)以及中国邮政集团、中外运长航集团等。为进一步加强甩挂运输试点工作,交通运输部和财政部又在2012年6月印发《公路甩挂运输第二批试点工作方案》,共确定58家单位作为第二批试点项目。"十二五"期间,全国将组织开展5批、约200家运输企业参与甩挂运输试点工程,有望使试点企业快速摆脱"挂不上、拖不了"的现象,使其牵引车与半挂车比例达到1:3。许多运输企业将甩挂运输作为提升市场竞争力的手段,大力推广实施。如福建盛辉物流集团积极开展一线两点的甩挂运输模式;宁波港成立运营中心,将传统模式分成三段实施多车实施甩挂运输;深圳赤湾东风物流、深国际华南物流等不断探索集装箱在干线上的甩挂运输;工业经济大省山东省有关交通部门联合公路、水路运输企业大力整合资源、结成联盟加强合作,努力将渤海湾滚装甩挂运输打造成品牌化的甩挂运输。

4.3.2 国外集装箱甩挂运输研究现状

美国、加拿大等发达国家采用甩挂运输可追溯至20世纪40年代。最初,集装箱甩挂运输的使用仅为满足滚装运输多式联运的需要,随着国外经济的发展,一些大的物流企业也逐渐开始使用,使得集装箱甩挂运输在新兴工业化国家和西方发达国家得到长足发展,成为干线运输的主力依托。在加拿大、美国、西欧等发达国家,甩挂运输完成的货运周转量占道路货运总周转量的70%~80%,牵引车与挂车拥有量之比普遍高于1:2.5,在新加坡、韩国等新兴工业化国家牵引车与挂车拥有量之比甚至达到1:7;全美各类商用卡车保有量约2900万辆(从事洲际运输900万辆),2009年美国商用牵引车、挂车拥有量分别为182万辆、567万辆,挂车数量大大高于牵引车的数量,两者之比一直稳定在1:3左右。在欧洲,特别是西欧经济发达地区的国家,在20世纪末即已通过规则,可执行一车两挂(我国现阶段基本是一车一挂),列车总长度为25m,总质量最大可达到60t,最高行驶速度可达110~125km/h。在澳大利亚,一车三挂已成为甩挂运输的主要方式,列车总长达到34~40m,总质量达到70~80t,行驶中的常用车速在50~60km/h,制动系统为电子控制,保证整列挂车与牵引车实现同步制动,保证及时降低车速和行车安全。尽管集装箱甩挂运输越来越受到学者和政府的关注和推崇,但大部分文献仅限于研究甩挂运输所涉及的车辆装备、相关理论、政策建议等方面,且都从行业层面出发进行定性分析,侧重研究集装箱甩挂运输发展的相关措施和对策,而对于集装箱甩挂运输在具体作业过程中组织模式的研究涉及很少,仅停留在初步探索阶段,没有形成系统的理论体系。甩挂运输模式。牵引车装卸作业时间与甩挂时间之和要小于传统运输车装卸作业、停歇时间,完成装卸作业后挂车待挂的时间不宜过长。

4.4 集装箱甩挂运输开展的基本条件

现阶段,我国甩挂运输发展迅速,多式联运中针对集装箱运输应用越来越广泛。在运输距离及装卸时间等方面,开展集装箱甩挂运输需具备以下几个条件:

(1)适用于运距较中短、装卸能力较弱的情况。过长运输距离会导致牵引车装卸停歇时间占运行总时间比重较小,其效果不明显,同时扩大组织的复杂性。但另一方面,长距离的集装箱甩挂运输可为返回的牵引车提供更加充足的时间准备货源,确保牵引车在卸货点可迅速挂上已装好集装箱的拖车返程,这样避免了牵引车空驶,也节约了驾驶人的等待时间。同时,周转半挂车可用于临时存储货物,为企业节约仓储设施,降低仓储成本。因此,只要组织得当,长距离的集装箱甩挂运输同样运距。集装箱甩挂运输在装卸能力不足、运距较短的情况下,更利于提高运输效率,降低运输成本,取得更好的经济效益。

(2)市场环境条件。开展集装箱甩挂运输必须有足够大且相对稳定的货源,只有在运量大的条件,才能充分发挥牵引车的周转速度及工作效率。如家用电器、日用百货、精密模具、IT 产品等高附加值产品非常适合集装箱甩挂运输。

(3)车辆技术。从事集装箱甩挂运输的车辆应按照相应国家或地区统一标准,保证物流企业间协同化运作,牵引车与半挂车之间的生产技术参数必须合理匹配,确保“甩得下,挂得上”。同时,甩挂运输车型应具有承载量大、标准化程度高、自重轻、安全性好、环保性好等技术优势,以推动我国节能减排。

(4)站场设施。站场方面,必须满足甩挂运输车辆进出、货物进出库以及装卸作业等;站场需具备装卸搬运、分拣配送、运输组织、信息服务等基本功能,配备能力充足的甩挂库房和货场、适当的搬运装卸设备、充足的挂车装卸停车位以及完善的信息系统等,同时站场还应提供车辆维修检查、停车保管等服务,满足甩挂运输业务开展的需求。

(5)道路条件。为保证甩挂运输车辆行驶安全,车辆行驶线路是重要基础条件。在甩挂操作过程中,由于牵引车拖挂后,其动力性、行驶稳定性、通过性、机动灵活性、转向操纵性等性能都比单体汽车低,因此,为保证车辆行驶安全,顺利通过,应该充分考虑道路的通行条件以及技术条件。

(6)网络信息化。集装箱甩挂运输涉及集装箱、港口、场站、码头等诸多因素,中间环节多、组织工作复杂,对装卸组织、货源组织、运输距离等都有很高要求,必须依靠先进的甩挂运输网络信息系统,如车队调度管理系统、报关报检业务管理系统、全球定位系统(GPS)等多种先进的信息系统,实现统一调度、跟踪,通过现代网络技术和通信技术为甩挂运输应用提供了强大的智能化信息平台,为甩挂运输实现规模化、集约化、网络化经营提供保障。

4.5　集装箱甩挂运输概念界定

狭义上甩挂运输定位为道路运输领域的一种货运组织形式,指按照一定比例配置牵引车与挂车,在运输停歇过程中牵引车可甩掉一个挂车,挂上另一个挂车继续空间移动过程的运输组织形式。广义上甩挂运输体现在多式联运和道路运输领域,其实质是一种基于道路货运车辆调度的货运运力资源配置模式,指在道路运输环节,牵引车按照预定的运行计划,在货物装卸作业点甩下一个或多个挂车,挂上其他与牵引车准牵引总质量相匹配的挂车继续空间运行,以实现门到门运输的运输组织方式。在实践过程中,运输企业使牵引车与挂车能够自由分离与连接,通过合理调度与配置,缩短因装卸货物而造成的牵引车停靠等待时间,降低牵引车购置费用,提高车辆利用率。甩挂运输的高效与集约综合体现了道路货运业组织化、网络化、规模化、标准化及信息化发展水平。集装箱甩挂运输是指按照预定计划，集装箱牵引车在各作业网点摘下并挂上装有集装箱的半挂车后，继续行驶的组织形式。我国道路集装箱运输大多是转运、承接海运集装箱，服务港口、铁路车站及企业间集装箱集疏运，运输距离相对较短。针对集装箱货源情况，我国集装箱甩挂运输现阶段多用于沿海港口货物集疏运以及企业、大型工厂中间产品的运输。集装箱甩挂运输涉及人、车、道路、货物、环境等诸多因素，中间环节多、信息量大，因此要求具备较高的组织形式及信息化技术。

4.6 集装箱甩挂运输服务的领域

现阶段，我国集装箱甩挂运输主要存在两种作业类型：一种是在集装箱堆场、码头、物流园等之间开展甩挂运输，为港口服务；二是在企业与企业、生产企业和码头（或堆场、物流中心、甩挂站场）之间进行甩挂运输，为生产企业服务。例如多式联运节点（如港口、大型堆场、海关监管站场等）的集装箱集散运输多采用甩挂运输，集装箱在不同运输方式之间的转换是多式联运节点的核心业务，配合制造企业即时生产的供应物流，通过组织“以挂代库”的甩挂运输，可以实现企业“零库存”，降低存储成本及风险。同时，大型物流基地与大型商贸企业的部分配送中心都以转运为核心，崇尚“零库存”，也适合开展集装箱甩挂运输。例如，江苏飞力达国际物流有限公司将海关监管站场作为节点，在港口和企业间开展“一线两点”的短驳甩挂。

4.6.1 开展集装箱甩挂运输优势

由于集装箱载质量较小，在传统的集装箱运输中多用普通载货汽车载运，牵引车与拖车一体不能不分离，而集装箱在装卸货物时花费时间较长，在港口开封箱手续麻烦，使得载货车辆长时间等待，车辆实际工作时间里的行驶时间低于或基本低于货物的装卸时间和等待时间，影响了车辆利用率。采用甩挂运输可以使同一辆牵引车在不同时间段牵引 2 辆或 2 辆以上的挂车，这样大大节约了购置费用与时间成本，产生的经济效益及社会效益极其可观。同时牵引车的减少更好的推动了资源节约型、环境友好型社会的建设。与传统的运输方式相比，集装箱甩挂运输具有明显的优势。

（1）车辆装备方面，集装箱大多利用专用集装箱半挂车运输，开展甩挂运输不需占用牵引车装卸作业时间，半挂车结构简单，类型多样，具有很好的兼容性且购置费用较低，减少了成本。同时，挂车的投入产出率高，其运输效率大，价格较低廉，运载能力大，容积扩展空间大，有助于实现公路的长途运输。根据我国的标准，2008 年 1 月 1 日后我国整体封闭式厢式半挂车最大长度可达 14.6m，与其组成的铰接列车车长最大限值放宽到 18.1m。

（2）按 1:3 或者 1:2 的比例配置集装箱甩挂运输牵引车和挂车，能有效减少驾驶人和牵引车的配置数量，节省牵引车购置费、管理费和人工费等运营成本；若牵引车与挂车配置比例为 1:2，运输企业牵引车购置费用可节约 50% 左右。据资料统计，非甩挂运输货车的驾驶人工资在运输企业成本中所占比例为 50% 左右，而采用甩挂运输方式后只占约 25%。另一方面，甩挂运输能增强货物流动性，创造零库存，降低仓储成本。

（3）集装箱甩挂运输能使运输效率提高，牵引车有效工作时间增加，车辆周转加快。在甩挂运输站场内,牵引车进站,甩下挂车,挂上新的半挂车,随即可走,减少货物装卸的等待时间,提高牵引车生产效率,增加车日程。

单车年总行程 = 年运营天数 × 每天作业次数 × 线路平均长度

(4)集装箱甩挂运输能减少油料消耗,降低污染,保护环境,真正推动节能减排,促进道路货运的可持续发展。另一方面,针对不同情况选取适宜的集装箱甩挂运输组织模式有助于减少无效运输、重复运输以及车辆空驶等现象,从整体上减少废气排放量,降低能源消耗见表4-1。

集装箱甩挂运输组织模式降低能源消耗情况 表4-1

运输方式	总行驶里程(车km)	年运输量(t·km)	年耗油量(L)	车百公里耗油量(L/100km)	百吨公里油耗(L/t·km)
传统模式	36300	435600	21780	34	435600
甩挂模式	2054450	846750	40837.5	34	816750
增减量	18150	381150	19057.5	0	381150
增减比例	50%	87.50%	50%	0.00	-19.79%

注:单车百吨公里油耗 = 单车年总行程 × 车公里油耗/单车年完成周转量。

(5)集装箱甩挂运输能适应现代物流发展的需求,因甩挂运输需要较高的组织程度,开展甩挂运输有利于建设站场等基础设施,有利于发展多式联运,有利于形成以站场为集结点的货运网络,有利于推动道路货运向集约化、规模化、网络化和标准化发展,有利于调整道路货运的运力结构和组织结构,提高整体服务水平。

4.6.2 开展集装箱甩挂运输可行性分析

从整体分析我国运输业现状,发展集装箱甩挂运输所需要的社会经济条件我国已基本具备,有以下依据。

4.6.2.1 宏观政策保障

《交通运输"十二五"发展规划》中,将甩挂运输纳入十大工程,全面推进甩挂运输试点工作,探索甩挂运输运营组织模式,进一步完善促进甩挂运输全面发展的政策法规和标准规范体系。2009年1月1日,国务院《关于实施成品油价格和税费改革的通知》的发布实施,为集装箱甩挂运输扫清了交通规费征收制度上的障碍,为推进集装箱甩挂运输,实现道路货运和物流业可持续发展提供了政策支持。2009年年底,交通运输部与国家发改委、海关总署、中国保监会、公安部五个部门联合下发《关于促进甩挂运输发展的通知》,要求各地区、各有关部门进一步提高认识,加强组织领导,采取切实措施,有效引导和推动甩挂运输的发展,这为具有节能、高效和低成本等优点的甩挂运输发展提供了政策保障。

4.6.2.2 社会经济保障

近10年来我国经济总量快速发展,道路建设不断加快发展,给道路货运与物流业带来了充足的货源,稳步推进了运输基础设施的建设,扩大了产成品等物流需求,为我国开展集装箱甩挂运输提供了良好的外部环境。随着我国产业结构不断调整,高附加值、高技术含量的产品比重增加,适合集装箱甩挂运输的货物随之增加,为我国开展集装箱甩挂运输提供了重要支撑。同时,随着扩大内需战略的实施,我国对外贸易向更大范围、更广领域的拓展,外贸运输不断扩大。集装箱甩挂运输作为进出口货物主要集散和配送方式，必然随着外贸运输的不断发展而前进。纵观各地公布的数据，2011 年中国共有 25 个省份的人均 GDP 超过 4000 美元大关，其中天津、上海、北京等地的人均 GDP 均已超过 8 万元人民币，接近富裕国家水平。

4.6.2.3　市场需求的保障

随着物流业务的快速扩张，现有集散中心的设施及吞吐能力已无法满足日益增长的货量，集散库势必要面临扩容，增加仓库面积，这将增加了人工成本，浪费车辆等待时间，运输效率也大大降低。然而，甩挂运输能够通过“以挂代库”实现企业“零库存”，有效降低物流成本，提升运输效率。同时从需求角度分析，我国产业结构和产品结构的优化使适合集装箱甩挂运输的货量增长，能源、冶金、机械、纺织、建材、食品等大多产品都适宜采用甩挂的方式开展运输。2002 ~ 2008 年，公路集装箱运输量增长率增幅都在 18% 以上，特别是 2008 年，其增幅达到最高 46.51%。2009 年，由于受全球金融危机及外贸经济的影响，全国公路集装箱运输量下降到 5281.94 万 TEU，2010 年其量增长至 5785.84 万 TEU，见表 4-2。

全国公路集装箱运输量　　表 4-2

年份(年)	1999	2000	2001	2002	2003	2004
运输量(万 TEU)	736.5	931.7	1115.6	1403.4	1662.79	2086.6
增长率(%)	—	0.265037	0.197381	0.257978	0.18483	0.254879
年份(年)	2005	2006	2007	2008	2009	2010
运输量(万 TEU)	2464.92	3517.82	4616.02	6766.86	5281.94	5785.84
增长率(%)	0.181309	0.427154	0.312182	0.465951	−0.21944	0.095401

为分析我国集装箱的运输市场情况，采用需求预测法，利用三次指数平滑法、二次移动平均法和定性分析法相结合，对我国公路集装箱运输量进行预测，结果见表 4-3。

我国公路集装箱运输量预测　　表 4-3

年份	2015	2016	2017	2018	2019	2020
三次指数平滑法预测值	9680.916239	10464.61041	11275.51747	12113.638	12978.97236	13871.519
二次曲线模型预测值	11001.49	12032.47	131405.91	14211.81	15380.18	16581.01
平均值	10341.203120	11248.54	12190.71391	13167.72424	14179.57616	15226.26

根据我国开展集装箱甩挂运输的市场需求分析以及未来我国公路运输集装箱箱量的预测结果，得出集装箱甩挂运输货源量非常充足，为我国开展集装箱甩挂运输提供了保证。2015 ~ 2020 年公路集装箱预测箱量增长趋势如图 4-2 所示。

目前我国正大力推广重型车辆、厢式车辆、道路运输专用车辆，用以优化运力结构，保障社会和经济发展需求。尤其随着“东北振兴、中部幅起、西部开发”等开发战略的实施，宏观环境对社会需求的拉动力持续增长，西电东送、西气东输、南水北调等工程，都将激发集装箱甩挂运输的市场需求量。通过政府正确的引导和组织，政府宏观调控与市场调节相结合，必将刺激新的增量货源。

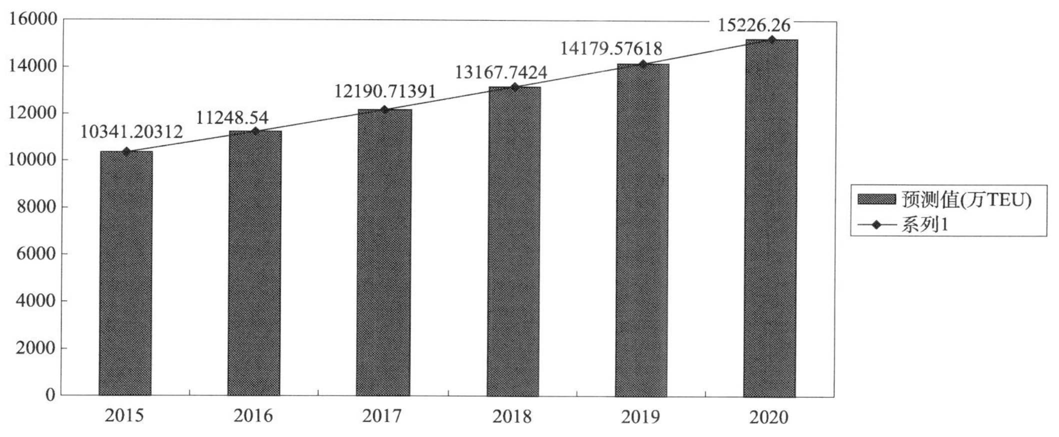

图4-2 公路集装箱预测箱量增长趋势

4.6.2.4 软、硬件环境保障

道路基础设施、运输车辆、站场仓储设施、装卸设备、网络信息技术、企业管理水平等软、硬件设施条件是保证我国集装箱甩挂运输发展的基础,直接影响集装箱甩挂运输经济效益与服务质量。近10年,公路建设规模迅速增长,公路网规模不断扩大,全国公路总里程由89万km增长到2011年的410.6万km,比2010年末增加9.82万km,全国公路密度为42.77km/100km^2,比2010年提高1.02km/100km^2,高速公路从无到有达7.4万km,居世界第2位;《统计公报》显示,截至2014年年底,全国公路总里程446.39万km,其中高速公路里程11.19万km。"五纵七横"12条国道主干线提前13年全部建成,11个省份的高速公路里程超过3000km。道路等基础建设的完善,保证了运输顺利开展,促进了地区与地区之间的经济交流与发展。在运输装备方面,我国不断推进运力结构调整,鼓励发展专业化、大型化运输工具。2011年年底,专用载货汽车拥有量比上年增长17.3%,高于全部载货汽车12.3%的增速,运输装备技术水平稳步提升,全国拥有载货汽车1179.41万辆、7261.20万吨位,其中,普通载货汽车1116.36万辆、6273.51万吨位,专用载货汽车63.05万辆、987.69万吨位,分别增长17.3%和27.2%,吨位占载货汽车总吨位比重为13.6%,比上年末提高0.66个百分点,平均吨位15.67吨/辆,提高1.22吨/辆。站场建设方面,2012年全国物流园区工作年会上,中物联发布《第三次全国物流园区(基地)调查报告》显示,我国各类物流园区共754家,比2006年207家增长264%与2008年的475家相比,增长58.7%。北京、石家庄、南京、沈阳、太原、上海、杭州、天津等地都成立了货物集散中心,方便甩挂运输的挂车快速甩下、挂上。物流园区作为联系产业链上下游的纽带,将业务流程优化、产业空间集聚、资源有效整合,其促进了区域经济的发展,提升了物流服务水平,减轻道路、环境和能源的压力。"十二五"期间,我国将建成770个公路货运场站,占规划总数的70%,未来全国将修建1100个公路货运场站。

4.7 集装箱甩挂运输组织模式

4.7.1 集装箱甩挂运输组织涵义

组织形式分为静态与动态。动态的货物运输组织是指从客观出发,在现有的综合运输网络上,在管理体制控制与调节下,承载器具、运用车辆、站场设施、装卸设备等通过一系列作业环节配合与协作,实现装卸机械高效运转、货物从始发地运输到目的地合理流动的一系列过程。动态货物运输组织的实现需要将场站、运输工具、道路、劳动力、运输信息以及资金等生产要素在企业之间和企业内部进行动态组合。静态货物运输组织则是相对固定动态组织活动中有效合理的协作关系,所形成的运输生产模式和结构以及企业之间互相联系的组织形态。集装箱甩挂运输组织从车辆利用时间角度出发,运用平行作业的原理,使牵引车运行与甩下挂车装卸作业同时进行,利用牵引车返回运行时间完成甩下挂车的装卸作业或换装作业,其结果使车辆停歇时间缩短为装卸时间和甩挂时间,以此来加速车辆周转,从而提高运输效率的一种道路货物运输组织方式。在集装箱运输组织中开展甩挂运输,可以提高里程实在率和运输生产率,减少货损货差,有效降低牵引车的购置费用和驾驶人的人工成本等,从而产生可观的经济效益和良好的运输效果。

4.7.2 集装箱甩挂运输一般组织模式分析

根据装卸作业点、企业规模、道路交通状况、集装箱装卸条件及货源点的差别,总结集装箱甩挂运输组织模式主要有以下几种。

4.7.2.1 一线两点、一端(两端)甩挂

在往复式短途运输线路上通常采用"一线两点"甩挂模式,牵引车在两个装卸作业点之间往复运行。在整个运输系统中配置一定数量的半挂车,在线路两端牵引车进行甩挂作业(装卸),根据货物交流量情况或装卸能力不同,可组织"一线两点,一端甩挂"或者"一线两点,两端甩挂"。"一线两点,一端甩挂"的组织形式(装车甩卸车不甩或卸车甩装车不甩)适用于装货点和卸货点两者中一端能力较强一端能力较弱的情况。当卸货点与装货点作业速度与能力相差较大时,对于装卸作业速度较慢,能力较弱的作业点可采用甩挂装卸货作业,而对于能力较强一端则选取就车装货或卸货作业,即"一线两点、一端甩挂"的组织模式,这样可以平衡、协调车辆运行时间与装卸货物时间的。如图4-3、图4-4所示。

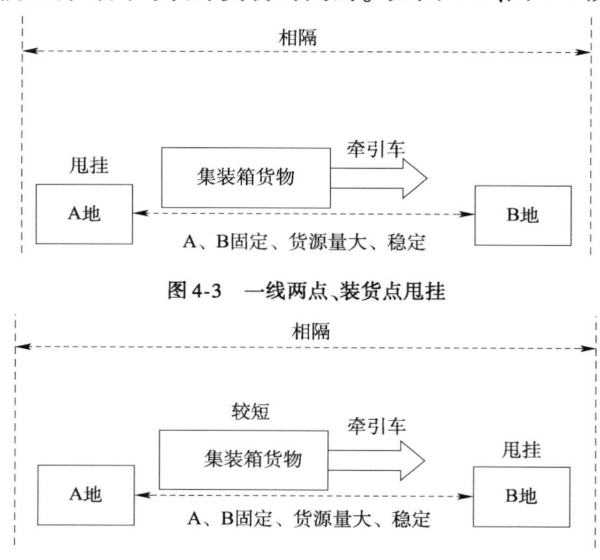

图4-3 一线两点、装货点甩挂

图4-4 一线两点、卸货点甩挂

“一线两点,两端甩挂”形式适用于线路上货物交流量大且装卸作业地点固定的地区,但这种组织模式对车辆运行组织工作要求较高,为保证均衡生产,需根据牵引车的运行时间、即时待拖带挂车的装卸作业时间等,在运输前编制牵引车运行图。实施“一线两点、两端甩挂”时,可通过整合区域内的车队、货代及相关货源,实现箱源与车源、货源与箱源的优化匹配,当线路两端运输需求趋于稳定,则可实现点到点的“双重”集装箱甩挂运输,有效提高车辆实载率,如图4-5所示。

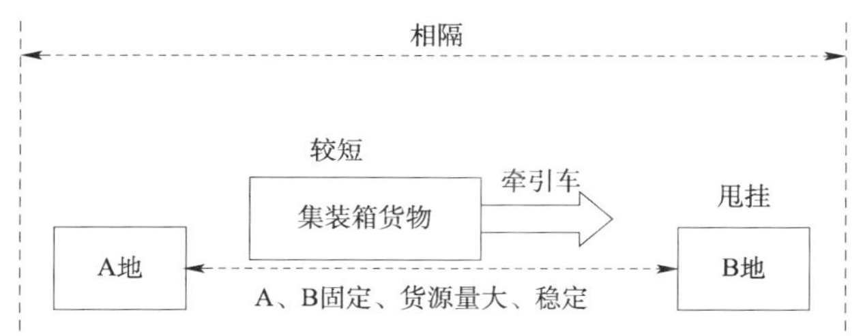

图4-5　一线两点、两端甩挂

“一线两点”的模式适合运输距离较短、货源稳定,货物运输量较大且装卸作业点较固定的地区。“一线两点”是实施难度最小的甩挂运输模式,也是我国目前运用较多的集装箱甩挂运输组织模式,只需要配备合适比例的牵引车与挂车,适当改造线路两端所用的场站基础设施和作业流程,则可实现。但集装箱两端甩挂往往存在回程货不足的问题,货物交流不平衡,则牵引车会产生空驶,甩挂运输的效益将被大大削减。

4.7.2.2　一线多点,沿途甩挂

这种组织类似于我国铁路货运列车编组运行,要求牵引车在起点按照卸货点先后顺序,依照“远装前挂,近装后挂”的原则编挂,采用此种组织形式,在沿途有集装箱货物甩挂作业的服务点,甩下挂车或挂上已预备好的挂车继续运行,直至终点站。牵引车在终点站卸载后,沿原路返回,经过以前装卸作业点时,挂上预先准备的挂车或甩下牵引车已挂挂车,继续行驶到始发站,如图4-6所示。

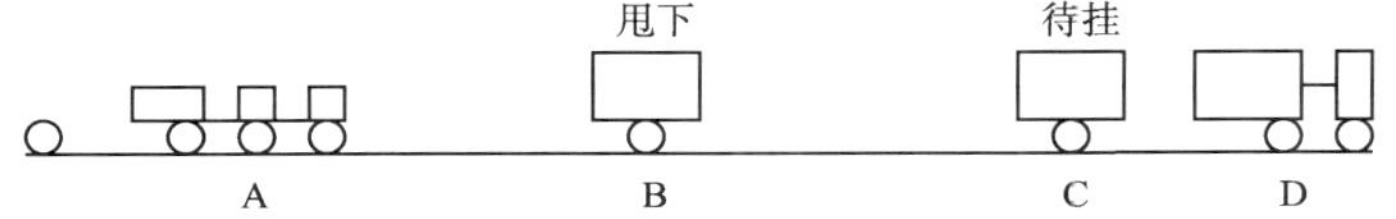

图4-6　一线多点,沿途甩挂模式

此种组织形式对于货源较稳定,装货点集中而卸货点分散,或卸货点集中而装货地点分散的线路较适合,在货源比较稳定的同一运输线路上能产生较明显的效果。当装卸条件、货源条件合适时,也可在始发站或终点站另配挂车进行集装箱甩挂作业。但是由于我国现阶段集装箱甩挂运输的技术方面、道路条件及作业场站的限制,并未达到一个牵引车可同时拖挂几个挂车的条件,相对于欧美等国家,这种组织模式在我国集装箱甩挂运输中运用较少。

4.7.2.3　多线一点,轮流拖挂

这种模式是指在装货或卸货点聚集的地点,配备一定数量的周转挂车,当牵引车车未到达此作业点时,预先装(卸)好周转挂车集装箱货物,当某一线路上牵引车到达此作业后,先甩下挂车,再挂上预先装(卸)好的挂车返回原卸(装)点,进行整列卸(装的甩挂运输组织形式,如图4-7所示。

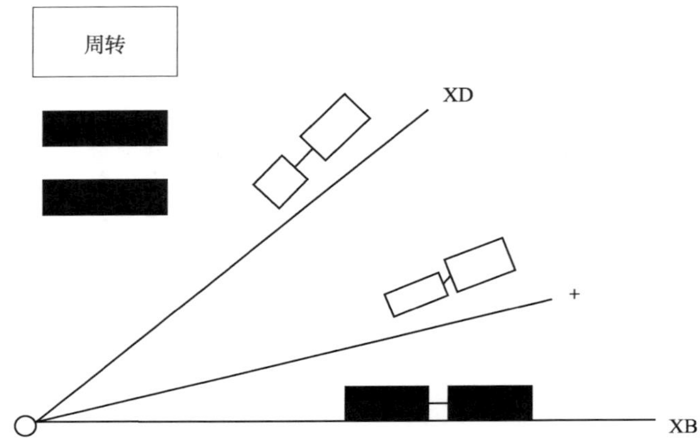

图 4-7　多线一点,轮流拖挂

实际上此组织模式是一线两点、一端甩挂的组合形态,多条线路共用挂车,进一步提升挂车的利用效率。"多线一点,轮流拖挂"适用于卸货点相对集中、装货点分散或发货点集中、卸货点分散的运输网络,这种组织模式主要特征是多条线路集中于一点,在该点集中进行集装箱装卸作业。在规划集中点的设置时,将整个运输网络中的作业节点视作分布在某一平面范围内,装卸作业点货物交流量视为物体的质量,此集中点的最佳设置点就是物体系统的重心,一般我们采用重心法对此聚集点选址进行研究,并用经济方法进行备选方案的比较选择,具体方法在此不作过多说明。在具体操作中,集中点往往是选取周边辐射点较多、货源较充足的大型场站或者物流园区。

4.7.2.4　循环甩挂

基于车辆循环运输,循环甩挂是指在闭合循环回路的各装卸点上,配备一定数量的周转挂车,当牵引车到达一个装卸作业点用下所牵引的挂车,工作人员高效完成此挂车的装卸作业,然后继续挂上装好集装箱的挂车行驶至下一个目的地,在其他作业点也重复这样的装卸。为提高效率,集装箱运输中常常存在多个装卸点间的循环。过程中将牵引车作为循环调度的对象,把半挂车当作车辆在环形路线上行驶时需要装载或卸载的货物。如图 4-8 所示。

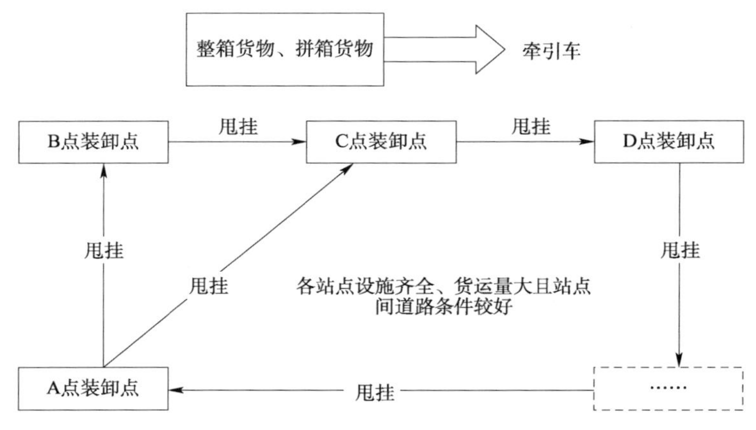

图 4-8　循环甩挂

集装箱循环甩挂实质是利用循环调度来组织闭合回路上的甩挂运输，它不仅压缩车辆装卸作业时间、提升了运载能力，同时使里程利用率也得到提高。循环甩挂是甩挂运输中具有较高运输效率、较大经济效益的组织模式。循环甩挂运输在组织时由于涉及面较多，需要在要满足循环调度的基本要求下，选取货流稳定且运量较大的市场，同时还要配备合适的场站基础设施设备用于组织循环甩挂。由于牵引车是在闭合循环回路上进行作业，几乎每条运输线路上都载有挂车，充分利用了牵引车的载运能力，压缩了牵引车装卸作业停歇时间，提高了车辆的周转速度。同时，循环调度本身就是一种有效提高车辆里程利用率的行车组织方法，因此集装箱运输中采用循环甩挂中也可以大大提高车辆里程利用率。

4.7.2.5　驮背（滚装）运输甩挂

将甩挂运输应用于集装箱或挂车的换载作业，在多式联运各运输工具的连接点，装有集装箱的挂车或底盘车由牵引车直接开上船舶或铁路平板车，牵引车与半挂车分离甩挂，将载运集装箱挂车的列车或船舶运目的站或目的港后，再由目的地的牵引车，开上车船，挂上集装箱底盘车或挂车，直接运往堆场或目的地。这种组织形式，在铁路运输中被称为驮背运输，在海上运输中被称为滚装运输。如图4-9所示。

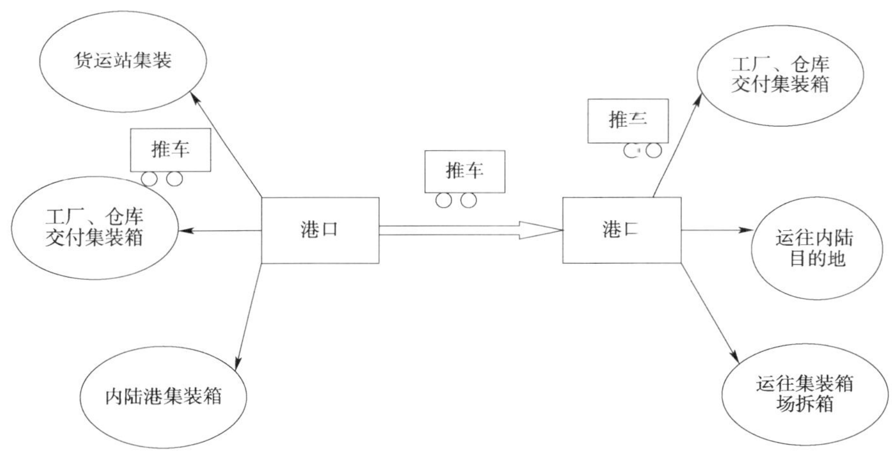

图4-9　驮背（滚装）运输甩挂

随着行业市场网络化，化工品行业、快销品、零售行业、电子电器行业、汽车及配件行业等分布在全国各地，单纯依靠一种水运或铁路不可能完全覆盖，且无法实现“门到门”的运输，因此无论是海铁联运还是公铁联运，环节中的点对点的运输必须依靠公路来完成。此组织形式减少了牵引车的占用率，提高了船舶以及铁路车辆的容积利用率，更重要的借助集装箱甩挂运输大大提高了滚装运输的船舶装卸效率以及驮背运输的铁路装卸效率。

4.8　集装箱甩挂运输组织模式影响因素分析

4.8.1　运输距离与人员配置

集装箱甩挂运输牵引车交路是牵引车拖带各种挂车往返行驶的路段，其长度为牵引车交路距离。由于运行速度、交路类型、运转方式等不同，交路距离与人员配置也不同，选择的组织模式也不一样。甩挂运输是根据平行作业原理，半挂车的装卸作业是与牵引车的运行同时进行的，其经济效果取决于两点之间运行距离及装卸作业速度，根据数学原理，只有牵引车的运行时间与挂车的装卸作业时间平衡，即摘、挂一次半挂车的时间加上装卸货物的时间等于车辆往返一次运行时间之和，则牵引车运行效率最大化，经济效益最好，如图 4-10 所示。

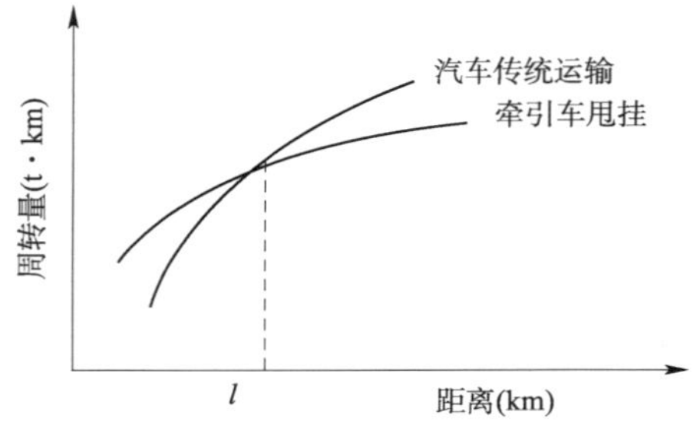

图 4-10　传统运输与甩挂运输运输量对比图

定量分析集装箱甩挂运输合理运距。设一个驾驶人每天工作 r 小时，一个牵引车上执行运输任务配备 m 个驾驶人，则每天总工作时间为 mr。驾驶人的工作总时间应该小于或等于牵引车的工作时间，根据不同作业点数目以及行驶速度，从中可知集装箱甩挂运输的最佳单程运距范围，确定牵引车最佳运距方案。同时在选择不同组织模式时，应当注意尽可能发挥长交路的优势，则每辆牵引车至少配备 2 名驾驶人；当单一网点或站场上货运量未形成规模时，采用“一线两点”点对点的组织模式则很难实现规模经济，可以使牵引车交路上至少涵盖 3 个网点，将一线两点转化为一线多点或循环甩挂的形式。

4.8.2　各作业节点货物运输量及流向

物流最大的特点就是双向货物量的不平衡，组织模式选择不当会造成牵引车空驶情况发生，减小牵引车利用率，阻碍其运输方式产生的经济效益。在选择组织模式时，必须考虑货物流向及双向货量的不平衡的情况，根据货物流向选择路径，最大程度避免牵引车空驶。例如 A、B 两点间货量不匹配，则可以在两地之间选择一个中心点 E 作为集装箱甩挂的节点，实现在甩挂中心的节点更换牵引车，实现“分段运输、接力甩挂”，用多点之间的货量来达到平衡货量的目的，将“一线两点”的模式时转化为“多线一点”或者“一线多点”的模式，尽量减少空驶，达到效益最大化，实现较高的时效。如图 4-11 所示。

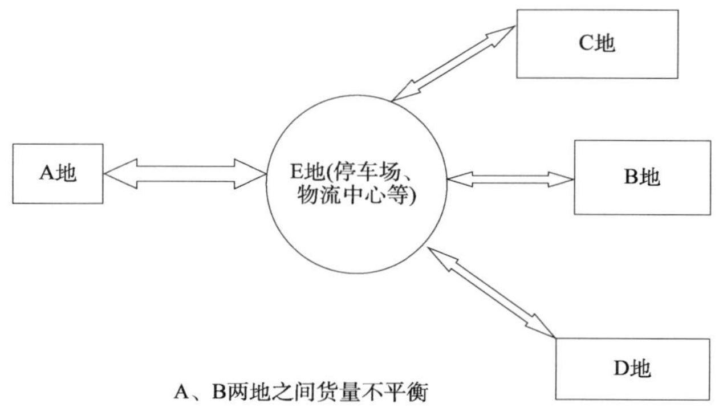

图 4-11　货物运输量及流向

实际运输网络中 E 点的选取，是基于已有客户点间的运输路线，对车场 E 地进行合理选址，车场选址决策一般受规划中对各项设施的期望辐射范围及运营路线的优化等因素的影响，目前常用选址方法有加权平均法、层次分析法、重心法、模糊聚类法、运筹学规划方法等，这里不做详细说明。最简单方法是基于各客户点间距离较大，为方便车场覆盖尽可能多的

服务点，一般优先选择相互距离较大的两客户点间的高速公路口建立车场。

4.8.3　车辆运行线路类型

运输线路是指运输工具定向移动的通道，是运输工具赖以运行的物质基础。在整个物流成本中，往往运输成本所占的比例为33%～67%，必须最大化利用运输设备和人员，通过优化运输线路降低成本。不同的运输路线类型因服务网点（企业、堆场、码头、港口等）数量，运输时间、运输距离及经济效益的不同将选取不同的集装箱甩挂运输模式。常见的运输线路类型有不成圈的直线、丁字线、交叉线、闭合回路的环形线路等，闭合环形线路又包括了一个圈或多个圈的类型。我将集装箱甩挂运输所涉及的运输线路类型分类如下：（设服务点数目为$t>2$）。

4.8.3.1　线型运输线路

线型运输线路是指运输路线按线型结构规划，线路上各个装卸作业点呈线形布局。当$k=2$，一线两点线型运输线路，也称作往复式运输线路，是指车辆在两个装卸作业点之间的线路上，做一次或多次重复运行的运输线路。往复式运输线路的几何形状可近似地看作直线型，可分为单程有载往复式、回程部分有载往复式和双程有载往复式三种。这三种线路类型，以双程有载往复式线路的里程利用率最高，而单程有载往复式里程利用率最低，在实际的集装箱甩挂运输组织工作中应尽量避免选择单程有载往复式运输线路。集装箱甩挂运输组织模式中，基于此线路类型，根据货物流向及货物数量，采用“一线两点、一端甩挂”或“一线两点、两端甩挂”。当$k>2$，一线多点线型运输线路，牵引车沿线型路线行驶，依次在各个装卸作业点进行装卸货甩挂作业，到达终点站后可以原路返回，在返程中进行运输作业以及装货卸货，最终回到出发点。在一线多点线型运输线路上开展集装箱甩挂运输，应当由运输企业根据各个装卸作业点间的运输距离、物流量的大小、驾驶人工作时间、各点规定运送时间以及道路交通状况等进行统筹规划，统一配置调度周转半挂车与牵引车，协调和控制各点间的集装箱装卸货作业及甩挂作业。实际操作中集装箱甩挂运输组织模式，可以灵活采取“一线两点、两端甩挂”、“一线多点、沿途甩挂”、“分段运输、接力甩挂”等一种或多种相结合的模式。采用“一线多点、沿途甩挂”的模式；若A点与D点间距离较远，为充分发挥集装箱甩挂运输的经济效益，则采用“分段运输、接力甩挂”；若其中某两点间货物量相对其他点较大，可采用“一线两点、两端甩挂”与“一线多点、沿途甩挂”相结合的形式。

4.8.3.2　网状型运输线路

网状型运输线路是基于空间装卸作业节点较多，面较广的情况，牵引车根据分布于运行线路上多个装卸节点，完成相应的装卸作业时形成的网状结构运输线路。网状型运输线路包括两种：轴辐式与环形式。轴辐式运输线路是指将在运输网络中将某个或者某几个节点设为集散中心站，在集装箱运输过程中非集散中心点的集装箱先在中心站汇集，再依据不同目的站进行运输所形成的线路。在轴辐式集装箱甩挂运输网络上，牵引车、半挂车集聚的各类场站是轴心节点，承担着大量甩挂运输车辆的集散作业，同时这些轴心节点又辐射服务周边各种大小不一的货运需求点。设置中心站点的形式，使得运输网络干线上产生的经济效益明显加强，单位运输成本降低，相关资源的利用率得到了提高，产生的集群效益推动了中心站点所在地区及城市的经济发展。集装箱甩挂运输运输在此网络线路中运行，其组织工作较为复杂，可根据实际货源情况，以运输费用最低为原则，选择“多线一点，轮流拖带”与

“一线两点，两端甩挂”相结合的模式，最大程度提高车辆利用率与里程利用率。环形式运输线路是指车辆在若干个装卸作业点组成的一个或多个封闭回路上，进行连续行驶的运输线路。对于环行式运输线路，集装箱甩挂运输组织模式的选择以里程利用率最高、运输成本最小为原则，尽量减少车辆空驶距离，根据货物流向，选择“循环甩挂”或多种组织模式相结合的形式。在集装箱甩挂运输实际操作过程中，根据节点的布局不同、货运量及货物的流量等因素，基于最小运输成本以及牵引车使用量最小的条件下，所涉及的组织模式不同，可能产生多种模式相结合的最优经济效益。

4.9 运输经济效益与社会效益

集装箱甩挂运输相对于传统的运输方式，最大的优势就是提高了牵引车的利用率，减小了运输成本，增加了企业的经济效益与社会效益。经济效益体现出运输成本，一般包括了车辆燃油消耗费用、人工费用以及时效延迟的费用；社会效益则体现在节能减排上面，运输企业节能减排工作的关键就在于对车辆燃油消耗进行管理。根据甩挂运输碳排放测算结果，甩挂运输车辆每日创造的利润随碳排放量的变化先呈现为一种抛物线的形式，后呈现为一种斜率为负反的直线运输。集装箱甩挂运输组织问题相对于传统的车辆调度问题，复杂很多，需要解决牵引车与挂车的配备比例、牵引车与挂车的数量、车辆的运行路径、货物的流向及运量等等，因此就其组织模式选择的时候，我们必须根据不同的货物情况、装卸作业点布局、企业运输经营形式以及车辆运行线路类型等条件，正确选择合适的一种或多种相结合的甩挂组织模式，从而使集装箱甩挂运输能取得最大的应用效果。

现阶段我国集装箱甩挂运输主要运用大型企业工厂内部点对点的运输、道路集装箱定点干线运输、区域间运输以及与多式联运相结合的港区运输，由于其运输距离、装卸作业点布局、运输成本不同，则选择不同的组织模式或多种模式相结合的新型甩挂组织模式。

4.9.1 道路集装箱定点干线甩挂运输

干线运输是利用公路的干线大运量的运输，是远距离空间位置进行转移的重要运输形式。对于集装箱定点之间干线运输，如城市到城市之间专项物流线路运输，不同区域大型物流园之间运输，其运输任务长期稳定，货源充足，货运地点固定，非常适合选择“一线两点”组织模式进行集装箱甩挂运输，据统计甩挂运输长途干线试点线路上货运实载率普遍达到了80%左右。在实际操作中，运输企业必先通过一定的市场组织手段，与收发货双方建立稳固、长期的合作关系（对运量大且稳定的企业还可以在两地设立经营点），保证两地能建立稳定的货源组织条件，能够有效地进行周转挂车投放与管理；根据货运量及运输距离，在发货点和收货点配置相应的周转挂车，并按照“一线两点、两端（或一端）甩挂”的方式组织甩挂运输实际应用：赤湾东方物流开展了广州—青岛干线甩挂运输业务，由于两城市间集装箱货物量稳定，货运点固定，采用“一线两点、两端甩挂”的形式。两地间运输距离为2250km，运输时间仅为30h，相比传统的运输方式，两端装车和卸车时间12～16h，牵引车完成一次往返作业需72～76h，其装卸时间约占总运输时间的20%。采用此甩挂运输形式，节约了装卸时间，基本实现30h从广州到达青岛，60h完成一次往返作业，提高了牵引车的组织运行效率。

实际应用：赤湾东方物流开展了广州—青岛干线甩挂运输业务，由于两城市间集装箱货物量稳定，货运点固定，采用“一线两点、两端甩挂”的形式。两地间运输距离为2250km，运输时间仅为30h，相比传统的运输方式，两端装车和卸车时间12～16h，牵引车完成一次往返作业需72～76h，其装卸时间约占总运输时间的20%。采用此甩挂运输形式，节约了装卸时间，基本实现30h从广州到达青岛，60h完成一次往返作业，提高了牵引车的组织运行效率。

4.9.2　区域集装箱甩挂运输

随着集装箱甩挂运输的发展，拓宽运营网络，扩大市场范围，加强企业之间的业务合作是发展的必然趋势。基于企业“一线两点”甩挂的基础上，依托网络化的货源优势，通过与其他企业建立甩挂运输联盟，实现挂车资源、站场、货源的共享；在运输企业与制造、生产或加工企业间或跨区域的港口、码头、货场间采用多点“循环甩挂”或“多线一点，轮流甩挂”的方式，充分利用车辆及有效运输时间，逐步将甩挂运输从企业内部运作扩展至企业间的联合运作，从“一线两点”式甩挂扩展至“区域循环”式甩挂，提高区域整体运输作业效率。对于运距较长、车辆在途时间较长的线路，网点作业时间明显紧张（3h装卸货），若一个环节晚点，将影响整个系统的运行秩序和运营失效。当采用了“1:2”牵引车与挂车的运力配备以后，对沿途各网点实行甩挂运输，牵引车在网点站场消耗时间明显缩短（预留1.5h），有效解决了因作业环节的时刻承接而困扰系统运行的车辆组织问题，大大提高车辆运行正点率和服务时效，增强整个系统运行的稳定性和可靠性。

4.9.3　港区集装箱甩挂运输

（1）多式联运集疏运甩挂运输。依托港口及经济腹地，为提高运输效率，节省运输成本，运输企业通过水路滚装运输，开展多式联运集疏运甩挂。牵引车将装有集装箱的挂车运至港口，将半挂车送至船舶船位或甲板上后甩下，半挂车由船舶进行长途运输，到达目的港后，再由目的港牵引车拖挂半挂车至企业或堆场。多式联运利用甩挂运输减少了牵引车的等待时间，节省了运力资源，提高了船舶的容积利用率与装卸效率。实际操作组织中，闭合循环回路的各装卸点上配备一定数量的挂车及周转集装箱，牵引车到达一个装卸点后，甩下所带的集装箱或挂车，装（挂）上预先准备好的集装箱（挂车）继续行驶。区域集装箱运输采用“循环甩挂”方式能有效降低平均单程运费，极大提高车辆往返的实载率。另一方面，发展集装箱“循环甩挂”运输，需要有跨区域的完善的配载站点以及大型运输企业，客观上将推动道路货物运输由传统的点、线状运输线路向网状运输线路跨越。同时，区域甩挂运输要求企业必须具备较高的组织化、信息化程度与货源组织能力，推动企业不断创新技术。

企业在开展区域甩挂运输过程中，自发地通过联合、并购等手段形成企业联盟或企业集团，能促进改善“多小散弱”的行业困境，推动交通物流业向集约化、规模化、网络化和标准化方向发展。实际应用：例如，山东、黑龙江、辽宁、吉林、内蒙古、河北、天津七省（区、市）依托环渤海湾地缘和广大腹地优势，构建了环渤海湾甩挂运输联盟，推进环渤海湾集装箱区域甩挂运输协同配合，提高采用循环甩挂的效益，稳步推进集装箱甩挂运输的发展。以山东快速货运有限公司的“北京—天津—济南”运输线路为例，展示“循环甩挂”组织方式的优势。2007年以前，山东快速货运有限公司的整个业务系统采用每日往返的车辆运作模式。车辆到达作业点,在作业点进行卸货又装货后,车辆驶回集散中心,车辆在集散中心的返回时间有限定点,超过则会影响货物在集散中心的分从甩挂网络形态看多式联运主要呈现以港口为核心的一点多线的放射状分布。由于集装箱依托港口集中,会造成大量集装箱堆积,在客户与港口间选择设立物流中心或场站,采用“多线一点,轮流甩挂”的组织模式使物流中心成为港口与客户间集装箱集散的缓存地,所有企业的货物汇集到物流中心,再由港口内牵引车根据码头调度指令,快速将物流园内的集装箱运至码头。通过物流园实现客户与港口之间集装箱货物的快速集散,有效解决港口堆场面积、狭窄装卸能力不足等问题,提高了港口服务链环节响应度;物流园区还使得港口能根据内部作业情况对货物进出进行合理调度,实现港口装卸效率最大化,增强港口的服务能力。在物流园等货物集中装卸的地方,配备一定数量的周转挂车共多线使用,也提高挂车的运用效率。

(2)“无水港”集装箱运输中双重甩挂运输。“无水港”是指在内陆地区建立的具有报关、报验、签发提单等港口服务功能的物流中心,是为集装箱运输网络的形成而建立的内陆基础设施,促进了港口向内陆腹地的辐射力度。集装箱双重甩挂运输是利用无水港集装箱还箱作业点,将无水港周边工厂企业的进口集装箱所拆箱还到此点,再将还箱点附近客户需要出口的重箱运回港口堆场,形成集装箱双重甩挂运输。以宁波港为例,如图4-12所示。

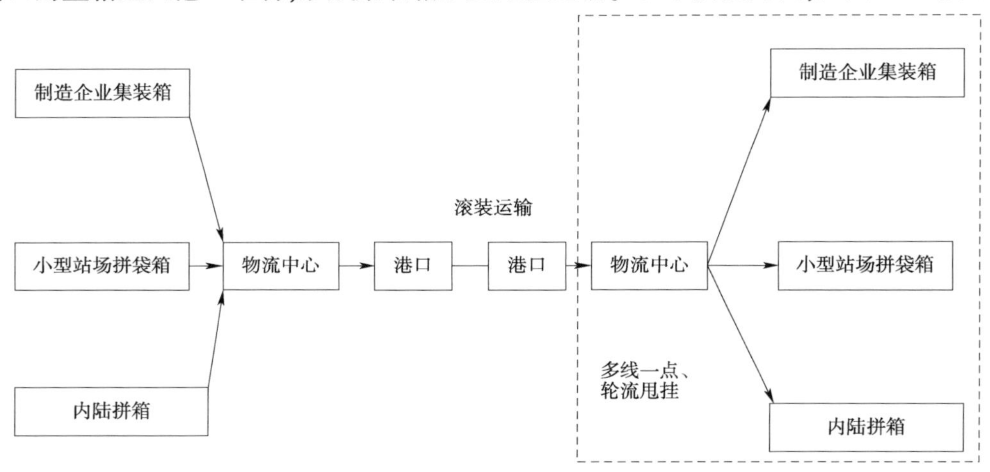

图4-12 “无水港”集装箱运输中双重甩挂运输

由于“双重运输模式”辐射服务网点较多,基于客户基地与港口之间有往返的运输需求,货源充足,一般采用港口与各工厂、无水港、堆场之间“循环甩挂”的模式,其实现的盈利超过单车运输两倍。集装箱甩挂运输需要在较高组织化程度的条件下才能更好进行,因此,企业在开展时,必须根据具体的货源类型、货物装卸地点布局、企业运输经营形式、车辆运行线路类型等条件,正确选择合适的集装箱甩挂运输组织模式,使甩挂运输能够取得最佳的应用效果。以上针对不同应用对象,对集装箱甩挂组织模式的选择及应用做了说明,并运用到实际中,有助于企业在发展集装箱甩挂运输时作一定参考。

4.9.4 集装箱甩挂运输经济效益分析

集装箱甩挂运输作为一种高效的运输组织形式有良好的技术优势和经济优势,能推动

交通运输的快速、高效、绿色发展。但是,近年来企业能够获得的集装箱甩挂运输效益并不能完全反映出甩挂运输的技术经济优势。集装箱甩挂运输企业涉及成本包括固定成本和可变动成本,固定成本包括车辆折旧费用、管理费用等,可变成本包括过路费、燃油费、车辆维修费、人工成本(随距离变化而变化)等,为提高甩挂运输的经济效益,可以进一步采取措施使可变成本降低。

现阶段由于试点企业的长期采用相对简单的"一线两点"等甩挂形式,牵引车调度方式简单,所能够辐射服务的网点数量较少,不利于充分发挥牵引车可灵活分派的优点,进而影响了甩挂运输效益的挖掘。同时,在甩挂运输组织实施过程中,试点企业已选定业务路线,而没有考虑运输路线长短、走行方向都影响燃油费用的高低,造成运输过程中空驶较多,不能让牵引车及驾驶人充分利用工作时间;同时,企业没有考虑车辆的使用数目与维修费用,仅凭经验投入车辆完成任务,使得牵引车利用率降低,这些都会大大影响集装箱甩挂运输的效益。因此,本文以降低运输过程中的运输成本(使用车辆数最少情况下运输费用最低),提高集装箱甩挂运输经济效益为目的,根据经济效益最佳的车辆走行路径、所能辐射服务的网点数以及各点间货物的流向等确定集装箱甩挂运输组织模式。集装箱甩挂运输实际操作中,某些多点间的运输任务中,可能存在几种组织模式相结合的形式,以保证经济效益最优。

基于运输成本最小集装箱甩挂运输调度模型建立及求解算法如下。

4.9.4.1　车辆调度问题

理论及实际研究证明集装箱甩挂运输是一种行之有效的车辆运行组织形式。随着大量外资企业进入,中国国际运输逐渐放开,工厂企业不断追求"零库存"以及行业竞争的推动了集装箱甩挂运输的快速发展;但是在发展的过程中,集装箱甩挂运输问题较多,发展不平衡,重复运输,牵引车和挂车配置比例不当,车辆空载行驶等,其运输组织存在诸多不足。我国开展装箱甩挂运输的诸多区域,站场、基础设施、装卸设备等已经固定且短时间内无法进行大量更改,新投入生产的运输站场及车辆等无法及时运营,因此要解决以上问题,可以从运输组织的角度对甩挂运输进行科学优化、合理组织,提高车辆的运用效率,缩短车辆空载行驶,降低时间延误产生成本,减少牵引车在途数量,达到集装箱甩挂运输成本降低的目的。集装箱甩挂运输组织模式的核心就是甩挂运输车辆调度方案,也就是车辆路径问题,自1959年被提出以来一直都是组合优化问题中最基本额一种类型。现阶段车辆调度问题主要解决如何安排车辆行驶线路方案,要求车辆行驶总路程最短,很少从车辆运用及配置的角度进行分析研究。事实上,在某多节点的区域内要减少甩挂运输成本,如何配置牵引车、减少车辆维修费用、提高车辆利用率才是最需解决的问题。涉及的运输成本最小包括两部分:第一,使用车辆数目最少;第二,运输费用最少。基于在规定时间内完成任务的车辆数最少,设计出牵引车的行驶路径,使得运输费用最小。

4.9.4.2　模型建立

(1)问题描述及分析。在覆盖多个企业的区域内,有若干个装卸货物的作业点且这些作业点位置固定(装卸点之间的行走路线是固定的),道路情况已知。在一定时间范围内,这一区域需要完成多项运输任务,多项运输任务需要完成的集装箱总量已知,每项运输任务包括了所运输集装箱箱量、一个装货点和一个卸货点。为了提高车辆运行效率、减少车辆的装卸等待时间并确保生产按时进行,基于有多个装卸点,该区域为任务采用集装箱甩挂运输的方式。假设每个装卸点配备足够的挂车,每辆牵引车都从某货运站场驶出,完成运输任务后,牵引车全部返回此货运站场。首先,在调度开始时刻之前,各个装货作业点需将向外运输的集装箱及时装入预备的挂车,完成货物装载后,从货运站场驶出的牵引车刚好到达作业点,拖挂已装好的半挂车运送到对应的卸货点,甩下半挂车,若此卸货点也有集装箱需要运输,则卸下后立即拖上挂车继续运行;若此卸货点无集装箱外运,牵引车则行驶至下一个作业点拖挂已备好的半挂车,进行运送卸载,如此反复进行,直到所有运输任务在规定时间内全部完成,最后牵引车返回最初货运站场。

计算中车辆调度及路线安排需要考虑的运输费用因素包括以下三个:

①油耗成本:指车辆进行配送所消耗的汽油费用等,模型中设定空载和负载的运费系数。

②人工成本:驾驶人实行绩效工资制,每名驾驶人的工资随车辆行驶距离增加呈增加趋势。

③时间成本:指牵引车到达作业点的时间,在规定的到达时间之前需等待,则需要支付的罚金。

(2)基本要素规定。对于研究问题中所涉及的基本要素假设如下:

①任务节点:将这一区域内的涉及的每个装卸作业点都视为任务节点,如工厂、港口、物流园等。

②运输路径:各节点之间道路正常,不考虑两点间突发情况,运输路径网络稳定。

③货物流向:运输网络中,一部分节点既要运出集装箱同时也要运入集装箱。

④运输车辆:有足够同型号的车辆,可相互甩挂,完成任务后所有牵引车驶回货运站场;牵引车能满足每一项运输任务正常运行,每个装卸点配备充足的挂车以满足周转需求。

⑤运输任务特点:所有的运输任务均是同类型且在规定时间内呈稳定状态,各装卸作业点发运时间、到达时间可不同。

⑥任务时间窗:任务时间窗规定上限为软时间窗,下限为硬时间窗;规定牵引车必须在最晚开始时间前到装货作业点,但可以在开始时间前到达,但需支付一定费用以示惩罚。为保证任务全部完成,规定所有运输任务均不超出任务规定的时间范围。

⑦里程约束:在某一区域内,里程不受限制。

⑧货运站场:设置一个货运站场,所有的牵引车都从货运站场正常驶出,完成任务后返回货运站场。

⑨车辆不会产生无法满足运输需要的情况。

⑩一车配备两名驾驶人。

(3)道路集装箱运输在运输和物流体系中占据重要位置,同时也面临着减少物流成本、节能减排等巨大压力。作为先进的运输组织方式,集装箱甩挂运输能降低运输成本,提升货物运输效率,促进节能减排,在欧美等国家和地区已得到广泛的应用。但是由于集装箱甩挂运输在我国起步较晚,其组织模式相对单一、牵引车所能够辐射服务的网点数量少,牵引车过度地独自行驶,大大影响了我国集装箱甩挂运输的经济效率与运输效率。阐述集装箱甩挂运输的不同组织模式,分析在实际操作中影响集装箱甩挂运输组织模式选择的因素。同时针对不同的运输线路类型,选择不同的组织模式,并运用到实际项目中。针对我国现阶段集装箱甩挂运输组织模式所产生的问题,以牵引车使用数量最少和行驶费用最低分别为第一优化目标和第二优化目标,建立集装箱甩挂运输调度多目标规划模型。通过模型确定车辆走形路径,再根据不同的服务网点数目、货源情况、货物流向,分析经济效益最大化的集装箱甩挂运输组织模式。以珠江三角洲区域内的集装箱甩挂运输为实例进行分析利用本文所建的经济最优化模型,对车辆调度进行优化,分析其组织运输的模式,并得出其经济效益与运输效率均高于传统的单车调度模式。集装箱运输在港口需要等待较长的时间(报关、保险等手续、拆装箱等待时间),牵引车较长的等待时间极大地影响了车辆的运行效率,采用甩挂运营组织模式,实现了牵引车和挂车的分离,消除由于牵引车等待时间过长带来的效率损失。可依港口为节点形成向港口腹地辐射的"一线两点、两端甩挂"的甩挂作业,通过牵引车、挂车资源、箱源、货源的统一调配,提高整体的运输效率。集装箱区域甩挂运营组织模式,其实是"一线两点,两端甩挂"的拓展,把集装箱作为挂车来甩,目前,集装箱甩挂运输主要应用于港口的集散业务。

(4)集装箱甩挂的优点

①效率高、成本低。初步测算,采用该模式,可减少企业牵引车投资,效率可提高30%~50%,成本降低30%~40%,油耗降低20%~30%,同时可以大大缓解港区提还箱压力。

②提升专业化服务能力。在集装箱物流运营中心可延伸物流增值服务,开展仓储、加工、配送等相关业务;提供集装箱车辆6S服务(修理、配件、买车、卖车、保险、加油),降低车辆运营成本;建立业务管理中心(信息、业务、服务);形成运输物流企业动态联盟;开展专业化驾驶人培训、聘用、考核、信用管理、作业规范。

③推动内陆"无水港"发展,拓展港口腹地。将客户区域集装箱物流运营中心与"无水港"联动建设或一体化建设,可以直接推动内陆港建设,降低运价水平,提高服务能力。

④推动区域性物流运作的整合和发展,推动区域性物流的配送和合作。

⑤提升集装箱物流营销能力。专业化运作降低了驾驶人工作强度,能够促使驾驶人有精力有时间提高职业素质,高素质驾驶人、高性能车辆直接面对客户,为客户提供装拆箱指导、物流咨询,增强客户对港口的服务水平、能力的信任,提升集装箱物流营销能力。

(5)集装箱甩挂运输组织模式,集装箱甩挂运输的服务领域、开展优势,并基于各项统计数据证明其优于传统集装箱运输。从道路状况、市场需求、站场设备、软硬设施、政策等方面对我国开展集装箱甩挂运输的可行性进行了详细的分析,证明我国可以大力推进集装箱甩挂运输。以城零矶集装箱甩挂运输为实例,使用已建模型,求解作业过程中车辆的最优行驶路线,根据服务网点数以及货物流向,研究整个甩挂运输的组织模式,并比较单车运输与集装箱甩挂运输之间运输成本及车辆使用效率的变化,进一步验证模型的合理性和算法的有效性。集装箱甩挂运输作为道路集装箱运输业先进的运输组织方式,能产生可观的经济效益和社会效益,已在欧美等发达国家得到广泛使用。但由于我国集装箱甩挂运输推行较晚,组织模式采用相对简单的"一线两点",牵引车调度方式单一,辐射范围受已定业务路线的限制,不利于充分发挥牵引车可灵活调度分派的优点,进而影响了我国集装箱甩挂运输的经济效益与运输效率。分析各种集装箱甩挂运输组织模式的特点,建立了车辆调度模型,研究牵引车行驶路径,根据装卸点数目,货物流向等选择集装箱甩挂运输组织模式。

4.9.5 需要进一步探讨的问题

虽然集装箱甩挂运输在我国多地已经开始试点并推广，但就其组织模式以及实际运用中还存在诸多问题。集装箱甩挂组织过程中需要同时解决牵引车与挂车的配比问题、牵引车数量及其路径，挂车存放站等问题，比传统的车辆调度问题(VRP)更要复杂。仅在设定条件下对该问题作出初步探索和求解，虽然得到一些具有价值的结论，但是还有很多问题需要进一步深入研究，归纳起来主要有以下几点：

(1)由于集装箱甩挂运输车辆运行过程与传统的道路运输车辆运行过程不同，其运输网络方案的设计方式也有所差异。对于集装箱甩挂运输网络方案的设计以及站场的合理布局需要进一步深入研究。

(2)为了方便设计模型，本文设定了挂车数量充足，但实际操作中，现阶段国内挂车与牵引车之比常常不能不能满足运输。这就会影响挂车运行路径、存放站场等一系列紧密相关的问题，需要进一步以系统深入的理论模型及其运算结论来确定车辆调度组织方法。

(3)研究集装箱甩挂运输车辆调度问题，将所有集装箱甩挂运输服务的对象作为是牵引车的客户点，并且满足所有客户点之间集装箱运输需求的前提下，研究甩挂运输模式中牵引车数量最少、运输成本最低的运动。实际操作中，集装箱甩挂运输应用到不同领域的是有所区别的，这些具体应用环境下的集装箱甩挂运输车辆调度问题还亟待将强和突破。现阶段我国集装箱甩挂运输的具体运用仍是一个新的研究领域，虽然做了一些尝试性工作，仍存在续作不足，还有许多问题亟待深入思考。

第 5 章 甩挂运输技术

引导案例 中国重汽将全力以装备技术助力甩挂运输发展

中国重汽有限公司(以下简称中国重汽)就互联网下的甩挂运输资源整合与装备技术助力甩挂运输发展作了探讨。中国重汽作为国内最大的重型汽车生产制造企业,始终站在重型货车技术的最前沿,引领整个行业,追赶国际一流水平;一直非常关注并鼎力支持我国物流业发展,自 2010 年交通运输部启动甩挂运输试点工作以来,中国重汽已有 8 个车型列入交通运输部公路甩挂运输推荐车型。"2009 年,中国重汽引进德国曼技术,尤其是先进的曼发动机技术,超前布局重型货车发展的核心技术平台,为企业长远的发展奠定了基础。"目前,中国重汽已率先推出了全系列、成熟的国五产品,涵盖 5 ~ 13L 发动机。中国重汽在此次峰会上展出的新型 6 × 2 甩挂运输牵引车,配置了曼技术发动机、气囊悬架系统、前盘后盘制动系统。发动机 B10 寿命 150 万 km,换油里程 8 万 km。整车经济性、可靠性、安全性等指标均领先行业。可以说,中国重汽新产品的技术与德国曼一样,但价格却只有它们的一半,性价比高,竞争优势明显。今年以来,中国重汽公路用车销量大幅度增长,市场占有率持续提升,这是用户对中国重汽商用车品质的高度认可。

目前,中国重汽正在认真学习贯彻落实党的十八届五中全会精神,紧紧抓住"十三五"规划稳增长相关政策出台的机遇,不断开拓创新,坚持把产业结构调整和优化升级放在首位,认真落实创新驱动战略,利用"互联网 +"、大数据、智能制造等新技术、新手段,进一步细化企业整体改革方案,努力打造智慧重汽,不断提升企业核心竞争力,实现企业做强做优做大的目标。中国重汽一定全力以装备技术和优质的"亲人服务"助力我国甩挂运输的发展。即将召开的中国重汽 2016 年商务大会,将推出一系列重磅商务政策、营销服务措施,推出一系列新产品,必将为物流业的发展、为广大终端用户利益最大化带来更大推力。

围绕着甩挂运输优秀案例及技术创新服务,如何促进甩挂联盟成为共享平台、甩挂运输运营与信息化平台发展,如何更好开展甩挂运输的集约化资源整合发展等内容,中国重汽先进的生产技术、质量控制手段、企业管理水平、企业文化建设及"亲人"服务理念令人深深折服,进一步坚定了对中国重汽产品的信心和与中国重汽深度合作的决心。

5.1 甩挂运输的技术优势

道路甩挂运输得以发展得以发展迅速,由于汽车普及、高速公路开通,车辆可以直接实现门到门服务,送货到家非常方便;具有价格优势,汽车性能提高,大型甩挂车增多。甩挂运输具有明显的优势,这些优势主要体现在两大方面:依托具备良好兼容性和可扩展性的车辆,甩挂运输可获得装备优势;依托先进、科学的组织管理方式,甩挂运输可获得技术经济优势。

5.1.1 车辆装备方面

(1)挂车具有很好的兼容性。从国内外挂车制造行业发展实践看,挂车产品已形成了谱系。挂车的类型多样,包括厢式挂车、罐式挂车、平板挂车、集装箱挂车、商品汽车运输专用挂车等。在厢式半挂车的这一大类里还可以分出保温半挂车、冷藏半挂车等,在其他大类中也能区分出大量的细分车型。所以半挂车对于其他道路运输车型的替代作用具备非常明显的条件。

(2)挂车的投入产出率高。挂车具有价格比较低廉、运输效率高、载质量大、单位运费较低等优点。对于半挂车,国际一流水平的标准是整备质量最小化、有效载荷和有效容积最大化。挂车的运转机构如车轴、悬架、轮胎等经严格筛选,其总行驶里程至少可以达到牵引车总行驶里程的2倍以上且故障率极低,正常运行条件下设计使用寿命超过20年。近年来,包括超宽胎、侧帘车、双挂和多挂汽车列车、车厢表面的平滑化、导流装置、边裙、标准化托盘等在内的各种实用技术和装置被推广使用至挂车,使挂车的生产效率得到更好的保障。

(3)运载能力的扩展空间大。世界各国都在根据其道路基础设施建设标准、行业管理政策等因素,适当增加道路运输车辆的尺寸,特别是车辆长度,以增加道路运输车辆的载运能力。相对于传统货车,甩挂运输车辆的能力扩展空间更大、扩展方式更加方便和灵活。因此,在各种政策的推动和市场需求的拉动下,大型挂车运输将成为公路干线运输的重要力量。

(4)有助于实现公路长途运输。汽车列车具有运输效率高、吨千米油耗低、经济效益好、能够实现"门到门"运输等优势,已成为道路货运的主要运输工具之一。实践表明,吨位大、效率高、可实现一车多挂的半挂车会随着公路运输业的发展而成为最合适的公路长途运输工具。

(5)替代固定存储设施而实现运输网络节点上的暂时储存。发达国家的一些工商企业内部基本不设固定的仓库,也不自备货运车辆,几乎所有的周转、库存物资均存放在运输物流企业的厢式挂车或集装箱内,而这些厢式挂车或集装箱始终处于流通周转之中。在货运站的库房、货场比较紧张的情况下,采用甩挂运输、挂车厢成为仓储的一部分,可以做到货不进库,收货后直接装车,减少仓储基础设施投资。

5.1.2 技术经济方面

甩挂运输的关键优势体现在两方面:一是基于大吨位半挂车的更强的道路货运能力与更高的投入产出率;二是基于装卸甩挂作业的更高效的集装化调配中转与更便捷的多式联运组织模式(滚装运输、铁路驮背运输)具体而言:

(1)甩挂运输能够增加牵引车的有效工作时间、降低牵引车和驾驶人相关的费用。对于某些道路货运企业,车辆实际工作时间内的行驶时间低于或者基本等于货物的装卸时间和待装卸时间,这时,应用甩挂运输可使2辆或2辆以上的挂车由同一辆牵引车根据需要在不同时段牵引,这样可大大节约牵引车的购置费用。只要牵引车的费用相对于运输成本而言是不可忽视的,在营运中就有开展甩挂运输的必要。此外,牵引车数量的减少能够降低对企业自身停车场面积的需求、降低企业自有车辆的维修费用。此外,由于运输企业对大型牵引车驾驶人的要求很全面,世界各国大型牵引车驾驶人的雇用工资都比较高。许多企业宁愿更多地购置生产或服务设备以压缩对技术工人(包括大型牵引车驾驶人)的雇用。甩挂运输的应用不仅节约了运输工具的购置,而且可有效地减少驾驶人的雇用数量,从而降低人员工资费用和与人员有关的其他支出(如社会福利、医疗保险、养老保险等)。

(2)甩挂运输有助于运输场站内各种投入成本的压缩、实现规模效益。甩挂运输需要在较高组织化程度的条件下进行,开展甩挂运输可以促进交通运输场站等基础设施的建设与发展,促进道路运输实现网络化经营,从而推动道路运输企业向集约化、规模化方向发展;在甩挂运输场站内,车辆进站,甩下原厢,挂上新厢,随即可走,这样压缩了等待装卸的时间,有利于加速车辆周转,增加车日行程;收货后直接装车,可减少搬运装卸次数,并整车交接手续简化、保证了货运质量。此外,由于作为集装化容器的挂车本身带有车轮和支承装置,挂车的装卸搬运活性得以增加,这可减少多式联运场站对于装卸搬运设备的投入。

(3)甩挂运输在提高运输工具容积利用率的基础上,能够促进多式联运的发展,并获得速度、成本等方面的更大收益。开展甩挂运输可以促进道路运输与铁路运输、水路运输的多式联运,实现以道路甩挂运输为基础的驮背运输、滚装运输,充分发挥各种运输方式的技术经济优势,并减少针对货物的装卸作业量,提高装卸效率和载运工具的容积利用率。在驮背运输、滚装运输的多式联运过程中,由牵引车将装好货物的挂车拖至铁路货场或港口,牵引车将挂车移送至铁路平车、船舶甲板或舱位后与挂车分离,到达目的站或目的港口,再由另一端的牵引车将挂车运至目的地。这种多式联运组织形式明显减少了对汽车动力部分的占用,提高了铁路车辆和船舶的容积利用率。此外,以甩挂运输为基础的驮背运输、滚装运输可以提高长途干线运输过程的运行速度。表 5-1 为美国部分铁路公司 2007 年一季度不同货物运输组织形式的均速度,不难发现,多式联运的平均速度明显高于其他运输形式的平均速度。表 5-2 为 2007 年美国公路、铁路货运成本。

美国铁路货物运输平均速度(单位:mile/h)　　表 5-1

运输组织形式 / 铁路公司	多式联运	粮食专列	煤炭专列	整体平均
BNSF	34.1	18.6	23.6	23.4
Soo Line	28.2	20.0	20.5	23.2
CSX	28.6	16.2	29	20.2
KCS	29	21.5	21.9	24.0
NS	26.9	25.4	18.2	21.1
Union Pacific	25.6	20.6	19.9	21.7

表 5-1 为美国不同运输组织形式的货物运输成本,不难发现,相比于道路运输,多式联运的成本要低很多。

2007 年美国公路、铁路货运成本(单位:美分/t · mile)　　表 5-2

运输组织形式	运输的内部成本	除了交通拥堵外的社会成本(交通运输外部成本)				
		交通事故	大气污染	温室气体	噪声	合计
普通汽车运输	11.69	0.82	0.11	0.21	0.06	1.2
重载铁路运输	1.65	0.24	0.01	0.03	0.06	0.34
混编铁路运输	1.67	0.24	0.01	0.03	0.06	0.34
多式联运	3.72	0.24	0.03	0.03	0.06	0.36
双层集装箱运输	1.47	0.24	0.01	0.03	0.06	0.34

5.2　甩挂运输的主要装备

5.2.1　汽车列车

根据国际标准化组织和我国的有关标准,汽车列车被定义为"一辆汽车(载货汽车或牵引车)与一辆或一辆以上挂车的组合。"牵引车是汽车列车的动力来源,而拄车是被拖挂车辆,本身不带动力源。汽车列车能适应多种运输需要,专用汽车中的厢式汽车、罐式汽车、自卸汽车、起重举升式汽车、仓栅式汽车、其他特种结构汽车等均可以采用汽车列车的形式。根据结构形式,汽车列车可分为以下几种:

(1)半挂汽车列车——由半挂牵引车同一辆半挂车组合。

(2)全挂汽车列车——由汽车(一般为货车)同一辆或一辆以上全挂车组合。

(3)双挂汽车列车——由半挂牵引车同一辆半挂车、一辆全挂车组合。

(4)全挂式半挂汽车列车——由汽车(一般为货车)通过牵引车连接一辆半挂车。

(5)特种汽车列车——由牵引车同特种挂车组合。

根据汽车列车的最大装载质量,汽车列车又可分为轻型、中型和重型汽车列车,重型汽车列车最大装载质量可达数百吨。

5.2.2　牵引车

牵引车:专门用来牵引挂车、半挂车和长货挂车的主体,一般车上不搭乘旅客,没有装载货物的车厢(少数具有短货厢)的汽车称为牵引车。又称载货列车,一般可分为全挂牵引车和半挂牵引车,半挂车的载荷由自身和牵引车共同承受,全挂车的载荷全部由自身承受。牵引车是汽车列车的动力源,用以牵引挂车来实现汽车列车的运输作业。根据结构与功能,牵引车可分为三类:

(1)半挂牵引车。半挂牵引车用来牵引半挂车,与普通载货汽车相比,其车架上无货厢,只作牵引,而在车架上装有鞍式牵引座,通过鞍式牵引座承受半挂车的前部载荷,并且锁住牵引销,拖带半挂车行驶。实践中可在载货汽车底盘的基础上,选取合适的后桥主传动比,缩短轴距,并在车架上配置鞍式牵引座进行改装。

(2)全挂牵引车。全挂牵引车用于全挂列车和特种挂车列车的牵引,一般可由通用的载货汽车改装。全挂牵引车车架上装有货厢,车架后端的支承架处安装有牵引钩,通过牵引钩和挂环使牵引车与全挂车连接;拖带特种挂车的牵引车车架上装有回转式枕座,采用可伸缩的牵引杆同特种挂车连接,在运送超长尺寸货物时也可通过货物本身将牵引车与特种挂车连接起来。

(3)场站用牵引车。场站用牵引车用于机场、铁路车站、港口码头等特殊作业区域内,可牵引半挂车或全挂车,完成货物运送和船舶的滚装运输作业。场站用牵引车一般选用电动机或内燃机作动力,机动性好,能满足不同货物高度和不同行驶速度的要求。全挂牵引车前后大多装有牵引钩,可迅速连接或脱挂一辆或一辆以上的全挂车;半挂牵引车多装有低举升型牵引座,使连接或脱挂半挂车方便可靠。场站用轻型和中型牵引车多由载货汽车改装,场站用重型牵引车大多是装载机变型产品。

5.2.3 挂车

挂车是汽车列车组合中的载货部分,在牵引车的带动下实现货物的转移。挂车车身可按货物的不同要求制成各种专用或特殊结构,如罐式挂车、厢式挂车、集装箱挂车、自卸挂车、商品汽车运输专用挂车等。根据牵引连接方式,挂车可分为两类:

(1)半挂车。半挂车用于连接半挂牵引车的被拖挂车辆,其部分质量通过鞍式牵引座由半挂牵引车承担。

(2)全挂车。全挂车完全靠拖挂的车辆,通过牵引钩和挂环与牵引车相连,其本身的质量和装载质量不在牵引车上。为减少轮胎的侧滑、磨损和汽车列车的转向阻力,一般将全挂车前轴设计成转向轴。按最大装载质量的不同,全挂车可分为轻型、中型和重型,其中重型全挂车又分为重型平板挂车、重型长货挂车和重型桥式挂车等。

5.2.4 公铁两用车

公路铁路两用车辆(以下简称“公铁两用车”)是在驮背运输(把公路车辆放到铁路车辆上实现运输)的基础上演变而来的,实际上是一种大型公路挂车。它可以直接装在铁路车辆转向架上,利用螺旋弹簧或液压装置将轮胎升起后由转向架承载而在铁路轨道上运行(或者由公路挂车装上导向架构成铁路车辆,在公路上行驶时只需将导向架升起)。公铁两用车能有效解决传统甩挂运输车辆无效载荷与有效载荷比值较大、经济性不够理想等问题,既发挥了铁路远距离运输的效益,又具备公路“门到门”运输的灵活性。公铁两用车符合现代多式联运组织的需要,展示出货物运输的一种趋向。公铁两用车的优势主要表现在:

(1)传统驮背运输有一个较为明显的缺点,即有效载质量与运输工具质量自身之比太低,如果采用公铁两用车,省去铁路车辆自重,则这一比值可明显提高,也就是说,运输同样质量的货物可以节省牵引力,这是公铁两用车技术得以迅速发展的原因之一。

(2)不论挂车的长度如何,当它们编成铁路列车时,挂车之间的距离很小,这使得列车运行时空气阻力较低。

(3)公铁两用车的总高度低,可增大车辆高度,从而增大车辆的装载容积。

(4)公铁两用车不需要要大型起重机等换装设备,只需将铁轨嵌入地面,便于挂车上下铁轨即可,这可减少铁路车辆的投资,也可减少场站的装卸作业设备投入。

公铁两用车既具有公路运输车辆的装卸灵活性,又具有铁路运输车辆长距离快速货运的高效率,可以实现真正的"门到门"运输。公铁两用车可以在公路和铁路运输之间自由而迅速地转换、换装以及由此可能造成的货损货差都可避免。

从发展实践看,由于将货车或挂车直接搭载在铁路平车上运送时可以做到货物直达运输并减少到发站的分类作业,并且不需要大型垂直起吊装卸设备,减少大型载重汽车的使用和成本低等优点,深受美国货运行业客户们的欢迎。美国先后开发出可同时装运拖车和集装箱的骨架平车、关节式双层井式平车、独立双层井式平车和由牵引杆连接的双层井式平车。

5.2.5 铁路平车

平车是在运输和物流中常用的铁道车辆之一,是铁路上大量使用的通用车型,没有车顶和车厢挡板,自重较小,装运吨位相应提高,由于无车厢板的制约,装卸作业较方便。铁路平车主要用于运送钢材、木材、汽车、机械设备等体积或质量较大的货物,也可借助集装箱运送其他货物,甚至适应国防需要装载各种军用装备。装有活动墙板的平车也可用来装运矿石、沙土、石渣等散粒货物。我国自行设计和制造了多种平车,从结构上来分,主要有平板式和带活动墙板式两种,车型主要有 N12、N60、N16 和 N17 等。我国自 1966 年起开始大批量生产 N16 型平车,该型平车的底架上铺设 70mm 厚的木地板,车两端具有全钢焊接的活动端壁板,放倒后可作渡板,供所运机动车辆自行装卸。1998 年制造的 NX17A 型平车—集装箱两用平车(也称 XN17A 型)既保留了原 N17A 型平车的基本结构形式,又能适应市场需求,提高车辆适应性和利用率。目前该车可按平车用,均可装载 60t;又可按集装箱平车用,装运 1 个箱重 30.48t、2 个箱重 24t 或 5 个箱重 10t 集装箱。从发展趋向看,平车—集装箱两用车的数量越来越多,单一用途平车数量越来越少,既有平车—集装箱两用车结构被逐步优化,车辆地板面积增大,车辆自重系数降低,载质量进一步提高。

5.2.6 滚装船

滚装船造型特殊,其船身高大、多层甲板。船首部大都装有球鼻,球鼻是指船体首部有一个球形鼻子的船舶,中部线型平直,尾部采用方尾,设有大门或跳板。航行时,折叠式的尾跳板矗立在船尾,驾驶台等上层建筑设置在船尾或船首。滚装船上没有货舱口,也没有吊杆和起重设备。在大货仓内有多层甲板,它们之间由斜坡或大型升降机连接。船尾备有跳板,船靠码头后,放下跳板,运货车辆可方便地开上开下进行装卸作业。运货车辆不仅可从船的尾部进出,还可驶到船舱的各层甲板。滚装船的出入口通常设于尾部,设有铰接跳板与岸搭接,用于滚装货上下船。

由于采用滚上滚下的装卸方式,滚装船的装卸效率高,且能节省大量装卸劳动力,减少船舶停靠时间,提高船舶利用率。水陆直达联运方便,可实现从发货到收货的门到门直达运输,减少了运输过程中的货损和货差。使用滚装船进行运输,船与岸都不需起重设备,即使港口设备条件很差,滚装船也能高效率装卸。滚装船的缺点是重心高,稳性较差。滚装船船体的甲板层数多,为使车辆在舱内通行无阻,货舱内不设横舱壁,舱内支柱也少,因此滚装船的结构强度和抗沉性较差。

滚装船以装满货物的道路货运车辆为运输单元,车辆通过船上的首门、尾门或舷门的跳板开进开出。装载时,汽车及由牵引车拖带的挂车通过跳板开进舱内。到达目的港后,放下跳板,车辆就可从船和各层甲板开上开下进行装卸作业。

滚装船上具备个性特点的设备有跳板、装卸车和定位器。跳板是滚装船上最独特的设备,是架设于船舶与码头之间的桥梁。跳板大都设置在船尾,也有设置在船首和舷侧的。跳板的形式有:沿船的长度方向设置的直跳板,宽度接近于船宽,车辆可以上下交替行驶;与船体中心线成一定夹角的斜跳板,由几节跳板组成;可向船的两侧旋转一定角度的旋转跳板。装卸车是在滚装船上用来装卸集装箱等集装化容器的设备。装卸车分拖车和叉车两种。拖车只有底盘和车架,拖车可与集装箱等一起固定在货舱的规定位置,呈纵向排列。定位器用于固定集装箱或拖车。为了避免船舶摇摆时集装箱或装有集装箱的拖车发生移动和碰撞,在滚装船的货舱甲板上设置有定位器,用于固定集装箱或拖车。固定集装箱的定位器有插销式、旋锁式。固定拖车的定位器有固定导板、三角支架、框形托架及制动链。

5.3　甩挂运输车辆配比影响因素分析

影响甩挂运输牵引车与挂车配置比例的因素有牵引车与挂车的购置/租用成本、各个节点的货运量及其变动水平、节点的装卸时间、闲置等待成本、车辆种类和车型以及优化目标的优先级。

5.3.1　车辆的购置/租用成本

作为对固定资产的购置或者租用产生的资金占了企业运营的很大比例,也是企业经营者决策时考虑的重点。车辆购置和租用分别所占的比例,当然这也与市场的成熟度有关,在交易规则完备、体制完善的经营市场环境下,运输经营者将倾向于不再单独购置车辆或者不会选择在车辆的使用周期内持续持有车辆的使用权。在市场上会出现车辆租赁服务经营者,用以吸收某个企业闲置的车辆运力,或者补充其他企业运力紧张的情形,起到平衡资源配置的作用。因此,企业决策者选择保持一定的运力并承受运力供小于需时所造成的机会损失,或者选择持有充足的运力满足企业经营任何情况下的运力需求,并改善客户服务质量同时承受车辆闲置带来的损失都对车辆的配比造成不同的影响。

5.3.2　各个节点的货运量及其变动水平

各节点的货运量在很大程度上决定了运力布局和规划中在每个节点应该安排的挂车数量和牵引车到达节点的频次。为了满足节点运输需求,在货运量大的点布置较多的挂车并安排较频繁的运输计划,而在运输量较小的点,减少挂车数量和牵引力资源配置是最基本的考虑。当以尽量实现运输任务为目标时(在通常条件下),货运量的因素应当作为决定车辆布置的决定性因素加以考虑。其次,也应考虑节点货运量的变动水平,变动水平影响在货运量突增或突减时,当以完成运输任务为第一优先的情况下,需要安排增加或调动的车辆配置数量;而当以总成本或总效益为第一优先时,则影响变动发生时因为车辆调动成本,而产生的调度规划和车辆布置。

5.3.3 节点的装卸时间

甩挂运输的经济性主要体现在对于装卸时间产生的车辆等待延迟时间的节约上，理论上为了充分发挥甩挂运输的全部优势，应该保证每个节点保有充足装卸能力，使得在下一辆牵引车到来之间，完成本次甩挂操作留在站点的挂车的装货或者卸货任务。然而，装卸能力与每个站点的地理位置，与运输通道的连通性以及场站配置的设备和人员紧密相关。除了区位条件无法改变之外，充足的装卸能力需要设备的先进性和员工技能高熟练度和两者达到一定的数量水平。然而，当考虑效益和成本因素时，满足充足的装卸能力是不经济的，这就需要在装卸能力充足带来的效益和能力闲置造成的损失之间做最优权衡，相应的也会影响牵引车和挂车等车辆的配置。

5.3.4 闲置等待成本

因为货运量的变动，在某个站点的运输作业上时时达到供需平衡的状态是难以达到的目标。同时，为了总体最优，也可能在某个场站上出现延迟等待而在另一个节点却出现资源闲置等不经济现象，这就要考虑相应的闲置和等待成本。等待成本是指，因为货运量变动或设备、人员配置不足而造成了装卸能力不足以在牵引车到达时完成装卸而造成的牵引车辆的等待延迟成本。这个成本决定了场站配置的装卸能力的强弱，进而影响车辆配置尤其是挂车的配置。闲置成本则是因为场站专有装卸设备和人员因为任务量不足而出现闲置造成企业对人力资源和设施折旧等额外费用的支出成本。

5.3.5 车辆和车型

政策方面，交通运输部根据《货运汽车及汽车列车推荐车型工作规则》推出了《甩挂运输推荐车型基本要求》，审批并逐步公布了甩挂运输推荐车型。2012 年 1 月，交通运输部经过技术审查和实车验证，公布了包括北汽福田、一汽集团、中国重汽等 11 家车企的 10 个牵引车车型和 6 个挂车车型。甩挂设备的设计要考虑当前场站的硬件限制，反之，未来场站的建设也会着眼于怎样来适应甩挂运输等高效运输方式效能的发挥。车型的选择和限制也是相当重要的一方面，因为我国对甩挂运输牵引车与挂车的组合方式有限制，因此，车型在本文研究的范围内主要通过车辆载重能力、速度、购置价格等要素对车辆配比产生影响。

5.3.6 优化目标的优先级

在组织实际生产过程中，往往存在多个指标需要满足，经济、社会、环境等方面都需要兼顾。有时候，组织的性质决定了在某些运输操作中并不能过分考虑经济因素，比如军事物流和应急物流，这类特殊物流需求的存在，使得并不能按照普遍的指标去优化物流运作。本文讨论的物流操作中，并不涉及此类物流需求。决策和运行的着眼点以经济性为首要因素，同时兼顾社会和环境方面的需求和限制。在分析各方面的指标和诉求后建立综合的指标体系再做优化。牵引车运行路径与车辆配置货物场站的设置决定了牵引车运行的路径和调度方式不同，进而决定了企业运输网络的形不同。运输网络依据车辆类型和调度方式而形成层次化、功能化结构，在甩挂运输网络上，可体现出骨干网和支线网的层次。在骨干网中，牵引

车由一个大型甩挂运输场站发出，牵引车或牵引车加挂挂车在能够存放挂车的站点间行驶。牵引车加挂挂车每经过一个站点，牵引车就要进行一次“甩下 1 辆挂车 + 挂上 1 辆挂车”的作业，牵引车不加挂挂车时途径的站点可只进行挂 1 辆挂车的作业。在支线网中，甩挂运输车辆主要以各站点为中心，串联该站点所辐射的货物集散点，此过程不进行甩挂/挂车作业，而仅是集散货物。传统意义上，牵引车的运行路径，也即是车辆的调度问题，但调度问题如何优化也无法彻底避免车辆空驶问题，在甩挂运输操作中，则可以通过甩挂运输的动力部分单独行驶得以有效缓解。与传统的车辆调度优化所不同的是，甩挂运输优化的对象是动力部分和载重部分可以分离的设备，而不是一体不可分割的货车，这样优化的方式也不再局限于仅仅对牵引车的运行路径进行设计和规划而寻求目标优化，也可以对牵引车和挂车分别进行网络布局和配比设计，在更广泛的意义上去寻找优化的可能性。这样，对甩挂运输的优化方案不仅包括路径设计，也包括设备的配置比例、牵引车行驶方案和场站停靠挂车布置等综合因素。汽车甩挂运输是指牵引车按照预设的行驶计划，到达相应的货物装卸点后卸下所拖挂车、继续拖上已装好货物的另一挂车（或计划中的空车）到达另一目的地的运输组织方式。甩挂运输把汽车运输列车化，可以相应提高车辆每运次的载质量，从而提高运输生产效率。与定挂运输相比，具有单位成本低、运行效率高、周转快等显著特点，可产生可观的经济效益和良好的环境效果，是当今世界通行的、先进的主流运输组织方式。

5.4 甩挂运输的主要影响因素

发展汽车甩挂运输是一项系统工程，涉及综合运输政策、区域协调、相关部门之间的沟通协作等方面。影响中国汽车甩挂运输发展的因素很多，大致分为国家管理、市场环境与关键技术三方面（图 5-1）。下面从站场与装卸设备、车辆技术条件、信息系统建设与甩挂运输组织模式等方面对其关键技术进行分析与探讨。

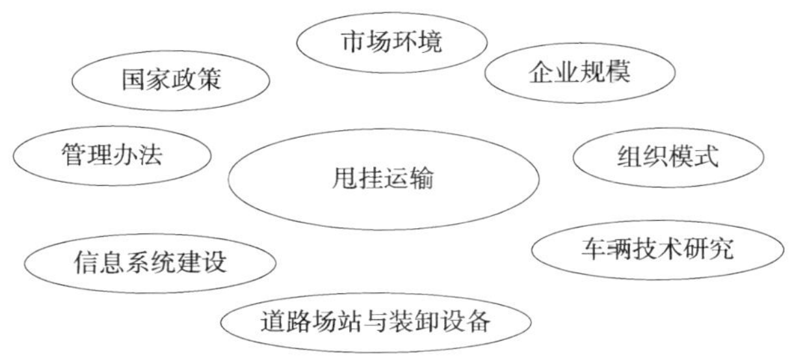

图 5-1 甩挂运输的影响因素

5.4.1 汽车甩挂运输场站作业流程分析

甩挂运输货运站同样有人流、货流和车流，但以货流为主线，车流、人流相对处于次要地位，并且往往随着货流的流线一起移动。甩挂运输货运站的车流与普通零担货运站的车流十分相似，只是运输车辆不同，装卸工艺有别，还多了一部分集装箱运输甩挂作业区。甩挂运输货运站的作业流程如图 5-2 所示。

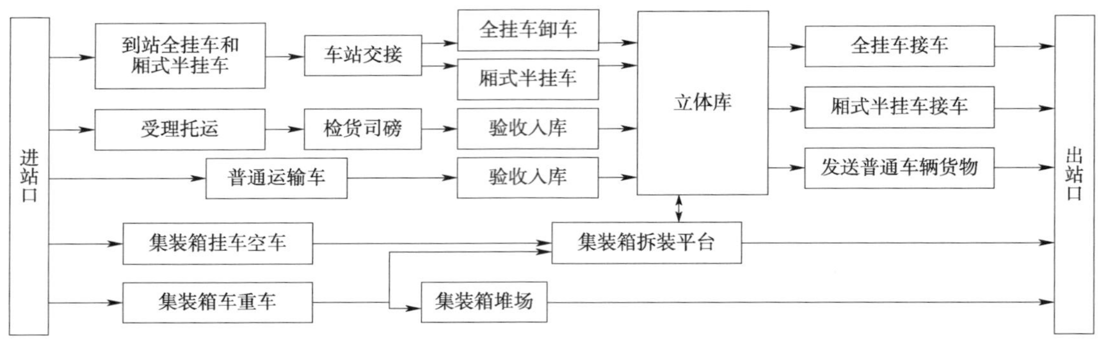

图 5-2　甩挂运输货运站的作业流程

根据进入场站车辆类型,可以把车型分为全挂车、厢式半挂车、集装箱半挂车和普通货物汽车四类;根据发货人、收货人及物流的特点,可将甩挂货物分为零担货物和集装箱货物,它们在站内的作业工艺也有很大区别。集装箱货物指整装箱货物,整装箱的接取、送达作业以"箱"为单位,它在站内只作临时停放,应及时组织中转。甩挂零担货物包括全挂车、厢式半挂车和普通货运车所托运的货物,甩挂零担货物的接取、送达与零担货运站的操作工艺相仿。但需要专门机械设备将全挂车或厢式半挂车甩下,并将挂车拉入仓库进行拆箱和装箱作业,而牵引车应及时组织中转,牵引已经装好的全挂车或厢式半挂车返回起点或到达下一目的地。普通车辆的流动比较小,具体注意事项和零担货运站相当,需注意下列问题:

(1)分设托运处和提货处,把货物托运和提取分开,组织站内货物的单向流动。

(2)将车流和货流分开。由于发送车辆多数集中在上午,到达车辆多数集中在下午,除一级零担货运站车辆应单独设置进、出站外,其他级站场车辆可共用一个进、出站口。仓库附近是车流和货流的汇集处,容易发生发送货物与到达货物、发送车辆与到达车辆相互间的干扰和交叉。因此,大型零担货运站的仓库通常在其两侧设置装卸场,使到达车辆和发送车辆分开停靠,保证出入仓库的货流单向流动,同时避免车流间的相互干扰和交叉。对于有条件的零担货运站,也可将发送货物仓库与到达货物仓库分开设置,以合理组织站内的货流和车流。由于零担货运站负责托运货物的入库与提取货物的出库运输一般是分开的,站内很少发生人流与车流或货流的相互干扰。

5.4.2　发展汽车甩挂运输对场站与装备技术的要求

与普通单车运输相比,甩挂运输对场站的特殊要求主要表现为车辆吨位大、体型宽,要求站场面积大,流通道路与转弯半径要满足相应要求;其次,与普通运输组织相比,汽车甩挂运输组织方式虽然牵引车数量减少,但挂车的数量增加,要求甩挂运输场站专门设置挂车停放区。甩挂运输效率高,能以较少的投入获得更大的效益。但这不仅依赖于甩挂运输的组织模式,也对场站装备技术提出了更高的要求。一般情况下,甩挂运输不仅需要大型吊装设备、场地牵引车和备用挂车,还需要更多的托盘以备用。

为满足甩挂运输高效组织运输的需要,运输企业与各相关主管部门不仅要加大力度建设适合的甩挂运输场站和装卸设备,更要结合现有货运场站进行改建扩建以满足甩挂运输的要求。就中国目前的普通货运站来说,占地面积及装卸设备大都是根据单车运输的需要配置的,为满足大吨位、高效率的甩挂运输组织需求,可以在普通货运场站的基础上改建甩

挂运输双层立体化作业仓库。其中底层为机械化作业立体仓库;第二层为普通作业仓库,主要存储危险品等特殊货物。底层仓库除具有普通仓库保管存放受理托运货物、到站交付货物及中转货物的功能外,全挂车和厢式半挂车的拆装箱作业均在立体仓库里完成,它还需将甩下的全挂车和厢式半挂车从卸车平台传入仓库进行装卸,再将装好的挂车传送到挂车接车平台进行铰接。底层立体仓库主要分为地面轨道传送功能区、机械化装卸功能区、中转货物储存区、零担货物储存区、特殊货物储存区、货物接收作业区和货物发配作业工作区等功能区。

5.5　甩挂运输车辆车型装载设计和要求

2010 年初,交通运输部与国家发改委、海关总署、中监会联合下发《关于促进甩挂运输发展的通知》(简称《通知》),要求各地区、各有关部门进一步提高认识,加强组织领导,采取切实措施,有效引导和推动甩挂运输的发展。

甩挂运输在国际上得到了广泛的推广应用,已经成为非常普遍的先进运输组织方式。但我国甩挂运输发展仍然滞后,政策性障碍是重要原因。《通知》指出,要完善政策和管理制度,为甩挂运输营造良好的发展环境。

1)减少挂车检验次数

挂车应按照《中华人民共和国道路交通安全法》及其实施条例进行定期安全技术检验。道路运输管理部门不再要求对挂车进行二级维护强制维护和综合性能检测。

2)调整挂车保险

由于挂车不具备动力,具有"可移动的集装箱"的属性,在车辆保险方面,应研究调整挂车交强险,科学设定征收对象。

3)完善甩挂车辆海关监管制度

境内承运海关监管货物的甩挂运输车辆(集装箱拖头车)办结海关监管手续后,牵引车与挂车可以分离,提高牵引车周转效率。

4)调整通行费征收办法

道路通行费实行"年票制"征收的地区,对道路运输经营者所拥有的汽车列车应按照一车一挂的标准征费,对超出牵引车数量的其余挂车不再征费。

5)推进甩挂运输车辆装备标准化

要组织制定和推广应用牵引车、挂车连接的相关技术标准,引导制造企业严格执行国家统一标准生产牵引车和挂车。

6)完善挂车证件管理

按照既简便适用又有利于监管的原则,完善挂车证件携带、保管与交接管理。挂车道路运输证和机动车行驶证应随车流转。

7)鼓励运输企业拓展运输网络

各地应消除制度和政策障碍,鼓励和支持符合条件的道路运输企业异地设置经营网点(分支机构),逐步形成区域性或全国性的甩挂运输网络。

8)鼓励企业加强协作

鼓励运输企业之间、运输企业与大型制造企业、商贸企业、专业商品市场、货运站之间，整合运力和货源资源，提高甩挂运输的运行质量和整体效益。

5.6 甩挂运输装载栓固技术与推荐车型

5.6.1 甩挂运输装载栓固要求

甩挂运输在国外已是较为流行的运输方式，与传统运输方式相比，其具有明显优势：一是减少装卸等待时间，提高运输效率和劳动生产率；二是减少车辆空驶和无效运输，降低能耗和废气排放；三是节省货物仓储设施，减少物流成本。与发达国家相比，我国甩挂运输中存在标准缺失，较为典型的是没有与货物运输安全紧密相关的装载与栓固标准。由于装载不规范，导致车辆轴重超过国家标准限制的现象屡屡发生。由于没有栓固技术要求，导致国内运输捆绑中传统的尼龙绳、麻绳、钢丝、木棒加铁钉充当了主力；货运市场门槛偏低，民营小企业无捆绑加固的意识，严重落后于发达国家。

5.6.2 八种甩挂运输推荐车型

(1)4×2 半挂牵引车及列车。
(2)6×4 半挂牵引车及列车。
(3)6×2 集装箱半挂牵引车及列车。
(4)6×4 集装箱半挂牵引车及列车。
(5)两轴厢式半挂车。
(6)两轴 40 英尺集装箱运输半挂车。
(7)三轴厢式半挂车。
(8)三轴 40 英尺集装箱运输半挂车。

5.6.3 甩挂运输推荐车型基本要求

(1)4×2 半挂牵引车及列车基本要求(表 5-3)。

4×2 半挂牵引车及列车基本要求 表 5-3

项　目		要　求
驱动形式		4×2
发动机性能要求	发动机净功率(kW)	≥231
	*发动机最低比油耗(g/kW·h)	≤193
	发动机最大转矩(N·m)	≥1500
牵引座及安装要求	牵引座承载面离地高度(无拖挂状态,mm)	1290～1320
	牵引座前倾角/后倾角[装车测量,(°)]	≥6/7
	牵引座最大允许承载质量(kg)	≥11000
	准拖挂车总质量(kg)	35000

续上表

项目		要求
操控配置与环境要求	动力转向	有
	驾驶室空调	有
	驾驶室平顺性指标(无拖挂状态,等效均值 dB)	≤120
	离合器助力装置	有
行车安全装置要求	ABS 制动系统	符合 GB/T 13594 的规定
	制动器规格及性能	符合企业产品设计要求及 QC/T 239 的规定
	带有行驶记录功能的卫星定位终端(与北斗系统兼容)	有
	制动间隙自动调整装置	有
	符合 GB 12676 和 GB/T 5922 规定的测试接头(连接器)	有
	符合 GB 7258 规定的辅助制动装置	有;* *液力或电涡流缓速控制装置
	车轮动平衡	是
整车配置附加要求	导流装置	有
	* *后空气悬架	是
	轮胎	子午线轮胎;* *无内胎子午线轮胎
	* *驾驶室卧铺	有
	工作台板及登梯	有;工作台板板面应具有防滑功能,安装位置、尺寸和强度均应满足企业要求
与半挂车匹配的互换性要求	半挂牵引车后回转半径(mm)	≤2200
	牵引座型号	50 号
	* * *牵引座前回转半径(mm)	≥2120
	牵引座中心至半挂牵引车最前端的距离(mm)	≤4500
	电器连接装置	位置灯、示廓灯、牌照灯接 2 号线,后雾灯接 6 号线,倒车灯接 7 号线,其余接线应符合 GB/T 5053.1 的规定
	气制动连接装置	符合 GB/T 13881 的规定,应在工作状态下进行 2500 次摘挂试验后,密封性能应良好
	ABS 系统形式及接口	匹配挂车 4S/4M 或 4S/2M 的 ABS 接口,符合 GB/T 20716.1 的规定;各接口安装位置参照 ISO 4009:2000 的规定,按气控、电连接、ABS 和供气的顺序自左至右依次排列
汽车列车		
最大允许总质量(kg)		42000

续上表

项　目		要　求
* 综合燃料消耗量(L/100km)(按 JT 719—2008 测试)		≤35.0
最高车速(km/h)		≥100
汽车列车通道圆尺寸(m)	内圆直径 D_1	10.60
	外圆直径 D_2	25.00
	外摆值	≤0.80
30km/h 制动距离(满载)(m)		≤10.0
制动滞后时间(s)		≤0.2
行驶轨迹摆幅(mm)		≤110
热制动效能(满载)		按照 GB 12676 规定的行车制动系 I 型试验制动性能要求测试,制动距离不超过 30km/h 制动距离的 125%

注:* LNG 半挂牵引车申报时,发动机最低比油耗、综合燃料消耗量两项指标暂不要求。

* * 优先推荐。

* * * 牵引座前回转半径:半挂牵引车牵引座销孔中心至半挂牵引车驾驶室后部刚性部件末端在水平面上投影点的距离。

(2)6×4 半挂牵引车及列车基本要求(表 5-4)。

6×4 半挂牵引车及列车基本要求　　表 5-4

项　目		要　求
驱 动 形 式		6×4
发动机性能要求	发动机净功率(kW)	≥270
	* 发动机最低比油耗(g/kW·h)	≤193
	发动机最大转矩(N·m)	≥1700
牵引座及安装要求	牵引座承载面离地高度(无拖挂状态,mm)	1290～1320
	牵引座前倾角/后倾角[装车测量,(°)]	≥6/7
	牵引座最大允许承载质量(kg)	≥16000
	准拖挂车总质量(kg)	40000
操控配置与环境要求	动力转向	有
	驾驶室空调	有
	驾驶室平顺性指标(无拖挂状态,等效均值 dB)	≤120
	离合器助力装置	有
行车安全装置要求	ABS 制动系统	符合 GB/T 13594 的规定
	制动器规格及性能	符合企业产品设计要求及 QC/T 239 的规定
	带有行驶记录功能的卫星定位终端(与北斗系统兼容)	有

续上表

项　目		要　求
行车安全装置要求	制动间隙自动调整装置	有
	符合 GB 12676 和 GB/T 5922 规定的测试接头(连接器)	有
	符合 GB 7258 规定的辅助制动装置	有;* *液力或电涡流缓速控制装置
	车轮动平衡	是
整车配置附加要求	导流装置	有
	* *后空气悬架	是
	轮胎	子午线轮胎;* *无内胎子午线轮胎
	* *驾驶室卧铺	有
	工作台板及登梯	有;工作台板板面应具有防滑功能,安装位置、尺寸和强度均应满足企业要求
与半挂车匹配的互换性要求	半挂牵引车后回转半径(mm)	≤2200
	牵引座型号	50 号
	* * *牵引座前回转半径(mm)	≥2120
	牵引座中心至半挂牵引车最前端的距离(mm)	≤5100
	电器连接装置	位置灯、示廓灯、牌照灯接 2 号线,后雾灯接 6 号线,倒车灯接 7 号线,其余接线应符合 GB/T 5053.1 的规定
	气制动连接装置	符合 GB/T 13881 的规定,应在工作状态下进行 2500 次摘挂试验后,密封性能应良好
	ABS 形式及接口	匹配挂车 4S/4M 或 4S/2M 的 ABS 接口,符合 GB/T 20716.1 的规定;各接口安装位置参照 ISO 4009:2000 的规定,按气控、电连接、ABS 和供气的顺序自左至右依次排列
汽车列车		
最大允许总质量(kg)		49000
*综合燃料消耗量(L/100km)(按 JT 719—2008 测试)		≤36.0
最高车速(km/h)		≥100
汽车列车通道圆尺寸(m)	内圆直径 D_1	10.60
	外圆直径 D_2	25.00
	外摆值	≤0.80
30km/h 制动距离(满载)(m)		≤10.0
制动滞后时间(s)		≤0.2
行驶轨迹摆幅(mm)		≤110

续上表

项　　目	要　　求
热制动效能	按照 GB 12676 规定的行车制动系Ⅰ型试验制动性能要求测试,制动距离不超过 30km/h 制动距离的 125%

注:* LNG 半挂牵引车申报时,发动机最低比油耗、综合燃料消耗量两项指标暂不要求。

** 优先推荐。

*** 牵引座前回转半径:半挂牵引车牵引座销孔中心至半挂牵引车驾驶室后部刚性部件末端在水平面上投影点的距离。

(3)6×2 集装箱半挂牵引车及列车基本要求(表 5-5)。

6×2 集装箱半挂牵引车及列车基本要求　　表 5-5

项　　目		要　　求
驱 动 形 式		6×2(单转向轴)
发动机性能要求	发动机净功率(kW)	≥253
	* 发动机最低比油耗(g/kW·h)	≤193
	发动机最大转矩(N·m)	≥1700
牵引座及安装要求	牵引座承载面离地高度(无拖挂状态,mm)	1290~1320/1080~1110(适于集装箱高箱运输)
	牵引座前倾角/后倾角[装车测量,(°)]	≥6/7
	牵引座最大允许承载质量(kg)	≥13000
	准拖挂车总质量(kg)	≥37000
操控配置与环境要求	动力转向	有
	驾驶室空调	有
	驾驶室平顺性指标(无拖挂状态,等效均值 dB)	≤120
	离合器助力装置	有
行车安全装置要求	ABS 制动系统	符合 GB/T 13594 的规定
	制动器规格及性能	符合企业产品设计要求及 QC/T 239 的规定
	带有行驶记录功能的卫星定位终端(与北斗系统兼容)	有
	制动间隙自动调整装置	有
	符合 GB 12676 和 GB/T 5922 规定的测试接头(连接器)	有
	符合 GB 7258 规定的辅助制动装置	有;** 液力或电涡流缓速控制装置
	车轮动平衡	是
整车配置附加要求	导流装置	有
	后空气悬架	是
	轮胎	子午线轮胎;** 无内胎子午线轮胎

续上表

<table>
<tr><th colspan="2">项　　目</th><th>要　　求</th></tr>
<tr><td rowspan="2">整车配置附加要求</td><td>＊＊驾驶室卧铺</td><td>有</td></tr>
<tr><td>工作台板及登梯</td><td>有;工作台板板面应具有防滑功能,安装位置、尺寸和强度均应满足企业要求</td></tr>
<tr><td rowspan="7">与半挂车匹配的互换性要求</td><td>半挂牵引车后回转半径(mm)</td><td>≤2200</td></tr>
<tr><td>牵引座型号</td><td>50 号</td></tr>
<tr><td>＊＊＊牵引座前回转半径(mm)</td><td>≥1900</td></tr>
<tr><td>牵引座中心至半挂牵引车最前端的距离(mm)</td><td>≤5100</td></tr>
<tr><td>电器连接装置</td><td>位置灯、示廓灯、牌照灯接 2 号线,后雾灯接 6 号线,倒车灯接 7 号线,其余接线应符合 GB/T 5053.1 的规定</td></tr>
<tr><td>气制动连接装置</td><td>符合 GB/T 13881 的规定,应在工作状态下进行 2500 次摘挂试验后,密封性能应良好</td></tr>
<tr><td>ABS 形式及接口</td><td>匹配挂车 4S/4M 或 4S/2M 的 ABS 接口,符合 GB/T 20716.1 的规定;各接口安装位置参照 ISO 4009:2000 的规定,按气控、电连接、ABS 和供气的顺序自左至右依次排列</td></tr>
<tr><td colspan="3">汽车列车</td></tr>
<tr><td colspan="2">最大允许总质量(kg)</td><td>46000</td></tr>
<tr><td colspan="2">＊综合燃料消耗量(L/100km)(按 JT 719—2008 测试)</td><td>≤35.5</td></tr>
<tr><td colspan="2">最高车速(km/h)</td><td>≥100</td></tr>
<tr><td rowspan="3">汽车列车通道圆尺寸(m)</td><td>内圆直径 D_1</td><td>10.60</td></tr>
<tr><td>外圆直径 D_2</td><td>25.00</td></tr>
<tr><td>外摆值</td><td>≤0.80</td></tr>
<tr><td colspan="2">30km/h 制动距离(满载)(m)</td><td>≤10.0</td></tr>
<tr><td colspan="2">制动滞后时间(s)</td><td>≤0.2</td></tr>
<tr><td colspan="2">行驶轨迹摆幅(mm)</td><td>≤110</td></tr>
<tr><td colspan="2">热制动效能</td><td>按照 GB 12676 规定的行车制动系 I 型试验制动性能要求测试,制动距离不超过 30km/h 制动距离的 125%</td></tr>
</table>

注:＊LNG 半挂牵引车申报时,发动机最低比油耗、综合燃料消耗量两项指标暂不要求。

＊＊优先推荐。

＊＊＊牵引座前回转半径:半挂牵引车牵引座销孔中心至半挂牵引车驾驶室后部刚性部件末端在水平面上投影点的距离。

(4)6×4 集装箱半挂牵引车及列车基本要求(表 5-6)。

6×4 集装箱半挂牵引车及列车基本要求 表 5-6

项 目		要 求
驱动形式		6×4
发动机性能要求	发动机净功率(kW)	≥253
	*发动机最低比油耗(g/kW·h)	≤193
	发动机最大转矩(N·m)	≥1700
牵引座及安装要求	牵引座承载面离地高度(无拖挂状态,mm)	1290~1320/1080~1110(适于集装箱高箱运输)
	牵引座前倾角/后倾角[装车测量,(°)]	≥6/7
	牵引座最大允许承载质量(kg)	≥16000
	准拖挂车总质量(kg)	≥37000
操控配置与环境要求	动力转向	有
	驾驶室空调	有
	驾驶室平顺性指标(无拖挂状态,等效均值 dB)	≤120
	离合器助力装置	有
行车安全装置要求	ABS 制动系统	符合 GB/T 13594 的规定
	制动器规格及性能	符合企业产品设计要求及 QC/T 239 的规定
	带有行驶记录功能的卫星定位终端(与北斗系统兼容)	有
	制动间隙自动调整装置	有
	符合 GB 12676 和 GB/T 5922 规定的测试接头(连接器)	有
	符合 GB 7258 规定的辅助制动装置	有;**液力或电涡流缓速控制装置
	车轮动平衡	是
整车配置附加要求	导流装置	有
	后空气悬架	是
	轮胎	子午线轮胎;**无内胎子午线轮胎
	**驾驶室卧铺	有
	工作台板及登梯	有;工作台板板面应具有防滑功能,安装位置、尺寸和强度均应满足企业要求
与半挂车匹配的互换性要求	半挂牵引车后回转半径(mm)	≤2200
	牵引座型号	50 号
	***牵引座前回转半径(mm)	≥1900
	牵引座中心至半挂牵引车最前端的距离(mm)	≤5100
	电器连接装置	位置灯、示廓灯、牌照灯接 2 号线,后雾灯接 6 号线,倒车灯接 7 号线,其余接线应符合 GB/T 5053.1 的规定

续上表

项　　目		要　　求
与半挂车匹配的互换性要求	气制动连接装置	符合 GB/T 13881 的规定，应在工作状态下进行 2500 次摘挂试验后，密封性能应良好
	ABS 形式及接口	匹配挂车 4S/4M 或 4S/2M 的 ABS 接口，符合 GB/T 20716.1 的规定；各接口安装位置参照 ISO 4009:2000 的规定，按气控、电连接、ABS 和供气的顺序自左至右依次排列
汽车列车		
最大允许总质量(kg)		46000
*综合燃料消耗量(L/100km)(按 JT 719—2008 测试)		≤35.5
最高车速(km/h)		≥100
汽车列车通道圆尺寸(m)	内圆直径 D_1	10.60
	外圆直径 D_2	25.00
	外摆值	≤0.80
30km/h 制动距离(满载)(m)		≤10.0
制动滞后时间(s)		≤0.2
行驶轨迹摆幅(mm)		≤110
热制动效能		按照 GB 12676 规定的行车制动系Ⅰ型试验制动性能要求测试，制动距离不超过 30km/h 制动距离的 125%

注：*LNG 半挂牵引车申报时，发动机最低比油耗、综合燃料消耗量两项指标暂不要求。

**优先推荐。

***牵引座前回转半径：半挂牵引车牵引座销孔中心至半挂牵引车驾驶室后部刚性部件末端在水平面上投影点的距离。

(5)两轴厢式半挂车基本要求(表 5-7)。

两轴厢式半挂车基本要求　　表 5-7

项　　目		要　　求
质量与尺寸要求	最大允许总质量(kg)	35000
	*整备质量(kg)	≤7100
	宽度(mm)	≤2550
	长度(mm)	≤13000
	车厢内部长度(mm)	≥12300
	**车厢内部宽度(mm)	≥2440
	车厢内部高度(mm)	≥2200
	车厢装货容积(m^3)	≥72
	牵引销与第一轴左右轮的距离差(mm)	≤3
	车轴间左右轮中心距差(mm)	≤1.5
	满载质心位置与载荷布置规划图或相应的技术文件	有

续上表

项　　目		要　　求
行车安全装置要求	ABS 制动系统	符合 GB/T 13594 的规定
	制动器规格及性能	符合企业产品设计要求及 QC/T 239 的规定
	制动间隙自动调整装置	有
	符合 GB 12676 和 GB/T 5922 规定的测试接头(连接器)	有
	车轮动平衡	是
主要配置要求	车轴规格及数量	10t 级/2
	轮胎	子午线轮胎或宽断面单胎(名义断面宽度≥400mm);* * *无内胎子午线轮胎
	* * *空气悬架	是
	挂车车轴	符合 JT/T 475—2002 的规定
	挂车支承装置	符合 GB/T 26777—2011 的规定,双联动
	货运挂车气压制动系统	符合 GB 12676 的规定
与牵引车匹配互换性要求	半挂车前回转半径(mm)	≤2040
	牵引销型号	50 号
	牵引销座板离地高度(空载,mm)	1230 ~ 1250
	半挂车间隙半径(mm)	≥2300
	牵引销中心至半挂车最后端的距离(mm)	≤12000
	电器连接装置	位置灯、示廓灯、牌照灯接 2 号线,后雾灯接 6 号线,倒车灯接 7 号线,其余接线应符合 GB/T 5053.1 的规定
	气制动连接装置	符合 GB/T 13881 的规定,应在工作状态下进行 2500 次摘挂试验后,密封性能应良好
	ABS 形式及接口	装配 4S/4M 或 4S/2M 的 ABS 系统,接口符合 GB/T 20716.1 的规定;各接口安装位置参照 ISO 4009:2000 的规定,按气控、电连接、ABS 和供气的顺序自左至右依次排列

注:* 两轴翼开启厢式半挂车和两轴冷藏车可放宽至≤7600kg。

* * 两轴翼开启厢式半挂车和两轴冷藏车可放宽至≥2410mm。

* * * 优先推荐。

(6)两轴 40 英尺集装箱运输半挂车基本要求(表 5-8)。

两轴 40 英尺集装箱运输半挂车基本要求　　表 5-8

项　　目		要　　求	
		普通集装箱运输半挂车	高箱集装箱运输半挂车
质量要求	最大允许总质量(kg)	≤35000	
	整备质量(kg)	≤4300	
	牵引销与第一轴左右轮的距离差(mm)	≤3	
	车轴间左右轮中心距差(mm)	≤1.5	

续上表

项目		要求	
		普通集装箱运输半挂车	高箱集装箱运输半挂车
行车安全装置要求	ABS 制动系统	符合 GB/T 13594 的规定	
	制动器规格及性能	符合企业产品设计要求及 QC/T 239 的规定	
	制动间隙自动调整装置	有	
	符合 GB 12676 和 GB/T 5922 规定的测试接头(连接器)	有	
	车轮动平衡	是	
主要配置要求	车轴规格及数量	10t 级/2	
	车架结构	平直梁骨架式/鹅颈骨架式	
	轮胎	子午线轮胎或宽断面单胎(名义断面宽度≥400mm);*无内胎子午线轮胎	
	*空气悬架	是	
	挂车车轴	符合 JT/T 475—2002 的规定	
	挂车支承装置	符合 GB/T 26777—2011 的规定,双联动	
	货运挂车气压制动系统	符合 GB 12676 的规定	
与牵引车匹配互换性要求	半挂车前回转半径(mm)	≤1820	
	牵引销型号	50 号	
	牵引销座板离地高度(空载,mm)	1230～1250	1020～1040
	半挂车间隙半径(mm)	≥2300	
	承载面高度(空载,mm)	≤1410	1080～1100
	牵引销中心至半挂车最后端的距离(mm)	≤12000	
	电器连接装置	位置灯、示廓灯、牌照灯接 2 号线,后雾灯接 6 号线,倒车灯接 7 号线,其余接线应符合 GB/T 5053.1 的规定	
	气制动连接装置	符合 GB/T 13881 的规定,应在工作状态下进行 2500 次摘挂试验后,密封性能应良好	
	ABS 形式及接口	装配 4S/4M 或 4S/2M 的 ABS,接口符合 GB/T 20716.1 的规定;各接口安装位置参照 ISO 4009:2000 的规定,按气控、电连接、ABS 和供气的顺序自左至右依次排列	

注:*优先推荐。

(7)三轴厢式半挂车基本要求(表 5-9)。

三轴厢式半挂车基本要求 表5-9

项　　目		要　　求
质量与尺寸要求	最大允许总质量(kg)	40000
	*整备质量(kg)	≤8100
	宽度(mm)	≤2550
	长度(mm)	≤14600
	车厢内部长度(mm)	≥13500
	**车厢内部宽度(mm)	≥2440
	车厢内部高度(mm)	≥2200
	车厢装货容积(m^3)	≥80
	牵引销与第一轴左右轮的距离差(mm)	≤3
	车轴间左右轮中心距差(mm)	≤1.5
	满载质心位置与载荷布置规划图或相应的技术文件	有
行车安全装置要求	ABS制动系统	符合GB/T 13594的规定
	制动器规格及性能	符合企业产品设计要求及QC/T 239的规定
	制动间隙自动调整装置	有
	符合GB 12676和GB/T 5922规定的测试接头(连接器)	有
	车轮动平衡	是
主要配置要求	车轴规格及数量	10t级/3,最后轴应采用随动转向
	轮胎	子午线轮胎或宽断面单胎(名义断面宽度≥400mm);***无内胎子午线轮胎
	***空气悬架	是
	挂车车轴	符合JT/T 475—2002的规定
	挂车支承装置	符合GB/T 26777—2011的规定,双联动
	货运挂车气压制动系统	符合GB 12676的规定
与牵引车匹配互换性要求	半挂车前回转半径(mm)	≤2040
	牵引销型号	50号
	牵引销座板离地高度(空载,mm)	1230~1250
	半挂车间隙半径(mm)	≥2300
	牵引销中心至半挂车最后端的距离(mm)	≤13000
	电器连接装置	位置灯、示廓灯、牌照灯接2号线,后雾灯接6号线,倒车灯接7号线,其余接线应符合GB/T 5053.1的规定
	气制动连接装置	符合GB/T 13881的规定,应在工作状态下进行2500次摘挂试验后,密封性能应良好

续上表

项目		要求
与牵引车匹配互换性要求	ABS形式及接口	装配4S/4M或4S/2M的ABS,接口符合GB/T 20716.1的规定;各接口安装位置参照ISO 4009:2000的规定,按气控、电连接、ABS和供气的顺序自左至右依次排列

注:* 三轴翼开启厢式半挂车和三轴冷藏车可放宽至≤8700kg。

* * 三轴翼开启厢式半挂车和三轴冷藏车可放宽至≥2410mm。

* * * 优先推荐。

(8)三轴40英尺集装箱运输半挂车基本要求(表5-10)。

三轴40英尺集装箱运输半挂车基本要求 表5-10

项目		要求	
		普通集装箱运输半挂车	高箱集装箱运输半挂车
质量与尺寸要求	最大允许总质量(kg)	≤37000	
	整备质量(kg)	≤6000	
	牵引销与第一轴左右轮的距离差(mm)	≤3	
	车轴间左右轮中心距差(mm)	≤1.5	
行车安全装置要求	ABS制动系统	符合GB/T 13594的规定	
	制动器规格及性能	符合企业产品设计要求及QC/T 239的规定	
	制动间隙自动调整装置	有	
	符合GB 12676和GB/T 5922规定的测试接头(连接器)	有	
	车轮动平衡	是	
主要配置要求	车轴规格及数量	10t级/3	
	车架结构	平直梁骨架式/鹅颈骨架式	
	轮胎	子午线轮胎或宽断面单胎(名义断面宽度≥400mm);无内胎子午线轮胎	
	空气悬架	是	
	挂车车轴	符合JT/T 475—2002的规定	
	挂车支承装置	符合GB/T 26777—2011的规定,双联动	
	货运挂车气压制动系统	符合GB 12676的规定	
与牵引车匹配互换性要求	半挂车前回转半径(mm)	≤1820	
	牵引销型号	50号	
	牵引销座板离地高度(空载,mm)	1230~1250	1020~1040
	半挂车间隙半径(mm)	≥2300	
	承载面高度(空载,mm)	≤1410	1080~1100
	牵引销中心至半挂车最后端的距离(mm)	≤12000	

续上表

项　　目		要　　求	
		普通集装箱运输半挂车	高箱集装箱运输半挂车
与牵引车匹配互换性要求	电器连接装置	位置灯、示廓灯、牌照灯接 2 号线,后雾灯接 6 号线,倒车灯接 7 号线,其余接线应符合 GB/T 5053.1 的规定	
	气制动连接装置	符合 GB/T 13881 的规定,应在工作状态下进行 2500 次摘挂试验后,密封性能应良好	
	ABS 形式及接口	装配 4S/4M 或 4S/2M 的 ABS 系统,接口符合 GB/T 20716.1 的规定;各接口安装位置参照 ISO 4009:2000 的规定,按气控、电连接、ABS 和供气的顺序自左至右依次排列	

5.7　信息系统建设方案

5.7.1　信息系统建设基本要求

健全的信息系统是企业组织开展甩挂运输试点的基础条件。交通运输主管部门要切实加大工作力度,加快甩挂运输调度和运行监测系统通用软件的开发和推广应用工作,加快提升道路货运行业信息化水平。要结合甩挂运输发展的需求,加快各类通用标准软件的开发应用,推广应用和共享典型甩挂运输信息系统,避免企业独立开发重复投入、造成浪费,通过信息化手段,实现对试点运行情况的监测分析,为甩挂运输提供有力的信息技术支撑。健全的信息系统是甩挂运输运营组织的关键环节。在试点项目考核指标中,应明确试点项目信息化发展目标,要求在试点期间内建成涵盖车辆管理、指挥调度、货物跟踪查询、订车处理、站场信息监控系统、甩挂运营实时监控系统的信息平台。在试点期间,交通运输主管部门应引导企业按照甩挂运输的要求对原有信息系统进行升级改造,运用物联网技术可实现车辆的实时调度、主挂匹配、载重动态检测、货厢环境检测、燃油消耗检测、主挂轮胎管理、安全驾驶保障、在线故障分析、音视频监控等主要功能,有效提升试点项目的信息化管理水平。

5.7.2　车辆智能调度系统

车辆智能调度系统是通过集成甩挂运行实时监控数据、运输货物数据以及车辆维修等管理数据,同时对各类应用端口进行开发,使应用软件与物流设备对接,实现科学化、智能化车辆管理和调配。其主要功能包括:

(1)智能化调度:调度中心通过利用融合了车辆运行动态数据、作业信息以及车辆和驾驶人信息的调度系统，全方位掌控甩挂车辆所在的位置、当前时速、达到卸货地点的时间、当班驾驶人信息、车辆作业状态等信息。在强大的数据服务器支撑下，可科学下达各项作业指令，提高甩挂效率。

(2)运量图表分析：在调度系统的运作下，统计分析月运输总量，单一产品运输量，并对全年签订的运输量进行分解，平均到每月作为参照，实现运量可视化。通过图表的状态及时提醒各试点线路上运输量的动态，及时优化挂车配置。车辆、驾驶人管理：实行卡管理，打卡维修、打卡考勤，通过调度系统显示车辆的状态(正常、小修、大修等)，驾驶人的班组化管理、调休管理等。

(3)作业站场管理信息系统。在道路甩挂运输车辆流转运行的过程中，站场是很重要的一个环节，它是甩挂运输相关信息的关键集散地。站场管理信息系统应当包括安全管理系统、仓储管理系统、理货信息系统等平台。

(4)站场安全管理系统：作业站场管理信息系统主要是以站场安全管理系统为主，即采用全球眼视频监控系统，同时配合闭路红外报警系统，对甩挂作业站场的内外仓储存放安全和运输作业环境进行全方位监控。通过视频及红外监控管理系统的实时监控、视频录像回放、红外报警查看等功能实现各个站场的安全管理和突发事件的处置以及进出站场的车辆管理。站场仓储管理系统：根据产品仓储特点，融合仓单质押等监管服务，实现货物出入库管理、库内交易管理、货物盘点、残次品处理、库存实时查询、报表管理、仓储费用结算等功能。运用射频技术、条形码技术、库内出入库电子看板，全面提高货物出入库效率，通过采用严格的权限控制，保证仓储运作的严格、有序、高效。

(5)作业站场理货信息系统：针对甩挂运输专线的作业特点，开发专业的装卸理货管理信息系统，按照不同批次，对不同货物的装卸、分拣、理货、配送等进行信息化管理，减少货物的丢失，确保专线运输的可靠性。

(6)甩挂运营实时监控系统：采用模式，运用卫星定位技术和通信技术，对运输过程的牵引车及驾驶人进行实时监控，实现甩挂运输的全程跟踪与定位。应用技术，所有甩挂车辆的运行轨迹一目了然，调度只需利用短信平台向相关车辆发布作业指令，即可实现车辆优化配置，不仅大大提升了调度效率，也提高了甩挂效率。同时，将实时监控技术融入调度系统中，并将调度系统向上下游客户延伸开发，实现货物从“出厂入站交付客户”全程可视化管理，厂商和客户利用查询软件即可了解货物的运输动态。挂车和牵引车的连接有两种方式。

①所说的第一种方式就是牵引车连接在挂车上，挂车不需要提供任何动力只需要被牵引车拖着，牵引车提供向前的拉力。

②第二种方式就是牵引车的牵引鞍座上搭着挂车，挂车的质量由牵引车后部分所承受。

5.8　甩挂运输问题

(1)通用性问题。甩挂运输技术首先是要挂车与牵引车的正确、安全、快速地挂上和甩开。还需要考虑的是甩挂运输技术的各种挂车和牵引车都能连接上。我国制定的技术标准是与国际接轨的挂车与牵引车连接的技术标准。标准保证挂车、牵引车的牵引鞍座通用性。

甩挂运输的操作,要考虑连接的简单操作和制动气管的连接通用性。

(2)挂车所有权问题。甩挂车的归属和所有权是不存在。但甩挂运输不仅挂拖车单位拒绝,而且还甩挂其他单位的拖车。甩挂车在运输过程周转中就由甩挂车所有权的问题。在同一时间没有负载甩挂车返回单位的问题。装箱运输也有上述问题。

(3)检验甩挂运输标准问题。国家没有明确的关于甩挂车的检验合格标准,所以没有针对甩挂车的有限期的问题,也无法评定甩挂车的技术等级。在有关的规定中。所说过危险道路货物运输所使用的车一定要达到一级技术。这个规定在挂车和牵引车中同样适应。

(4)甩挂车使用寿命的问题。牵引车使用寿命为9.9年。目前,没有甩挂车使用年限的单独规定,这意味着同样的半挂牵引车,只有9.9年的寿命。因此,挂车的使用寿命应基于"可以通过使用检查"原则来管理。

(5)政策问题。挂车强制保险,《中华人民共和国道路交通安全法》出台之后,挂车独自上牌照,保险从挂车中也分离出来,企业需要交单独的保险费用约1300元/辆。引入了交强险后,集装箱拖车保险费用包括:交强险保费2200元,车损险保费1200元,总计3400元。拒绝被连接到运输车辆(牵挂车)多挂(挂车)的形式运输,企业普遍认为,牵引车与挂车不管有多少,在实际运输只能挂拖车运输。因此,所有拖车必须支付交强险不合理,致使运输企业负担过重。

(6)甩挂车的测试管理问题。甩挂车5次/年的检验检测相同的环节和甩挂车。目前,拖车需要应用各种检查,包括:3次的季度年检,1次运营险(实际上是第一和第四年合并)。

甩挂运输问题如图5-3所示。

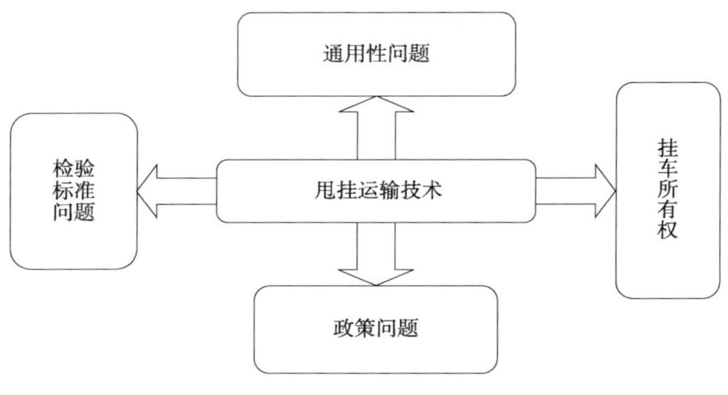

图5-3　甩挂运输问题

5.9　甩挂运输牵引车与半挂车

甩挂运输有挂车与货车组合的,有挂车与牵引车组合的,我国常用货车与挂车组合的,如图5-4所示。

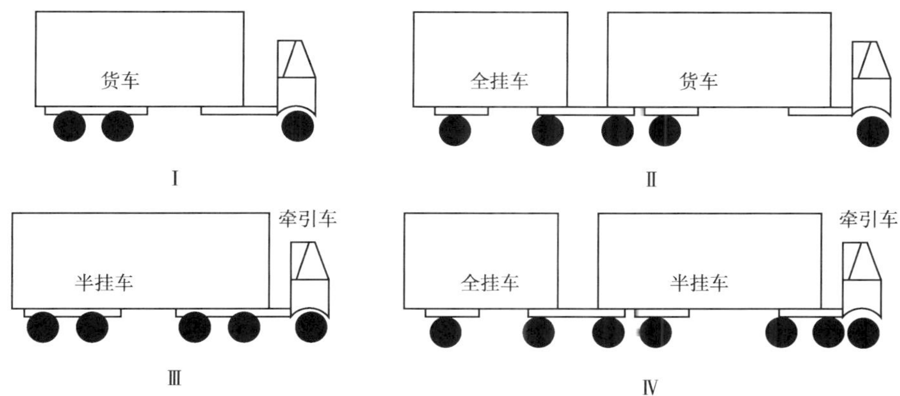

图5-4　道路货运车辆基本组合形式

5.9.1　牵引车分类

5.9.1.1　按挂接方式

(1)牵引全挂车的汽车(货车或牵引车),用牵引钩和挂环挂接。

(2)牵引半挂车的牵引车,用牵引座和牵引销连接。

(3)牵引特种挂车,用旋转式枕座与货物连接。

5.9.1.2　按驱动形式

4×2型牵引车,其牵引力较小,多用于高速汽车列车。6×4型牵引车,能增加牵引座处的承载能力。6×6型牵引车,具有大承载、大牵引力和大爬坡能力,一般用于较大军用车。8×8型牵引车,重型汽车使用,一般用于大型军用车。

5.9.1.3　按用途

牵引车按用途可分为载货牵引车、半挂牵引车和场内用牵引车。

(1)载货牵引车:既作牵引,又能载货,用于全挂列车或特种挂车列车。

(2)半挂牵引车:只作牵引,用于半挂列车,在其车架上装有牵引座,用来支承和牵引半挂车。

(3)场内用牵引车:用于飞机场、铁路站台和港口码头等地,可牵引半挂车或全挂车。

5.9.1.4　牵引车结构特点

牵引车的总体结构与载货汽车基本相同,由发动机、底盘、车身(驾驶室)和电气设备组成。但由于牵引车必须进行拖挂作业,对某些总成和部件提出了不同的要求,特别是半挂牵引车和场内用的牵引车。

(1)底盘总布置。半挂牵引车同普通货车相比,轴距短,牵引座处的载荷较大。

(2)传动系统。牵引车的传动系统与载货汽车基本相同。但也有在离合器和变速器之间安装液力耦合器和液力变矩器,保证起步平稳。由于重型牵引车驱动力大,常采用双级主减速器。有的还采用双速主减速器和轮边减速装置。

(3)制动系统。牵引车的制动系统与载货汽车的制动系统基本相同,不同点是牵引车设置了向挂车输送压缩空气的气压制动管路、紧急制动管路、起动控制管路及气管接头等。另外,在驾驶室内设置了手制动阀,可直接操纵挂车制动。为了提高制动性能,有的牵引车在后桥处装有感载阀改善轴间制动力的合理分配。

(4)悬架。牵引车的悬架基本上与载货汽车相同,但有的牵引车为了改善性能和适应重载要求,采用了独立悬架或采用了比普通载货汽车更宽更厚的钢板弹簧。对于双后轴的牵引车,其后悬架目前几乎都采用半椭圆钢板弹簧平衡式悬架。

(5)车架。车架较短,主车架纵梁后部因承受牵引座几种载荷而需加强,其中横梁的布置也应作相应考虑。

(6)行驶系统。牵引座处承载在16t以上的半挂牵引车,行驶系统作为专用底盘研制。

(7)电气系统。在牵引车上引出一个带有七级电气连接器用来与挂车的七芯插头连接,能向挂车输送电气信号。

5.9.2 半挂车分类

5.9.2.1 自卸式半挂车

自卸式半挂车适用于煤炭、矿石、建筑物料等散装零散货物的运输。自卸半挂车按用途可分为两大类:一类属于非公路运输用的重型和超重型自卸挂车,主要承担大型矿山、工程等运输任务;另一类属于公路运输用的轻、中、型普通自卸挂车,主要承担砂石、泥土、煤炭等松散货物运输,通常与装载机配套使用。

5.9.2.2 低平板半挂车

低平板半挂车车载部位无拦板,用途广泛,主要用于中长途货运运输。系列半挂车车架为穿梁式结构,纵梁采用平直式活鹅颈式。腹板高度为400~550mm,纵梁采用自动埋弧焊焊接,车架采用喷丸处理,横梁穿入纵梁并焊接整体。

5.9.2.3 仓栅式半挂车

仓栅式半挂车载货部位采用栅栏结构设计的半挂车。主要用于农副产品及其他轻泡货物的运输。

5.9.2.4 集装箱式半挂车

集装箱半挂车载货部位为集装箱结构的半挂车。主要用于船舶、港口、航线、公路、中转站、桥梁、隧道、多式联运相配套的物流系统。

(1)专门用于各种集装箱的运输。能长期的反复使用,具有足够的强度。

(2)使用集装箱转运货物,可直接在发货人的仓库装货,运到收货人的仓库卸货。

(3)可以进行快速装卸,并可从一种运输工具直接方便地换装到另一种运输工具。

(4)便于货物的装满和卸空,满足客户的个性化需求。根据客户需要工装保证,质量稳定,性能可靠。

5.9.2.5 罐式半挂车

罐式半挂车载货部位结构为罐式结构的半挂车。主要用于运输液体、散装物料和散装水泥等。

5.9.2.6 厢式半挂车

厢式半挂车系列产品用于家用电器、轻纺货物、煤炭、沙石等建筑材料以及托盘货物的运输。

5.9.2.7 自卸式半挂汽车

自卸汽车车厢配有自动倾卸装置的汽车。又称翻斗车、工程车,由汽车底盘、液压举升机构、取力装置和货厢组成。

5.9.2.8 运油半挂车

运油半挂车主要用于大型油料运输,吨位一般为40~60m³。运油半挂车通常有两桥半挂车和三桥半挂车。

5.9.3 国内牵引车突出种类

5.9.3.1 重汽牵引车

中国重汽2011年将推向市场的高端牵引车,轻量化是主要特色,金王子、豪卡均有最新款车型。2011年中国重汽新产品的重点是高可靠性的牵引车,2010年,根据市场对牵引车提出的高速、轻量化需求,中国重汽通过技术进步,解决了车辆自重大、油耗高的问题。为降低车辆自重,中国重汽引入轻量化技术,提高牵引车的竞争力。中国重汽通过采用高强度合金车架、橡胶悬架、铝合金变速器等新技术、新材料和新工艺,实现了整车的轻量化,不仅保持了产品稳定可靠的特色,还提升了整车的技术水平。另外,通过对动力系统的优化匹配,进一步降低了油耗。

5.9.3.2 狮牵引车

红岩杰狮匹配意大利Cursor发动机,起动发动机后,噪声很小,怠速转速维持在550r/min左右。试驾车型进1挡有点涩,而进其他挡位相当顺滑,相对而言,变速器在高挡位时的表现比在低挡位时更出色,发动机的声音也更加线性。虽然将转速升至2000r/min可使C100换挡后拥有充分的动力,但你再也听不到Cursor 9那柔和的韵律了,1500r/min左右换挡足以保证C100平稳行驶。在试驾车辆高速行驶时,C100同样能够保证其行驶平顺性,抛物线少片簧的设计有效减轻了车身质量,在保证车辆承载能力的同时,增加了行驶的平顺性、舒适性。V型推力杆后平衡悬架有效防止车桥移位。相对一般的直推力杆只能防止中后桥前后移位,C100的V型推力杆还可防止左右移位。

5.9.3.3 重型货车牵引

2010年11月16日,15辆身披大红花的青年曼牵引货车缓缓驶出青年汽车厂区大门,向天府之国成都进发,交付四川省成都长途汽车运输(集团)公司。早在2003年,四川省成都长途汽车运输(集团)公司就购买了青年欧洲之星豪华大巴用于成渝线等线路的长途运输。七年以来,欧洲之星为四川人民带去了舒适豪华、安全周到的出行服务,也为四川省成都长途汽车运输(集团)公司迎来了良好的口碑。

此次交付的15辆青年曼重型货车JNP4250FD19是半挂牵引车,整车长7.245m,宽2.49m,高3.77m,是国内唯一全面引进欧洲MAN技术重型货车平台的货车。该车具有首创国内重卡行业的车辆V型推力杆和横向稳定系统,国内先进的变截面大梁及制动阀路,稳定性高,爬坡力强,故障率低,能给用户带来事半功倍的效益。

5.9.3.4 轻量化牵引

技术是轻量化设计的关键,对欧曼6系牵引车来说,由于优化了结构设计、采用了模块化技术,利用奔驰技术对原有车架进行了再设计,同时配以少片簧技术,精铸件、真空胎等措施,不仅降低了整车质量,达到了轻量化的目的,更提高了车辆的稳定性和可靠性。

专家指出,一般来说,重型货车质量每减少10%,其燃油消耗将降低8%。对于货车来说,质量每减少1t,其百公里油耗就减少1L。在计重收费下,车辆每降低1t,用户每年将增加10万元的净收益。以欧曼6系6×4牵引车为例,由于采用了轻量化技术,整车自重降低近0.6t,与其他同类车型相比轻0.4t左右。

5.9.3.5 江淮格尔牵引

发动机油耗低,经济实用,连续两年获得"最省油重卡奖"以及"物流推荐用车"等荣誉。江淮格尔发牵引车在底盘技术上采用了国内独有的468悬架系统,受力更均匀、重心更低、高速行驶时稳定性更好;板簧采用国内先进的前三后四少片簧,在不牺牲整车承载性的情况下,降低整车自重。其整车大范围采用轻质化、耐腐蚀铝合金材料,美观同时自重更轻。在动力方面,格尔发采用国内成熟的黄金传动系匹配,在满足动力性需求的同时,兼顾经济性的需求。车架主副梁则采用了6000t液压机一次冲压成形,实现了无缝隙贴合,在承载能力、使用寿命等各方面都具有优势。此外,涂装技术和总控配线技术也处于先进水平。

5.9.4 坚持"推优、共赢、服务"原则

为贯彻落实五部委《关于促进甩挂运输发展的通知》要求,消除甩挂运输发展的技术障碍,交通运输部决定开展甩挂运输推荐车型工作,并组织制定了《货运汽车列车(甩挂运输)推荐车型基本要求》。

《技术要求》共推荐了八种车型,主要具有以下技术特点:动力配置高、燃油消耗低,保证了汽车列车具有足够的动力储备、运输效率和较好的燃油经济性;车辆结构尺寸、安装与连接技术要求明确,有利于甩挂运输的操作和行车安全,提高货物装卸效率;车辆的配置与操控环境优化,有利于改善行车安全性能,提高运输管理水平,减少超限超载运输;车辆载重大、自重轻,限定了关键质量与尺寸参数,引导车型向标准化和轻量化方向发展,有利于促进托盘运输和厢式运输,提高运输效率。

在推荐车型工作中,坚持了"推优、共赢、服务"三个原则。推优原则指对企业申报的车型严格把关,宁缺毋滥,推荐成熟、先进适用的车型。共赢原则指在车型的选择上,既要有利于治超,也要有利于运输。服务原则指在推出车型之后,还要为推荐车型的应用推广创造良好的环境。

按照上述原则,选定了10个牵引车车型和6个半挂车车型,作为第一批公路甩挂运输推荐车型。可以说,经过专家组严格的技术审查和实车验证,纳入推荐目录的16种车型代表了当前我国牵引车、半挂车生产制造的最高水平,能够初步满足现阶段我国甩挂运输发展的需要。

促进道路货运车型标准化意义十分重大,主要体现在以下三个方面:一是可以有效支撑我国甩挂运输的发展。二是可以加快促进道路货运业转型升级。车型标准化不仅是实现标准化运输的必要条件,也是现代道路运输业的重要标志。三是有利于实现道路运输业与商用车制造业良性互动发展。

积极推广应用甩挂运输推荐车型,加强宣传推广,在道路运输行业广泛宣传推荐车型,落实优惠政策。目前的货运市场很不规范,如果没有支持政策,使用推荐车型合法运输将在市场竞争中处于劣势。①使用专门标识。一方面可以增强商用车制造企业的荣誉感和责任感;另一方面可以有效引导运输市场对推荐车型的使用。②加强监督检查。一要加强对推

荐车型生产一致性的检查。二要加强对甩挂运输试点企业的监督。③净化市场环境。继续加大公路超限超载治理力度，深入推进货运源头治理，为合法运输创造公平、有序的市场环境。

5.9.5　一汽物流 RFID 案例

5.9.5.1　RFID 应用背景——甩挂项目概况

一汽物流有限公司甩挂运输试点项目是在财政部和交通运输部的政策引导下，根据区域经济发展、市场需求和企业自身发展的内在要求，转变传统运输组织方式，优化资源配置，促进甩挂作业站场设施、车辆装备、信息系统的全面升级，提高运输生产效率，降低企业物流成本，促进节能减排的运输项目。

本试点项目对象为天津一汽丰田和四川一汽丰田丰越公司，主要为天津一汽丰田汽车有限公司和四川一汽丰田汽车有限公司丰越公司提供汽车零部件甩挂运输业务。其中，甩挂项目有以下宏观背景：

(1)落实国家节能减排战略的迫切需求。低碳交通运输是实现节能减排、发展低碳经济、提升经济整体运行质量的重要组成部分。

(2)提高运输效率，构建现代物流体系的客观需求。现代物流业是以实现物流的效率化和效果化为目的，以较低的成本和优良的顾客服务完成商品实体从供应地到消费地的运动。

甩挂运输分为“一线两点，一端甩挂”或者“一线两点，两端甩挂”的甩挂运输组织模式，如图 5-1 所示。

5.9.5.2　RFID 实施的必要性

(1)RFID 射频识别技术可以有效提高整体甩挂工作效率。

(2)可准确验证车辆及货物信息。

(3)在甩挂作业环境下需要灵敏度高、使用寿命长、安全可靠的标签。

5.9.5.3　信息化实施步骤

(1)2011 年起，一汽物流有限公司开始承运丰越公司从天津—长春线路 51% 的零部件运输业务。

(2)2011 年起，一汽物流有限公司为四川一汽丰田丰越公司开展甩挂运输业务。

(3)2012 年末，RFID 射频识别技术计划投入甩挂作业当中，以达到再次提升工作效率，节能减排，以及安全便捷等功用。

(4)2013 年，RFID 技术以天津物流部(即现在天津子公司)备品二公司 yard 甩挂场作为试点应用，建立次序读取式门禁，提升了 yard 管理的秩序性、安全性，进一步保证生产。

(5)2013 年末，公司拟计划所有甩挂作业场建立 RFID 门禁设备，甩挂作业车辆(包括车头、车厢)安装标签、读取器。

(6)2014 年，长春甩挂站场、天津甩挂站场、备品一分公司停车场、备品二分公司停车场次序读取式门禁安装完毕，为车辆安装 RFID 设备提供了基础保障。

(7)2014 年，第一批甩挂作业车头、车厢安装 RFID 标签、读取器，标志着一汽物流有限公司甩挂 RFID 应用正式实行，进一步提高了物流效率，节约了大量纸质成本，以信息化手段保证甩挂作业的实时性、准确性、安全性，标志着一汽物流有限公司的信息化建设又迈出一步。

5.9.5.4 技术实施应用简介

RFID 技术主要包含以下功能:

(1)车头安装读取器,车厢安装可复写标签,拥有实时读取功能,了解最新的货物情况。

(2)在车辆出入库区、停车场时,会以先后次序的判定来确认车辆的出入情况,以保证任务正在按要求完成过程中。

(3)车厢标签的可复写性,减少了更换标签的成本,提高了使用效率,使得车厢内货物变换会很容易通过技术手段更新信息,使得车头能更快捷的确认货物是否按需求装载完毕。

5.9.5.5 RFID 应用建设对企业产生的影响

(1)优化工作效率、优化作业模式。RFID 射频识别技术从安全性、灵敏度高、缩短工作时间等着力点入手,提高了甩挂作业的工作效率,优化了作业模式,使得天津子公司零部件、备品运输作业提升了效率,进一步提升空车使用率,减少资源浪费,以信息化代替手工作业,使得一汽物流进一步满足主机厂的时效性需求。

(2)塑造了企业形象。RFID 射频技术的应用在提升工作效率的同时,满足主机厂的时效性要求,提升了一汽物流的企业形象,进一步保证主机厂的个性化需求,且在满足需求的同时也保证了安全可靠性。

5.9.5.6 RFID 信息化建设过程的体会与经验及推广意义

需要建设 RFID 用于甩挂作业项目,到最终的目标完成,使得技术顺利用于各车辆、甩挂场,主要的体会有以下几方面:

(1)事先充分评估,做足准备工作。技术建设以及应用的开端都需要有充足的准备工作支持,比如需不需要引进先进技术,其必要性是什么,如果需要引进,那么是否所有此类业务都要应用,还有例如技术的必要产品市场价格是多少,与公司预算有没有冲突等。还有现场的调研,车头、车身的安装位置调研等,这些都是必要的前期准备工作。

(2)选择合适的供应商/合作方。因为 RFID 射频识别技术造价比较昂贵,而且在运用于甩挂车头、车厢,标签需求量大,所以选择一个物美价廉的产品供应商是非常有必要的,而且技术的合作方也需要在业内有较高的水准,这样才能保证将新技术的优势体现出来。

(3)发现问题解决问题。新技术的应用初期会带来很多意想不到的问题,有些问题是之前考察调研等过程中显露不出来的,所以要及时发现问题及时处理问题,这样才能将问题出现的隐患最小化。

5.9.5.7 RFID 技术推广的意义

(1)使得其他业务也通过新技术手段的应用得到工作效率的提升。

(2)进一步相应国家节能减排的需求,保护环境,减少纸张浪费,降低白色成本。

(3)提高了车辆资源的利用率,降低了时间成本,更好地完成作业任务,为公司效益做出贡献。

5.9.5.8 现代物流信息技术在甩挂运输中的应用

(1)现代物流信息技术对甩挂运输的影响。首先,甩挂运输要充分发挥效益,必须走集约化、规模化和网络化经营的道路,从市场、货源、道路、站场、车辆和信息管理等方面创造必要条件。其次,甩挂运输的组织工作较为复杂,尤其是循环甩挂和载驳运输对货源组织、装卸时效、作业条件等要求较高。最后,物流和运输单位迫切需要集成全球定位系统(GPS)、地理信息系统(GIS)和无线射频识别(RFID)等现代化技术的开放式信息共享平台,以便及时掌握车辆地理位置信息,为甩挂运输的合理调度提供必要的技术支持。

(2)现代物流信息技术所需的设备。

①GPS 实时监控系统,全球移动通信系统与通用分组无线业务(GSM/GPRS)和 GIS。GPS 车载终端一般安装在牵引车上,调度中心可实时了解监控对象所处的地理方位及运行状态,有利于对甩挂运输中的牵引车实施全方位管理和调度。

②RFID 电子标签是一种非接触式自动识别技术,通过射频信号自动识别目标对象并获取相关数据,识别过程无需人工干预,适用于各种恶劣环境。RFID 技术可识别高速运动物体并可同时识别多个标签,操作快捷方便。只要将 RFID 读写器安装在货站或停车场门口,将 RFID 电子标签安装在车辆上,当车辆进出货站或停车场时,RFID 读写器便可自动记录车辆信息。

(3)现代物流信息技术在甩挂运输中的应用。甩挂运输信息平台的网络结构可以公用无线网络(如中国移动的 GPRS)与 GPS 车载终端为载体,通过有线或无线方式与安装在货站或停车场的 RFID 读写器进行通信,及时获得车辆进出信息。经营单位、货主或货代以及交通管理部门可通过公网访问该信息平台,进行各项业务操作。

①牵引车和挂(厢)车经营单位可将 GPS 车载终端和 RFID 电子标签安装在车辆上,并在信息平台进行登记。

②牵引车拖带挂(厢)车出发时,信息平台通过 RFID 读写器和 GPS 车载终端自动记录出发时间、出发地点、拖挂情况等信息,并利用 GPS 车载终端进行实时监控。

③车辆到达目的地后,信息平台自动记录到达时间、停放位置等信息。

④运输经营单位可利用该信息平台实时查看辆的地理位置和状态以及是否可供使用等信息。

⑤该信息平台可实现循环甩挂的智能化调度。事先计算好某闭合循环回路后,通知各装卸点准备一定数量的周转集装箱或挂车,当牵引车到达个装卸点后,甩下所带集装箱或挂车,装(挂)上先准备好的集装箱或挂车继续行驶。

⑥该信息平台具有车辆到达预警功能。货场可根据信息,预先进行货物装卸,缩短牵引车的等待时间,提高作业效率。破解甩挂运输法律障碍、攻克汽车列车匹配难题,旨在破解甩挂运输实施中的法规制度障碍,攻克车辆与装备技术落后、牵引车与半挂车匹配不合理、快速接驳与装固技术水平低、货运托盘与车辆适应性较差以及对应技术标准体系不完善等难题,形成完善的甩挂运输标准体系,提出甩挂运输推荐车型/标准车型技术要求,研制甩挂运输牵引车与半挂车快速接驳装置,为甩挂运输的推广与发展提供车辆与装备方面的技术支持。

通过使用快速支承装置可以大幅提高工作效率、节省操作时间、降了运输成本。操作规程和实施指南的应用,可提高从业人员的专业知识与技能,增强其运输过程中的安全观念,重视途中检查作业环节,为道路货物的安全运输保驾护航。甩挂运输快速接驳与栓固检查操作规程实施指南。托盘与车辆优化匹配技术的应用,将有效地提高装卸搬运作业的效率,减少作业对货物的损害。货物装载与固定技术要求的实施,将提高运输货物的安全性、促进标准化栓紧器具应用,实现不同货物的种类、车厢形式以及固定方式标准化。

第6章　甩挂运输风险与事故

引导案例　甩挂运输联盟诠释“团结就是力量”

在政府及相关部门的大力推动下，我国甩挂运输正在不断向前发展。但受到公路货运市场环境“小、散、乱”，以及行业标准并不完善等因素的影响，甩挂运输在发展过程中面临种种挑战。此时，甩挂运输联盟的出现，对实现甩挂运输集约化、规模化、网络化发展提供了重要支撑。对单一企业而言，加入甩挂运输联盟可以在货源匹配、站场共享、信息交流等方面享受便利，联盟内成员可以很好地形成互利共赢的局面。此外，联盟还作为行业组织，架起政府与企业间的桥梁，反映企业诉求，展示企业形象，为行业发展创造良好的外部环境和舆论氛围。当然，我国甩挂运输联盟刚刚成型，还有很多方面的工作需要努力与改进。联盟要发挥“网络式”平台优势，就应不断扩大联盟规模，完善自身组织运营制度，协调好政府部门与企业之间的关系。可见，以甩挂运输联盟方式推动我国甩挂运输业的发展任重而道远。甩挂运输这种先进的运输方式越来越受到政府部门以及物流企业的认可和支持。在这样的背景下，甩挂运输联盟的出现，更是极大地推动了甩挂运输的发展。甩挂运输联盟作为甩挂运输的行业组织，聚集着众多甩挂相关企业，企业间抱团发展，形成“团结就是力量”的态势。这股力量不仅能够推动甩挂运输事业的快速发展，还将对完善多式联运、建设综合物流体系等发挥重大作用。我国甩挂运输处于刚刚起步的阶段，小、散、乱现象明显，行业标准尚未统一、甩挂基础设施落后、社会车辆恶性竞争、货源不能双向匹配等因素都在考验着甩挂企业，而甩挂运输这种运输模式又需要网络化、组织化和信息化的配合，所以个体企业“单打独斗”，成本正在不断上升，资源共享的规模化发展成为企业诉求。组建甩挂联盟，一方面缘于行业现状，分散、规模小、实力弱、资源有限，单个企业在做大做强方面缺少必要的技术和创新支撑；另一方面由于市场竞争日趋激烈，单打独斗式的企业发展模式显然已经不能适应新形势的需要，单一企业运作甩挂运输业务并不能保证货源的始终充足。

目前，我国的交通安全形势十分严峻，交通事故死亡人数多年来一直高居世界第一位。国外的交通事故致死率大大低于我国。如日本的致死率为0.9%，美国的致死率为1.3%，我国的致死率平均为27.3%，位于31个国家中的第三位。平均每5.5min就有1人在道路交通事故中失去鲜活的生命，我国的甩挂运输里面遇到的诸如养路费、交强险等种种问题给相关物流企业带来了不能承受之重，使得甩挂运输在我国滞后，无法快速的运行起来。相关滞后的政策制约了甩挂运输的快速发展，如何保证甩挂运输的发展，需要国家和企业、社会的积极行动。

6.1　道路甩挂运输作业风险

基于对甩挂运输试点企业及牵引车、挂车生产企业的调查，采用FMEA（故障类型和影

响分析)的改进方法,针对甩挂运输的作业流程进行风险分析,以发现作业过程中的主要风险因素,并提出相关应对措施。结果表明,在甩挂运输过程中,场站作业人员作业状况、半挂汽车列车的技术状态以及驾驶人驾驶状态是甩挂运输作业过程中主要的风险因素,应采取安全激励措施,并加强对人员、车辆的安全监管。

6.1.1 运输过程故障类型和影响分析

甩挂运输是指半挂汽车列车按照预定的计划,在某个装卸作业场站甩下半挂车、挂上其他半挂车继续运行的运输组织形式。一辆牵引车配置多辆半挂车,根据运输需要进行组合搭配,与普通货车相比,效率高、成本低,可减少油耗20% ~30%,节能减排效果更好。甩挂运输在欧美地区和日本等发达国家已成为主流运输方式。与国外相比,目前我国甩挂运输的发展严重滞后,试点甩挂运输主要集中在华东和华南港口城市,且挂车数量少,拖挂比低。制约甩挂运输发展的突出问题有政策、技术、设施设备、安全风险管理等方面问题。基于道路甩挂运输过程中涉及的作业及设施设备特点,进行甩挂运输的风险识别,以分析企业从事甩挂运输经营可能会出现的风险因素,从而制定相应的对策,以提高甩挂运输的效率,推动我国甩挂运输的发展。

根据服务的侧重点不同,我国目前主要有一线两点的单点甩挂和两端甩挂模式。本研究以一线两点、两端甩挂模式为例,识别其存在的风险。汽车列车往复运行于两个装卸点之间,在装卸作业地点各配备一定数量的周转挂车,汽车列车在线路两端的装卸作业地点均实行甩挂作业。办好手续装满货物的挂车①由牵引车牵引从A点驶往B点;在B点牵引车甩下挂车①,挂上挂车②,再驶往A点;在A点甩下②,挂上挂车③继续运行,周而复始。其运输作业流程如图6-1所示涉及的主要设施、系统、要素。

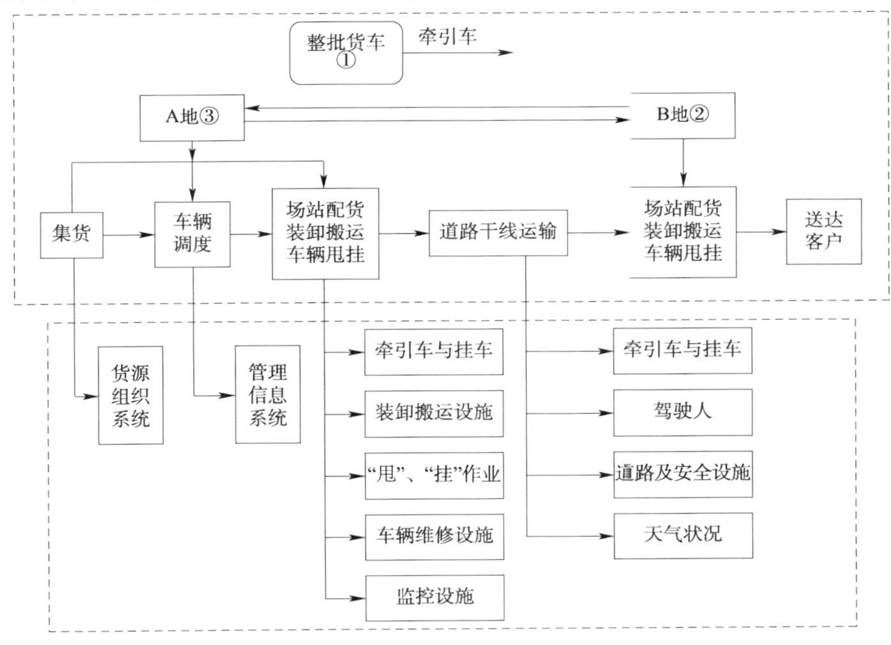

图6-1 甩挂运输作业流程

6.1.2 道路甩挂运输过程风险识别

6.1.2.1 FMEA 方法

故障类型和影响分析是一种可靠性分析技术，是对系统各个组成部分及连接工作状态进行事先分析的一种方法，可以预估过程的失效，再采取措施防止它的发生。对传统 FMEA 方法进行改进，以用于道路甩挂运输的风险分析：首先，将整个甩挂运输过程按照流程分为几个系统过程，说明这些系统过程间的功能连接关系；其次，根据每个系统过程的功能导出其可能存在的失效类型及失效原因；最后，确定不同系统过程的失效类型间的逻辑关系，以便分析潜在的失效、失效后果和失效原因。将这种改进的方法称为运输系统过程故障类型和影响分析（TSP-FMEA）。

6.1.2.2 基于 TSP-FMEA 的道路甩挂运输风险分析

（1）确定道路甩挂运输系统过程及系统结构。甩挂运输系统由若干个系统过程（SP）组成。这些系统过程可按工作过程进行设置与排序，用来描述它们在总运输系统中的结构/顺序关系。图 6-1 从上至下描述了甩挂运输生产过程的顺序，从左到右描述了各个过程的具体内容。在每一个系统过程下设置独立的分结构。系统在结构化的同时，一个分结构系统过程到另一个分结构系统过程会产生交接。例如，两个不同但相互临近的 SP，货运场站的甩挂作业状况与道路干线运输的安全状态是有联系的，可以作为一个交接点研究场站作业状况对道路运输过程的风险影响程度。

（2）确定道路甩挂运输系统过程的功能。用系统过程描述甩挂运输的系统结构，是根据需要分别对每个系统过程按其功能进行失效分析的基础。无论处于结构中什么位置，每一个系统过程在系统中都有不同的功能及任务，为了完成自己的功能还需要借助其他系统过程的功能。例如，场站货物装卸搬运的效果会影响到道路上货物运输的安全状态。用系统功能结构图可描述多个系统过程对某一个输出功能的共同作用。如图 6-1 所示，在运输过程中，货运场站的作业过程、道路运输过程等系统过程对运输功能的共同作用，使整个甩挂运输过程得以完成。

（3）道路甩挂运输系统过程失效分析。对系统描述的所有系统过程进行失效、失效原因及失效后果分析。基于各个过程的功能特点，本研究主要对甩挂运输过程中的场站作业过程和道路运输作业过程进行分析。

（4）风险评价。RPN 是事件发生概率、严重度和检测等级三者的乘积，称为风险系数。数值越大则潜在的问题越严重。TSP-FMEA 表中 RPN 值与单个 S、O、D 值使系统风险明朗化。从 TSP-FMEA 表格的 RPN 值可以看出，在基于甩挂运输过程的风险分析中，场站作业人员及其作业状况、半挂汽车列车的安全技术状态、驾驶人的驾驶状态是较大的风险因素。根据 FMEA 风险最大化准则，对 RPN 为前 10 位的风险和严重度 S 值为 8 或 8 以上的风险，必须采取改进措施。

6.1.2.3 道路甩挂运输过程安全对策

为促进甩挂运输的发展，国家和部分地区出台了一些相关政策，涉及挂车的保险、检测及通行费的收取，牵引车与挂车推荐车型标准制定等方面，但仍有一些管理制度和政策不明确或不合理，实施细则迟迟不能出台，严重束缚了甩挂运输的发展。与发达国家的甩挂运输发展相比,我国甩挂运输发展比较落后,存在的安全隐患较多。基于以上风险识别结果,应从以下几个方面加强安全管理。

(1)加强对作业人员及驾驶人的安全培训管理,制定安全激励制度。例如:对驾驶人的安全行驶里程数进行统计,划分不同的奖励等级;对疲劳驾驶、酒驾等违规行为处以严厉的惩罚;制定严格的作业规范制度,保证装卸作业、牵引车与挂车连接作业的可靠性。

(2)在甩挂运输模式下,牵引车与挂车使用频繁,装载量大,挂车的支撑装置容易损坏,轮胎磨损会更加严重,制动系统容易失效,因此,应加强对牵引车、挂车的定期检测、维修,加强牵引车与挂车的匹配标准的制定与实施。目前国内牵引车与挂车生产厂家较多,挂车与牵引车的匹配标准难以统一,应从政府的角度采取相应政策进行协调,以加快牵引车与挂车匹配标准的统一。

(3)开发道路甩挂运输安全监控预警系统,对场站作业状况、道路上驾驶人的行驶状态、车辆的安全技术状态进行实时监控,加强安全监管,从而减少事故的发生。发展道路甩挂运输是建立高速高效、节约能源和环境友好的现代化运输体系的要求。对甩挂运输过程进行风险分析,并提出改进策略,可降低甩挂运输事故率,促进甩挂运输的发展。本研究分析了甩挂运输作业的过程,采用改进的 TSP-FMEA 算法进行风险识别,并在此基础上提出相应改进策略,对甩挂运输的安全运营组织具有一定的参考价值。

6.2 甩挂运输作业法

甩挂运输作业中全面资源计划与控制的信息化平台实施策略,解决了企业传统方法难以处理的高密度运输资源配置、作业数据的收集和处理等问题,从而实现物流运输效率的高效化和现代化。

6.2.1 甩挂运输作业法

甩挂运输作业法是指牵引车将拖带的挂车运送至目的地后,将挂车甩下进行装卸货物,牵引车再拖挂另一辆挂车驶向其他目的地的不间断循环运输作业模式。这种作业方式减少了牵引车的等待时间,节约了运输资源投资,提高了运输效率。根据牵引车－挂车之间的数量配比关系,甩挂运输作业法的发展共经历了如下四个阶段:

(1)阶段一:1to1 模式,1 个牵引车固定配置 1 个挂车,是最简单、最容易操作的单一配置作业方式。拖车在进行装卸货作业时,牵引车处于等待的闲置状态。尤其是每当拖车的装卸货作业时间较长,牵引车的使用效率更低。

(2)阶段二:1to2 模式,1 个牵引车固定配置 2 个挂车。为便于资产管理和驾驶人工资核算,牵引车与挂车之间是固定搭配(Fixed Configuration),即一般情况下牵引车不得拖运不与本车搭配的挂车。

(3)阶段三:1toN 模式,1 个牵引车固定配置多个挂车;根据运量的增长,继续不断降低了牵引车/挂车比例,逐步发展成为 1 个牵引车配置多于两辆挂车的“1toN”(N >2)的作业组织模式。

(4)阶段四:MtoN 模式,多个牵引车灵活配置多个挂车。挂车增加后,过去牵引车与挂车的固定搭配方式已无法适应。逐渐转变为一个牵引车提回的挂车，可以由其他牵引车继续进行作业，即形成了"MtoN"的灵活配置(Flexible Configuration)作业模式。据测算，甩挂运输可以提高车辆运输效率30%以上，降低成本30%，可以使汽车燃油消耗量降低20%～30%。

6.2.2 甩挂运输作业法在实际应用当中体现的优势

(1)节省时间。挂车的组织模式消除了牵引车的等待装卸时间，不仅提高了驾驶人的工作效率，也最大限度地消除了不同场站装卸效率的差异。

(2)提高运力。甩挂运输增加了牵引车的有效运行时间，提高了单车利用率。合理协调了货物运输与装卸作业时间，提高了车辆运输生产率和货物的流转速度。

(3)降低成本。完成同等运输量，可以减少牵引车的数量，降低牵引车的购置费用和运行费用。同时企业可以尽可能减少雇佣驾驶人的数量，节约相应支出。

(4)节能环保。甩挂运输"一带多"的形式，提高了牵引车的工作效率和挂车的吨位利用率，减少了车辆对道路的占用，降低了能源消耗，减少汽车排放污染。

(5)促进多式联运发展。可以促进实现以汽车甩挂运输为基础的铁路驮背运输、水运滚装等方式的联合运输，充分发挥各种运输方式的技术经济优势，减少货物装卸作业，提高铁路车辆和轮船的装卸效率。

6.3 甩挂运输作业法的实施策略

6.3.1 ORS管理法

甩挂运输作业法有效应用的关键是如何高质量地配置牵引车和挂车等运输资源。在该作业法的初始发展阶段，由于所配置调度的资源有限，靠手工方法足以完成。但随着该作业法逐步进入高级发展阶段，调度的复杂程度逐渐上升，配置的合理性成为突出矛盾。为了解决问题，应该在实施过程中充分引入信息技术工具，从而更高效发挥甩挂运输作业法的优越性。因此，这里提出了全面资源计划和控制管理法，简称ORS管理法。ORS管理法是指为了高效满足客户化服务和提高企业运输资源利用效率，以信息化技术为手段，对公司内部资源(牵引车、挂车、驾驶人和时间等)进行统筹安排、合理分配的排程调度及控制管理方法，其内容组成如图6-2所示。

ORS管理法的精髓在于以数据为基础，以信息技术为手段，紧紧围绕客户需求和公司可支配资源，以运输服务为中心，解决运输瓶颈问题，不断优化企业运营模式，实现高效客户服务。

6.3.2 ORS管理法关键点表现的方面

(1)全方位(Overall)：把客户需求和企业内部服务活动以及联盟企业的资源作为统一资源整体考虑，形成一个完整的供应链网络利益共同体，体现了供应链管理(Supply Chain Management)的思想。

(2)可支配运输资源(Resources)：它将企业内部所有资源(包括驾驶人、牵引车、挂车和

时间)作为整体全盘考虑,尤其是将时间也作为关键资源纳入进来,体现了准时制(Just In Time)的思想。

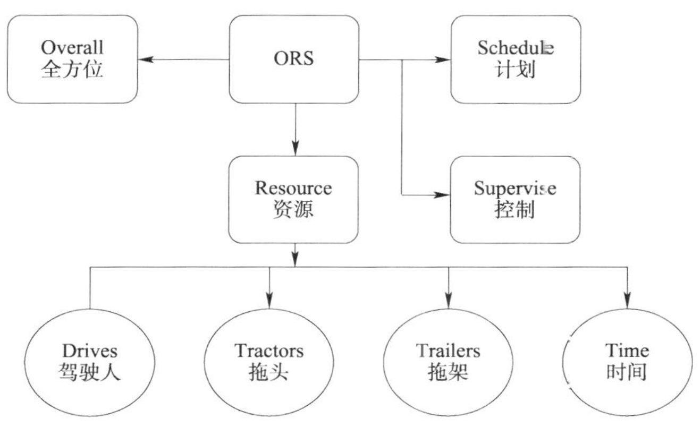

图 6-2 ORS 管理法的框架

(3)计划(Schedule):对客户服务、成本、运输、财务、人力资源进行统筹规划,从而达到最佳资源配置,体现了事先计划与精益服务(Lean Service)的思想。

(4)控制(Supervise):实施计划成本与过程的控制,达到从静态到动态、定性到定量、事后到事前的转变,做到服务有监督、过程有跟踪,体现了过程控制(Process Control)的思想。

6.3.3 ORS 信息平台

信息平台是 ORS 管理法得以有效实施的基础和后续推广的必要手段。它能够使公司管理人员站在全局(Overall)的高度,对所有可支配运输资源(Resources)进行有效计划和控制(Schedule &Supervise)。该信息平台集挂车运输、仓储配送、车辆安全管理、车辆配件和油料管理、成本核算、公司资产管理、财务核算、统计等多种功能于一体,可以将公司各分支机构、各部门统一管理和实时监控起来,并及时发布公司最新指令,细化分工权限控制,规范各部门各岗位工作。系统数据库可以及时实现远程数据更新,从而实现实时在线数据查询和共享。该信息平台具体包含车辆调度、车辆管理、财务管理、GPS 和决策支持五个子系统,如图 6-3 所示。

(1)车辆调度子系统:以挂车运输、仓储配送等主要业务流程为主线,包含订单处理、车辆调度、挂车管理、成本管理、报表统计和实时查询等功能。

(2)车辆管理子系统:主要负责车辆的安全技术、车辆保险、各种年检/综合检、车辆/驾驶人档案等,包含车辆档案、车辆保险、车辆费用和安全事故等功能。

(3)财务管理子系统:根据各部门数据自动生成月度、年度公司运营收入、成本支出、资产损益、情况分析等报表;根据财务资金往来数据,自动生成应收、应付、已收、已付等财务收支结算情况表;并提供财务相关其他功能。

(4)GPS 子系统:因运输车队的移动特殊性,对车辆的可靠性、安全性、快捷性提出更高要求。通过 GPS 系统可使调度中心实时了解监控对象所处的地理方位及运行状态,有利于对甩挂运输中的牵引车实施全方位管理和调度。该子系统可实现对车辆的定位、超速报警、越界报警、调度、远程监控、数据存储、历史轨迹回放、分级管理等功能,可打印车辆行驶记录表、行车数据分析报表、车辆状态数据报表、人员及车辆数据明细等报表,提高了对车辆的信息化管理水平。

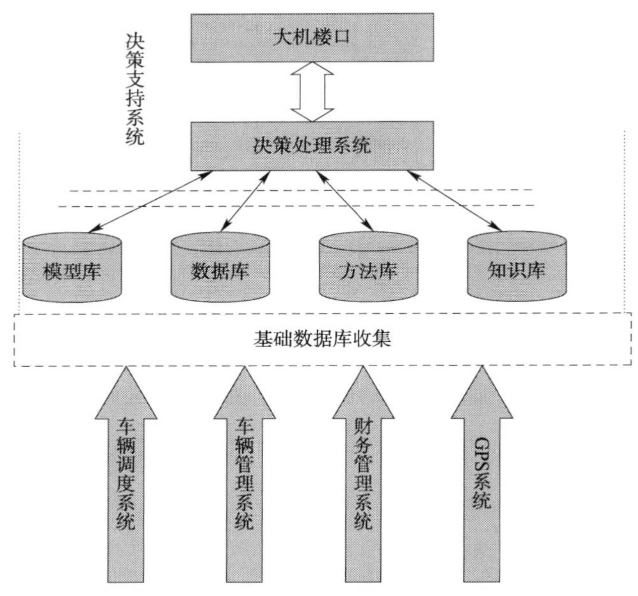

图 6-3 ORS 管理法信息平台的基本架构

(5)决策支持子系统:以上述子系统的信息作为数据源,通过模型分析、数据挖掘和逻辑推理等智能决策支持技术,为公司高层领导战略决策提供参考和支持,是 ORS 信息平台的高级组成部分。

甩挂运输已经被发达国家证实是一种高效的运输调度作业方法,因此其也将成为我国道路货运行业的未来发展趋势。我国道路运输企业在实施甩挂运输作业法的过程中,应结合公司自身实际,以甩挂运输理念为指导,充分发挥信息技术优势,将这种高效的运输资源调度作业方法加以运用和推广。

6.4 基于甩挂运输的低碳交通运输组织优化模式研究

通过对比分析江苏省各区域开展的基于甩挂运输的节能减排工作,从理论推广、工具应用、科学管理制度推广、政策环境导向、人员激励、资源节约与环境保护等手段,论证了开展低碳交通的组织效率。

6.4.1 节能减排优化途径理论背景

随着交通运输过程中能源的消耗日益增长,以及能源环境污染的显著提升,推行道路交通节能减排的优化,已经成为全国乃至全球都一直持续进行的一项工作。作为世界工厂,制造业、农业和服务业的发动机和用户终端,我国在交通运输领域中体现了供需交通环境的巨无霸属性;同时,能源消耗过大对物资产品成本提升,制约消费者购买能力,甚至降低社会理性进步的层面;能源的过度消耗带来的环境污染,更是影响到消费者乃至其后若干代的生存环境,扰乱社会与自然和谐的持续性问题。由于我国的经济发展进程已经越来越迫切地需要像集约型、精密型生产与服务性质的活动,来替代传统的能耗型、低成本附加值的企业活动,节能减排也成了改善此类问题的重要工作。通过对比分析江苏省各区域开展的基于甩挂运输的节能减排工作,论证基于科学理论、利用现代化的工具、推行科学管理制度、配合良好的政策环境,并通过执行人员不断发挥其工作积极性的持续性的资源节约与环境保护工作,确保节能减排,实现低碳运输等社会性问题具有执行的科学性、持久性、系统性特点。

6.4.2　交通运输节能减排优化途径的研究分类

随着公路、水路、铁路、管道等多种运输方式的推广,基于不同类型的交通运输工具的能源消耗也逐渐多样。能源消耗不仅仅体现在了单一种类的交通运输工具中,也逐渐在多种交通运输的衔接和共同实施过程中扩大体现。同时,由于政策的限定与鼓励角度和内容各有不同,同种交通运输工具在不同的运输空间中也无法统一或充分发挥其作用,更无法在不同的空间交互状态下进行集成管理。信息化的推进,在不同的信息载体中,也逐渐发挥了预知、现场控制、离线管理等功能,这些更带来了交通运输在不同地域多样化体现问题。因此,能源消耗在如今已经日益呈现出种类多、范围大、原因杂、监管难等趋势。推广节能减排工作,地区各级管理职能部门和运营实施部门,乃至个体单位,都有了更加严格的规范必要。就江苏省道路交通的节能减排工作而言,不应当仅仅从公路交通单方面入手,还应该从多个不同层面,多种与道路交通相关的范畴进行分析与改革。具体讲,城市或区域的节能减排工作可以从以下四个方面进行开展:

6.4.2.1　基于区域自然与交通环境的区域

基于区域自然与交通环境的区域,顾名思义,研究或管理的区域划分是基于自然环境和依托自然环境形成的交通环境。例如,平原、丘陵混合的等自然环境会对应形成单一的公路交通环境;平原、内河交汇的自然环境会形成公路与水路运输共存的交通区域等。江苏省,作为一个平原、河流兼具的东部沿海省份,具有多种独立和综合存在的交通区域。

(1)具有陆地交通道路发展条件的区域。

(2)具有港口或海河沿线的区域。

(3)具有内陆水运条件的区域。

(4)具有空港客货运条件的区域。

(5)具有大范围交通枢纽职能的区域。

以上五种交通区域中,单一陆地交通是最常见也是最基本的交通区域结构,其交通节能减排也是一项最基本研究范畴。内陆城市,例如淮安市,其低碳的陆地与陆地之间的公路交通工作,可以主要体现在如何利用公路交通运输节点、不同地域的收费站点和收费模式、制度、如何采用牵引和悬挂车辆进行物资周转以及如何制定合理的公路交通运输计划,以解决能源排放不合理等问题上。沿海城市,例如连云港、南通等,具有海岸线或丰富的港口资源,对该类型城市的低碳交通研究,从开展港口低碳运营角度,具有特殊的实施优势。该类型城市,可以衔接港口和内陆的物资周转,其研究范畴也具有典型的港口—内陆一体性。以苏州、无锡、常州为代表的内河沿岸城市区域,具有共同的长江资源,该项特点不仅使此类城市具备了利用内河进行城市独立交通活动的可能,更紧密联系起了内河关联的若干个城市,使得交通运输迅速成为了跨市的综合研究范畴。对于具有内河的运输,其运输由于往往需要配套的公路运输进行陆地物资的中转装载,因此,基于水运和内陆陆地运输的交通环境,也是开展节能减排的一大交通系统。以南京为代表的省会或特大型城市,往往具有较大国际空港的城市区域。对于航空交通运输事业日益规范的发展支持,大型空港城市可以通过空运完成人员流动和资流动的重要输送过程。但航空运输往往需要公路、甚至铁路和水路运输等其他运输方式的强有力配合,才能最大化发挥其运输效率高、速度快等特点。因此航空运输也对其他主要的衔接形式提出更新更高的科学配套要求。以徐州、南京为代表的主要的交通枢纽城市,承担着客、货流的南北东西运输中转任务。由于物流、客流通过不同的交通运输工具进行周转,此类城市中,公路交通运输除了起到了独立的公路运输的功能外,更多承担着公路运输和多种运输形式组合的城市内中转活动。

6.4.2.2 基于能源应用战略的区域

不论哪种交通运输方式,其开展几乎都离不开动力能源支持。由于节能减排的主要研究目标及能源,能源的合理消耗和使用,本身就是一向具有重大价值的研究工作。如果能源的使用能配合交通运输行为开展并形成更大的成效,将对推广合理的交通运输产生更大的推动。对于能源的属性进行研究,或通过推行公共交通等方法减少能源排放,是基于能源内因和外因进行研究的模式。

(1)具有能源属性考量的区域。

(2)具有城市公共交通和能源属性发展战略考量的区域。

从能源本身进行考虑:清洁能源的使用是从交通运输最低端和最基础环节进行改进的措施,也是节能减排工作开展最具直观效益的形式。节能减排技术,通过清洁能源的使用,可以根本上减少高消耗能源的使用、尾气和废气的排放。清洁能源的推广较大程度依赖新型能源的制造、提取、使用和推广技术,是一种具有较高科技依赖程度的工作。因此,在石油能源作为不可再生资源越来越多地被消耗的现状下,加强新能源的研发与提炼,并迅速推广到交通领域,是迫在眉睫的任务。基于公共交通环境的能源使用,在江苏省不同地区的交通、环境和经济结构不同的前提下,将在很大程度影响各区域进行节能减排工作的重心。由于江苏各地的水路、公路交通环境各有差异,各地的优势能源也不同,并且地区能源属性的组成和消耗结构均有较大不同,这直接导致了各地可以依托的资源环境和能源数量和种类有较大差异性。因此,如果在不同地区根据其独特的能源供需特点,推行公共交通,既可以充分发挥能源在城市内部的独立属性,又可以从全省综合能源消耗的角度,进行长期战略性的节能减排管理。

6.4.2.3 基于电子信息化和智能化交通物流环境的区域

传统的能源管理视角,往往基于能源消耗本身的工作,例如能源排放设备等。而经营管理者有可能忽略的,往往是能实现更大的监管价值的宏观层面的控制。例如,造成能源消耗的交通运输指示信息、运输工具行驶其中的交通系统,都是从交通个体上升的大型交通系统。例如,对具有智能物流或客流管理功能信息平台的区域、基于物联网和智能交通系统的低碳交通应用与设计区域,都可以从信息层面影响省级客运和货运活动。

6.4.2.4 基于道路交通行政管理制度的区域

对于没有独特交通、能源和经济结构、自然环境特点的区域城市,综合的以行政管理政

策为基础的节能减排措施也可以作为开展此类工作的着手点。一般而言，开展政策性、制度性的节能减排工作，可以从人员工作习惯、态度和意识层面首先帮助其树立正确科学的观点，并且逐步引导企业单位、个人选择更加符合制度和政策的运输形式、工具，进而逐渐形成可以进行系统化管理的交通设备团体，再进一步进行需求设施的建设，推行科学的交通运输管理思想和活动。可见，制度性的减碳减排工作，是培养科学节能减排意识、推行现代化节能工作的沃土和育苗。

6.4.3　基于甩挂运输的道路交通节能减排优化途径

道路交通的节能减排措施，基于江苏省不同的城市及其经济结构、能源结构、社会政策环境，可以呈现百花齐放的实施方式。就目前而言，甩挂运输是其中推广价值较高、应用范围最广泛的一种途径。甩挂运输其实是一系列基于甩挂技术的运输方式的综合，是一种优化的运输思想。总体讲，甩挂运输是利用牵引车和挂车相分离的基本前提，在不同运输线路和不同运输计划的指导下，采用一辆牵引车引导完成多辆挂车多次运输的活动。甩挂式运输具有的优点：减少装卸等待时间，加速牵引车周转，提高运输效率和劳动生产率；节省货物仓储设施，方便货主，减少物流成本；便于组织水路滚装运输、铁路驮背运输等多式联运；减少车辆空驶和无效运输，降低能耗和废气排放；促进综合运输的发展等。甩挂式运输在国际上得到了广泛的推广应用，已经成为非常普遍的先进运输组织方式。发展甩挂运输，对于降低物流成本、推动现代物流和综合运输发展、促进节能减排、提升经济运行整体质量具有重要意义。甩挂运输需要考虑的几个方面：

(1)运输设备和技术：通过利用牵引车辆和挂车可以分离的优势，甩挂运输技术的主要特点体现在其甩挂的组合形式，和多个地点开展甩挂的模式。

(2)运输模式：除了甩挂运输基本车辆和运输技术模式的支持，甩挂运输依托的道路交通资源的通行、使用能力和规范是推行甩挂运输思想的重要外部条件。

(3)运输个体：实施甩挂运输的最终个体是运输单元，即运输车辆，操作车辆行驶的是运输驾驶人员和甩挂承接(装卸搬运)人员。

(4)基本平台：推广甩挂运输，需要构建一定的设施保障平台，例如需要建立数量适度、规模适度、功能健全、定位有特色的物流园区或厂房。车辆和公路相应的维修团队。

(5)业务方式：甩挂运输的推进，不仅需要硬件的支持，创新运输模式也是为甩挂增值的重要途径。其中：一车多挂式，三段多车实施式以及双重甩挂等方式均行之有效。

(6)政策方式：大力发展甩挂运输，从建设综合物流基地入手，为发展甩挂运输创造货源聚集与甩挂中转功能，物流园区、物流中心、农村物流场站补助。

6.4.4　典型的甩挂运输案例

作为推行效果相对高的节能减排方式，甩挂运输在江苏省多个试点均取得了较大的成功。

6.4.4.1　苏州

以苏州交运国际集装箱运输有限公司为代表的苏州地区企业单位，主要从以下方面推行甩挂运输：

(1)制定规费政策,扶持甩挂运输发展。在市场调研的基础上,围绕甩挂运输发展,加快调整挂车养路费、货物附加费、"交强险"保护收取办法。养路费参照"福建模式",调整征收主车、牵引车或挂车,对挂车免征养路费。

(2)改善组织方式,带动甩挂运输发展。集装箱运输和公路快速货运是先进的运输设备与组织技术完美结合的产物,而甩挂运输则是其主要的组织技术。

(3)引导物流企业,开展甩挂运输试点。在出台政策措施的基础上,积极组织若干规模化运输企业开展甩挂运输试点工作。通过企业的实际运营和示范作用,来进一步提高甩挂运输发展扶持政策的可操作性,进而调动运输企业开展甩挂运输的积极性。特别是在一些重点领域进行突破,例如IT产品、危险品、生物制品等高附加值货源市场,更能发挥甩挂运输的优势。

(4)简化管理措施,方便甩挂运输发展。在调整管理措施方面,重点调整甩挂运输车辆证件办理,年检、使用年限等管理问题。在证件办理方法,建议尽量简化、方便在甩挂运输过程中牵引车拖带不同挂车的证件交接;在车辆检测方面,建议牵引车可与挂车分开检测,并适当减少挂车的年度检测次数,保证每年检测一次即可,方便运输企业;在挂车报废年限方面,要与车辆技术状况挂钩,即挂车只要经车辆检测合格就可以使用。

6.4.4.2 南通

以南通交运物流集团为代表的南通地区企业单位,体现了如下的甩挂运输实施方式:

配置车辆。从2008年开始,南通交运物流集团在全国率先试行甩挂运输,短短两年甩挂运输车头和车身就发展到95辆和200个,交运物流集团根据业务独立出甩挂专线运输一、二分公司,分别组织专用车辆。目前该公司共计投入甩挂牵引车125辆、普通挂车205辆,集装箱挂车90辆,牵引车与挂车数量比达到1:2.36,基本达到北美、西欧发达国家比例。预计今年实现零担货物甩挂运量130万t,集装箱2.2万标箱。确立骨干专线。企业在运管部门引导下,相继在南通—上海、南通—宁波、南通—青岛、南通—北京、南通—苏州、南通—常州、南通—扬州七条专线上开展甩挂运输,七条甩挂运输线路运行相对平稳,为客户提供门到门、全天候、及时、安全等多个方面的服务。未来,南通交运物流集团还将投资建成耗资2亿元、占地150亩(1亩$=666.\dot{6}m^2$),规划建设一个具有$14400m^2$的现代化库房及配套设施,为客户提供仓储、运输、配送、加工等全方位的物流服务的物流园区。

6.4.4.3 淮安

以淮港集装箱物流有限公司为代表的淮安地区,在甩挂运输模式的推行中体现了如下特点:对从事公路运输的集卡进行统筹管理,建立健全集卡燃润料考核管理体系,既节约了能源又减少了污染物排放;加强岗位练兵,提高驾驶人员操作技能,严格内部管理,实行燃油单耗三次超标离岗管理办法;优化运力结构,淘汰两桥挂车,采购三桥挂车,实行20ft标箱双托。

6.4.4.4 常州

以常州政成物流有限公司为代表的甩挂运输试点,也体现了甩挂运输的重要优点:优化车辆结构:现公司具有自有车辆60多辆,其中牵引车16辆、挂车25辆、用于提货配送及短途运输的单车20余辆;厢式货车所占比例达85%以上。骨干专线:常州—广州、常州—中山、常州—深圳、常州—东莞4条货运专线。特快专线:2008年8月份,该公司还开辟了江苏省首条特快货运专线,实现了"空运的速度,车运的价格"。

6.4.5　基于甩挂运输的江苏低碳交通运输模式分析

以 SWOT 分析法对以上甩挂运输试点工作进行评价分析。

6.4.5.1　优势

经济效益的提升。以上试点为代表的江苏省甩挂运输企事业单位，通过该项模式，总体上实现了物流单车里程利用率将从60%提高到75%，单位周转量能耗下降0.57L/100t·km，降幅达20%的客观经济效益。社会效益也得以体现。甩挂运输的经济效益降低了物流企业扩大经营的成本，企业可以依赖经济实力的提升，进一步采购更高端的交通工具定位设备，减少交通工具运输过程中的迂回、重复运输、对流运输等不合理形式，有力地优化提升了物流经营实力。环保效益的提升。甩挂运输的推广大大减少了牵引车辆在江苏省的使用密度，减少了车辆尾气的排放、燃油的消耗，对减少能源不合理排放起到了带头作用。从业人员素质的提升。通过绩效考核、甩挂流程等理论和运营知识的系统培训和经营活动管理，员工不仅从企业角度，也从个体角度获得了对节能减排的意识加强，并且在实际的操作过程中实现了个体执行和团队执行的协调，在长期的经营活动中，团队从业人员的职业素质也得以提升。区域带动优势。区域内的节能减排措施，在不同地区开展多线路运输的活动中，也收到了显著的效益。由于物流企业在不同城市之间开设了运输专线，城市之间的道路通行制度和标准被相对有针对性的关联。同时，以江苏省和浙江、上海为主体的江浙沪运输圈，也在节能减排工作过程中逐步显示出环保低碳、科技、规模和制度化的特点。

6.4.5.2　劣势

因为运输行为涉及多个不同地区的交通、路况和道路收费，因此，试点单位内首先施行甩挂运输政策，可以从基础上保障推行甩挂运输；但是，当前推行的诸多政策更多基于城市或某个区域内，在城市间或整个省内的甩挂运输政策还未开放，因此，当前的“点到点”运输还无法真正形成线和网络。节能减排的手段显然不只甩挂运输一种。不同地域的甩挂运输开展成本也有不同，因此，从部分地区开展甩挂运输还不能充分发挥甩挂在省内乃至省间的系统性优势。例如当南京地区的甩挂运输开展成本较低时，甩挂可以相对以一定的规模进行营运，而扬州地区的甩挂运输开展成本相对较高，则甩挂运输车辆在南京和扬州之间的运输周转会遇到建设进度的不同导致的障碍。常规车辆的采购与非甩挂车辆的淘汰，是各级单位推广甩挂运输模式的重要工作。基础设备的欠缺是当前各甩挂运输试点呈现的共同问题，也反映了甩挂运输在单位基础层面保障程度的薄弱。目前采购行为主要集中在对牵引车和挂车的采购，以及对节能型排放车辆的采购。由于节能型排放车辆不一定具备甩挂运输的能力，因此，部分区域的甩挂设备采购在未来可能会有一定重复建设的需要。但是，该设备采购，还将根据地区运输行为和结构细致区分。对于以客运为主的设备采购，节能环保车辆的选购即能基本实现设备需求；而对于以货运为主的设备采购，除了节能环保车辆的选购要求，甩挂设备的安置和功能也是车辆选购的基本判断。随着大批新型牵引车和挂车的推行与采用，旧车被大量淘汰，也会引起成本支出和浪费。因此，如果政府能集中调整和再利用部分被淘汰但还有典型的应用价值的车辆，则可以结合线路、路况和车辆的性能分配车辆应用范围，避免节能减排过程中的浪费。

6.4.5.3　机会

甩挂运输的推广，在企业和政府管理层面都具有很强的控制需求性，即需要很强的设备和信息监控要求,只有通过监控物资和旅客的周转信息,配合牵引和甩挂车辆的使用计划、进度、状态、成本等才能充分发挥甩挂优势。因此,在该技术模式的推广过程中,企业和政府监管机构将具有主动和被动的完善其信息系统和与其他物流结点/行政部门的交互的重要可能性。甩挂运输可以推进地区内的物流系统逐渐走向系统外,并与其他城市、省份的物流系统充分融合,形成大物流需求的基础经营方式。不同区域间的设备、道路管理政策在甩挂运输的执行过程中通过建立完善、统一,逐渐形成具有同样标准的系统,为实现“无缝运输”建立必要的硬件和管理制度支持。甩挂运输的发展还可能带动一系列物流信息技术的推广。软性的物流解决方案、硬性的物流设备都在一种发展理念的影响下萌芽、发展、产品化并趋于成熟。物流相关行业的发展可以因此得以推动。

6.4.5.4　风险

首先,甩挂运输的概念化推广、设备推广、技术推广、管理推广及综合推广效果参差不齐,需要持续性推行并不断分阶梯状在全省各个区域进行层次化开展部署。如果各区域的甩挂运输推进步调不够统一,或不能实现预期的效果,则不仅不会发挥甩挂的结点间流通优势,反而会加重一个结点内的车辆养护成本、经营成本,造成巨大的经营风险。甩挂活动的实施不仅需要硬件设施设备的跟进,还需要区域政策的统一。不同区域的政策具有一定的执行“脆弱”型。如果各地的政策朝令夕改,则会对长期建设的甩挂投入造成较大的波动。因此,推行甩挂运输,尤其需要地区内政策的稳定以及区域间政策的持续性配合,才能实施。以上甩挂运输SWOT分析,如图6-4所示。

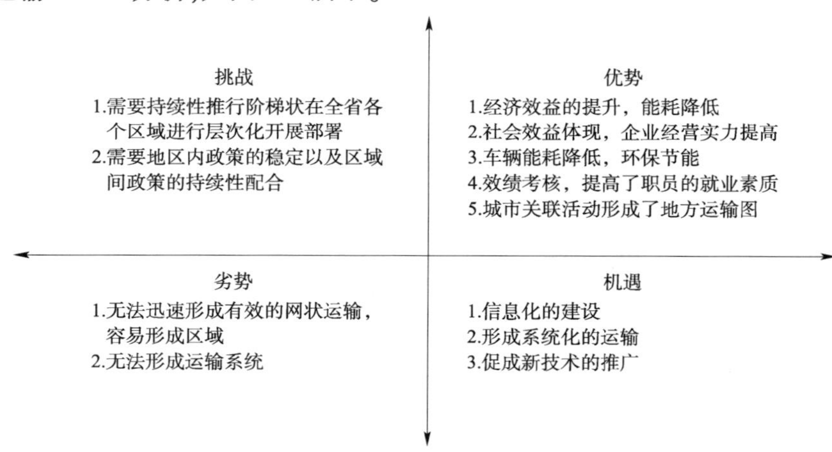

图6-4　甩挂运输SWOT分析图

通过对甩挂运输发展市场的交叉分析,我们基本将省内运输企业开展划分为4大类。根据四大类的发展模式比较与建议,我们总结出甩挂在区域不平衡的经济策略(表6-1)。

SWOT对应发展策略　　表6-1

SWOT对应发展策略		内部	
		优势(S)	劣势(W)
外部	机遇(O)	增长性策略	扭转型策略
	威胁(T)	多元化策略	防御型策略

6.4.6 发展策略下的模式分析

针对甩挂运输的系统分析,基本得到相应的解决方法,基于甩挂运输的低碳交通运输优化的组织模式,并对江苏地区推广甩挂运输的部分试点单位的模式进行了适当的对比分析,最终总结了甩挂运输推行的可行优势及风险。不同地区的政府和企业单位,针对交通物流需求开展甩挂运输时,可以通过对当地经济、政策、资源环境合理分析,并结合其周边辐射地区的目标运输地区的甩挂开展进度,合理推行自身的甩挂运输计划。当从大的政策和模式环境确立了相对稳定而有保障的甩挂优化模式,我们后期可以进一步探索甩挂运输在独立企业结点内的开展模式,针对不同企业的发展特点进行判断、分析和比较。

6.5 甩挂运输的优点

6.5.1 停挂不停车,提高牵引车工作效率

国内现存的半挂车辆,一年当中大部分的时间是在等待货物。实际上车辆真正在路上运营的时间并不是很多。

之前听说过几家国内开展甩挂运输业务的公司,例如城市之星。他们的牵引车每年的运营里程基本上都保持在30万km左右。甩挂运输以其独有的"停挂不停车"的运输方法,保证了牵引车非常高的工作效率。当然,这一切都要基于优质的牵引车之上。

6.5.2 减少牵引车数量,降低投资成本

从事甩挂运输的牵引车,一般会配备3辆左右的挂车来提高运输效率。而我们知道挂车的售价较牵引车来说要便宜很多。在同等的条件下,甩挂运输可以减少牵引车的数量,降低公司购置牵引车的成本投资。

6.5.3 减少驾驶人的数量,降低人员开支

经营过车辆的朋友都知道驾驶人的开支,是养车的一项较大开支。甩挂运输减少了牵引车的数量,也就可以相应的减少驾驶人的数量,从而降低人员方面的开支。

6.5.4 降低车辆的空载率,提高车辆使用率

国内从事散货运输的车辆,除了配货需要浪费时间之外。装卸货之后一般都会有一个"放空"的过程,也就是说因为装卸货的原因,车辆空载在路上跑的时间很多。燃油白白的消耗,并且没有任何的经济价值,我想这是每个货车驾驶人都不愿意看到的情况。而甩挂运输基本上到了目的地之后,换完挂车就可以从事新的征程。不存在"放空"的情况。一年下来可以省下不少的不必要的燃油消耗,进一步减小成本的开支。

6.6 甩挂运输的缺点

6.6.1 投资成本大,一般用户承受不起

从事甩挂运输,首期的投资成本巨大,动辄就是上百万元甚至上千万元,普通的用户很

难投入这么大的成本来开展甩挂运输。另外,甩挂运输还需要有充足的货源作为支撑。

6.6.2 驾驶人休息不好,影响行车安全

开展甩挂运输,其目的就是为了提高工作效率。一般来说正规的公司一辆车会配有3名驾驶人,一名驾驶人在家里休息,而另外两名驾驶人则在路上跑。但是,其实条件一般的物流公司也就只有两名驾驶人,颠簸的车上影响睡眠的质量,驾驶人休息不好,影响行车的安全。

6.7 半挂车发生交通事故案例剖析

近年来,伴随着甩挂运输的大范围推广,半挂汽车列车已经成为了公路运输车辆的主体,但由于汽车列车自身结构的复杂性、车辆安全性评价体系不完善以及牵引车和半挂车匹配不合理等因素,导致由半挂汽车列车引发的交通事故一直居高不下。车辆制动稳定性直接影响车辆的行驶安全,作为高效运输工具的半挂汽车列车在制动时,由于特殊的车辆结构和行驶环境,比单体车辆更容易发生失稳,尤其是在弯道制动,极易发生甩尾、折叠甚至侧翻等危险工况,从而引发恶性交通事故。

6.7.1 案例1

2014年3月29日下午,在宾阳县西环路勒马桥附近的一个没有红绿灯的十字路口,发生一起大客车与半挂车追尾,重型货车被猛烈撞击后溜行10多m窜出路外的一块菜地后猛地掉头,与紧随而至的大客车车头正面碰撞,造成大客车上4名成员受伤的交通事故。警方称,此起事故原因是在没有红绿灯的路口,车辆抢行,不注意避让和车辆速度较快遇突发情况制动不住车所致。当天下午5时18分,宾阳县交警大队事故中队值班室接到报警称,在西环路勒马桥附近的十字路口,有一辆大客车与一辆半挂车相撞,有人员受伤。值班民警立即带领协警迅速赶到了现场。民警看到,一辆车号为桂AD29××的半挂车的挂车横在路面上,而车头则窜出路外一块菜地,仅差2m之遥就坠入一深水大鱼塘,车头呈90°掉头,与一辆车号为桂G718××大客车的车头紧紧撞在一起。大客车车头严重损坏,前门扭曲,仪表台卷成一团,前风窗玻璃和右侧一块车窗玻璃支离破碎。路面上到处是事故车辆掉下的玻璃碎片和塑料品等撒落物。

据警方介绍,驾驶半挂车的驾驶人叫李某,家住南宁市江南区。当天下午李某驾驶上述半挂车沿宾阳县西环路由南宁市方向往宾阳县东环路方向行驶,准备到东环路旁边的一个工厂装货。途径西环路勒马桥附近的没有红绿灯的十字路口时,由来宾市兴宾区迁江镇覃某驾驶的由宾阳城北区方向开往都安县方向的大客车恰好从南向北行使途径该十字路口。此时,两车都没有减速避让,继续向前。在半挂车行驶至路口中间时,眼看就要撞车的大客车驾驶人李某紧急制动,但是,由于速度较快,为时已晚,一瞬间,随着一声巨大的声响,大客车撞上了半挂车的挂车尾部。受到猛烈的撞击后,半挂车马上失控,溜行10多m后窜出路外的菜地,幸好没有翻下前方紧连菜地的大鱼塘。而大客车在与半挂车追尾后,仍然紧追半挂车前行,车头与突然掉头的半挂车车头发生了正面碰撞。在事故中,半挂车没无大碍,但

是,大客车严重损坏,驾驶人和车上3名成员受伤。

警方称,到达没有红绿灯的十字路口,两车都是直行时,左侧车辆应该让右侧直行的车辆先行。在此起事故中,半挂车由西往东,在路口遇到由南往北直行的大客车时,没有注意减速避让,抢过路口。而大客车也没有注意减速慢行,观察路况,因此酿成了事故。警方温馨提示:俗话说得好:"十次肇事九次快"。在到达没有红绿灯的十字路口时,无论是直行还是右转弯或左转弯的车辆,务必要注意减速慢行,留意观察路况,在确保安全后慢行通过。否则,后果不堪设想。

事故原因小结:

在这场事故当中,导致这场事故的主要原因就是驾驶人驾驶的车辆速度过快并且没有注意驾驶时公路左右的路况所以才导致这一事故的发生。这完全是由于双方驾驶人的个人因素所造成的,所以这也从另一方面告诉了物流公司需要选择有驾驶证并且驾驶经验丰富及人品过硬的驾驶人作为自己公司的驾驶专员。

6.7.2　案例2

2015年11月25日凌晨3时30分,位于东海县迎宾大道东天桥上,一辆装载化工原料的半挂车发生交通事故,撞到桥面护栏上,导致车上多个装有化学原料的塑料桶散落,部分危化品发生泄漏。事故发生后,当地消防、公安、安监、环保、交通等多部门紧急赶往现场处置,经过救援人员近8h的联合救援,险情最终得以排除。据半挂车驾驶人介绍,该车是由常州开往宁夏的,车上用数个塑料桶装载30多t的亚磷酸二甲酯化学原料。当天凌晨,车辆开到东海时,雪天路面湿滑,半挂车发生交通事故,撞到了桥面护栏上,约50个塑料桶散落到路面上,并有部分塑料桶内的亚磷酸二甲酯发生泄漏,于是紧急报警求救。据了解,亚磷酸二甲酯系无色油状液体,易燃,溶于水,与皮肤接触有害。很快,交警对事故路段实施了交通管制,消防官兵对事故现场进行了警戒。经过现场多部门救援力量的商讨,制定出救援方案:由消防官兵将未发生泄漏的塑料桶搬运出事故区域,交由安监部门进行输转,对已发生泄漏的由环保部门进行现场处理后,运离事故区域进行无害化处理。事故现场,一组消防队员利用水枪对已泄漏的化学原料进行稀释,另一组消防队员对因破损发生泄漏的塑料桶采取扶正等措施,防止泄漏进一步扩大,并搬运出事故区域,移交安监部门,等待厂家调车前来进行输转。经过多部门近8h的联合救援,险情得以排除。

事故原因小结:

造成该事故的主要原因是天气原因。由于当时正处于冬季天气严寒且下着雪,积雪过多所以导致的路面湿滑。再者该车由于装载的是30多t重的亚磷酸二甲酯化学原料,所以车体过重也是导致车辆不易控制的原因之一,才会导致车身撞到了桥面护栏上,最终酿成车祸。

6.8　事故原因分类

6.8.1　将半挂车汽车列车常见的事故发生原因大体可以分为以下几种

(1)制动失效。底盘与挂车连接失效后,挂车制动系统无法立即使挂车自行制动;由载质量大,高速行驶时,惯性大,制动较容易失效等原因。

(2)轮胎损坏。由于设计装配精度原因,挂车吃胎问题、超载、气压不够标准等。

(3)连接失效。挂车牵引车标准不够匹配,载质量过大等原因导致的牵引座的连接螺栓断裂、牵引销与挂车的连接装置脱落、电气路连接失效等。

(4)转向问题。挂车牵引车标准匹配度不高,前后回转半径不够合理,从而导致牵引车会与半挂车干涉,挂车会形成折叠或横摆状态。

(5)超载。超载的性质也是上面谈到的非法改装的目的之一,这是国内运输业界比较常见的违法行为之一。

(6)半挂车非法改装。半挂车非法改装的问题由来已久,大部分的非法改装都是通过改装提升半挂车的运载能力来牟利,比如更换承载能力更大的轮胎和车轴以及改变上装的尺寸以达到多装货的目的。

(7)半挂车本身的原因。半挂车自身由于自重大,即使未处于超载的情况,一旦驾驶人遇到事故苗头时反应慢一点也无法立即控制半挂车减速,也就是半挂车驾驶人们常见的"刹不住"情况,目前只能通过多种减速、限速、防抱死装置来帮助半挂车在一定范围内提高制动效果。

(8)视野。由于一般列车的车长都长于普通货车,导致驾驶人行驶中视野较差,容易出现视觉盲区。

(9)其他原因。照明装置、反光标识等的失效。

(10)驾驶人自身造成的事故。驾驶人违规驾驶,违规驾驶不但包括不遵守交通规则,比如闯红灯超速等,还包括驾驶人本身的因素,比如疲劳驾驶、酒驾、技术不熟练、经验不足、违章行驶等原因。

(11)道路设施的不良状态造成的事故。未设置道路安全设施、安全设施损坏、道路缺陷、其他道路原因等。

(12)恶劣的天气原因。雨、雪、雾、大风、沙尘、冰雹等难以预测的天气原因。

6.8.2 半挂车事故影响大

半挂车事故虽多,但是在车辆事故中比例其实并不大,但是由于种种原因,半挂车一旦出事都是大事故,新闻媒体为了吸引眼球对这种事故的报道量自然大于普通的车辆事故,这就给人一种"出事的都是半挂车"这个潜在印象了。

6.9 高速公路上的半挂车碰撞事故特点及类型

近年来,随着我国高速公路的全面发展,高速公路交通运输业逐渐成为主要的路上运输途径,其中半挂车也已经成为各类货车中最主要业最常见的一种,伴随着半挂车数量的增多,发生在高速公路上的各类挂车事故也随之增多。

6.9.1 高速公路半挂车事故特点

(1)高速公路全线封闭,顺逆两线之间有隔离带,消防车要受高速公路入口和方向的限制,赶到目的地需经过绕路。

(2)高速公路隧道路段和高架桥路段将影响消防车的行进路线,还对大型工程车辆展开有所影响。

(3)高速公路半挂车事故发生后,由于车身较长,如发生侧翻或横置将直接堵塞交通干线、导致车辆拥堵,影响消防车进出。

(4)高速公路两边无消火栓,距离水源较远,半挂车载货量大,火灾荷载高,如果半挂车发生火灾,只能依靠消防车储备用水,难以有效补充灭火用水。

6.9.2 半挂车与一般车辆碰撞

(1)半挂车头与一般汽车尾部碰撞。半挂车发生碰撞事故后,主要受力及变形部位为牵引车车头以及被撞车辆尾部。根据事故严重程度的不同,被困人员一般为被撞车辆后部和牵引车驾驶室正副驾驶位置,被困人员一般被转向盘或车体本身卡住下身。牵引车头侧向扭曲,车头后车窗部位露出。

(2)一般车辆车头与半挂车尾部碰撞半挂车作为被碰撞车,车后一般为运输货物,车辆受损小,一般无人员被困。一般碰撞车辆由于底盘低于半挂车,碰撞后会无缓冲距离,导致驾驶室严重变形。根据事故严重程度的不同,被困人员一般为碰撞车辆内部空间。

6.9.3 半挂车与半挂车碰撞

根据半挂车事故统计,罐式半挂车与低平板半挂车事故分别占半挂车类型事故总数的30%和25%,这两类车辆也是高速公路上主要的货运车辆类型。下面分别介绍这两类半挂车发生碰撞后的事故特点。

6.9.3.1 罐式半挂车碰撞

事故发生后,主要受力变形部位为牵引车车头及被撞车辆尾部。一般被困人员位于碰撞车辆驾驶室内。罐式半挂车可能运送易燃易爆液体或有毒危险化学品,发生碰撞事故后,有可能导致罐体出现裂缝货阀门断裂造成泄漏。罐式半挂车由于自身特性,发生碰撞事故后易导致车辆侧翻堵塞线路并伴随罐体变形,易引发车辆火灾。因此,此类事故发生后,消防人员在抢救被困人员时,要首先考虑堵漏、倒灌以及火灾扑救问题,将极大地影响消防人员的救援时间。

6.9.3.2 低平板半挂车碰撞

此类半挂车的特点是,半挂车部位载重板低,四周无保护横梁,一般运送农用机等大型机械。一旦发生碰撞事故,受碰撞半挂车的载重板将插入碰撞车辆车头部位,碰撞车车厢结构稳定性破坏,车头质量依托于前车的载重板上。在有人员被困的情况下,被困人员救出前难以利用大型车辆器材进行起吊和拖曳。低平板半挂车一般运输农机等大型机械,救援时应考虑到农机油箱是否存在破损漏油现象,如果漏油应急时进行处置。此类事故发生时,由于车体过重,车厢形变较大,一般的液压破拆工具可能不能满足救援的需要,需借助工程救援车辆进行辅助破拆。

6.10 甩挂运输中的防止事故出现的应对措施

为了能够更好地促进我国甩挂运输的发展,国家和部分地区出台了一些相应的政策,涉及挂车的检测、保险及收取通行费等方面,挂车与牵引车推荐车型标准制定等方面,但还是仍然会有一些管理制度和政策制定或实施得不明确、不合理,实施细则也迟迟不能出台,严重束缚了甩挂运输的发展。我国的甩挂运输与其他大多数发达国家的甩挂运输发展情况相比较,我国的甩挂运输发展还是属于比较落后的,存在的安全隐患也还是比较多。基于以上各种因素,所以我们应从以下几个方面加强安全管理。

(1)甩挂运输企业应加强对作业人员及驾驶人的安全方面的培训管理,并且制定相关的安全激励制度。

例如:可以通过对驾驶人的安全行驶里程数进行统计,进而划分不同的奖励等级;对驾驶人的疲劳驾驶、酒驾等违规行为处以最严厉的惩罚与其相对的措施;制定严格的作业规范制度,从而高度保证装卸作业、牵引车与挂车连接作业的可靠性。

(2)在甩挂运输模式下,由于牵引车与挂车使用频繁,并且装载量大,挂车的支撑装置就会极易损坏,轮胎磨损也会更加严重,制动系统也相对于平常的货车来说会更加容易失效,因此,企业相关部门应当加强对挂车、牵引车的定期维修、检测,加强挂车与牵引车的匹配标准的制定与实施。

就中国的现状来说目前在国内生产挂车与牵引车的厂家还是比较多的,因此就导致挂车与牵引车的匹配标准很难统一,所以应当从政府的角度采取相应政策进行协调,从而加快牵引车与挂车匹配标准的统一。

(3)在每一批货物装车之前都要做好计划,每一辆半挂车都不能有超载的现象发生。所以这就要求企业监管人员在出车前一定要仔细检查车辆载重情况,避免由于超载而导致的交通事故。

(4)在每一次出车之前,要及时做好对之后几天天气的准确预估,从而避免天气原因导致的交通事故。

(5)开发道路甩挂运输安全监控预警系统,对场站作业状况、道路上驾驶人的行驶状态、车辆的安全技术状态进行实时监控,加强安全监管,从而减少事故的发生。

发展道路甩挂运输是建立高速高效、节约能源和环境友好的现代化运输体系的要求。甩挂运输作为冉冉升起的明星产业是非常具有发展潜力的,所以对于甩挂运输我们应当尽量排除这条道路上的一切阻碍,使得甩挂运输能够顺利并且非常精准的适用于我国物流运输行业。因此对甩挂运输过程进行风险分析,并提出改进策略,对于降低甩挂运输事故率、促进甩挂运输的发展,这是非常有效并且有必要的。甩挂运输的市场前景很大。这些年来,中国面临着巨大的区域财富转移发展机遇和区域经济增长,具有比较优势的高附加值、土特产品以及高科技产品的贸易量大幅度增长,比如日用百货、家用电器等,非常适合道路甩挂运输,货源充足稳定。特别是,随着"东北振兴、中部崛起、西部开发"等一系列开发战略的实行,宏观环境对社会需求的拉动力持续增长都将会激发道路甩挂运输的市场需求,交通运输业已经开始走向繁荣,道路甩挂运输业绩增长的动力取之不竭。

根据国家积极提倡和鼓励甩挂运输发展的政策指向,管理部门应尽可能加大鼓励措施,在行政许可、政策、培植骨干企业方面加强引导帮助,运用杠杆作用展现鼓励甩挂运输开展的力度,有降低挂车的购置税征收标准,降低企业发展甩挂运输中因挂车数量多而产生的较大成本支出;选择有创新意识的优秀骨干运输企业进行试点示范;对甩挂车辆在规费征收政策上制定优惠措施,统一确定征收和计量标准,并鼓励运输企业使用推荐的车型,用来促进运力结构调整,有关企业可享有政府给予的政策支持,以此坚定企业的信念,从而调动运输企业的积极性,引导运输企业加快发展甩挂运输。

甩挂运输方式具有节能减排、建设资源节约型、环境友好型社会等特点,是我国道路运输行业改善运输组织结构和物流效率的有效手段,对组织效率高、运营成本低、管理信息化有着重要意义。符合生产力发展规律,可以按照生产要求,在一个场站甩下一部挂车装卸货物,挂上另一部挂车后,可以继续运行到另一个场站进行操作的运输形式。先进生产力重在"先进",发展甩挂运输是一种趋势。

开展道路甩挂运输是一项系统工程,涉及综合运输政策、区域协调、相关部门之间的沟通协作等诸方面,注定不会一蹴而就。可以发展先进的运输生产力为中心任务,循序渐进,采取政府宏观调控与市场调节相结合,以有效合理的竞争机制为前提,协同配合,并充分尊重物流市场的自然发展规律,共同推进甩挂运输健康发展。这样,中国公路货运现代化目标才能渐行渐远,逐步赶超世界先进水平。

6.11 牵引车保险责任承担案例简析

6.11.1 案情回顾

2009 年 6 月 27 日,原告某运输公司为其实际所有的主车和挂车连接使用的牵引车在某财产保险公司处投保。主车和挂车均投保机动车交通事故责任强制保险(简称交强险),主车投保商业第三者责任险 50 万元,挂车投保商业第三者责任险 50 万元,另投保不计免赔率特约条款。2009 年 11 月 2 日,原告驾驶人驾驶被保险车辆发生重大交通事故,经交警部门认定,原告驾驶人负事故的主要责任。事故发生后,受害人向人民法院提起诉讼,经判决,受害人的损失合计 150 万元,保险公司赔偿交强险部分主车和挂车共 24 万元,对超出交强险限额的部分由驾驶人和运输公司连带赔偿 70% 的责任。案件进入执行程序后,被告财产保险公司协助执行,实际赔偿受害人 74 万元。对其余的损失,因被告财产保险公司不再同意赔偿,原、被告双方产生纠纷。

6.11.2 本案涉及的问题

(1)主车和挂车连接使用时交强险的责任承担原则。

(2)主车和挂车连接使用时商业三者险的责任承担原则。

现根据本案案情,简要分析如下:

①主车和挂车连接使用时交强险应分别按比例赔偿。中国保险行业协会于 2008 年 1 月 30 日下发的《关于印发〈交强险承保、理赔实务规程〉(2008 版)和〈交强险互碰赔偿处理规则〉(2008 版)的通知》(中保协发〔2008〕54 号)规定:"主车和挂车在连接使用时发生交通事故,主车和挂车的交强险保险人分别在各自的责任限额内承担赔偿责任。若交通管理部门未确定主车、挂车应承担的赔偿责任,主车、挂车的保险人对各受害人的各分项损失平均分摊,并在对应的分项赔偿限额内计算赔偿。主车与挂车由不同被保险人投保的,在连接

使用时发生交通事故，按互为三者的原则处理。”

为更加明确牵引车的交强险赔偿原则，保监会转发了2010年1月6日交通运输部、国家发展改革委、公安部、海关总署和保监会联合下发的《关于促进甩挂运输发展的通知》(交运发〔2009〕808号)文件，其中第二条明确规定“认真做好挂车交强险承保和理赔服务工作。各公司不得拒绝或拖延承保挂车交强险；对于主车和挂车在连接使用时发生交通事故的，要严格按两个责任限额累加进行赔付。”

上述规定出台的原因在于：挂车离开主车的作用，就无法运行，而主车因为挂车的存在更增加了其危险性和破坏力，因此，拖挂机动车即牵引车发生交通事故造成他人损害，可视为主车和挂车共同侵权，保险公司应在主车和挂车责任限额之和的范围内承担赔偿责任。

②主车和挂车连接使用时商业三者险应分别在各自的责任限额内承担赔偿责任，但一般赔偿金额总和以主车的责任限额为限。

中国保险监督管理委员会《关于中国保险行业协会修订机动车商业保险行业基本条款和费率的批复》(保监产险〔2007〕186号)，《机动车商业保险行业基本条款(A款)》之《机动车第三者责任保险条款》(中保协条款〔2007〕1号)第十二条规定：“主车和挂车连接使用时视为一体，发生保险事故时，由主车保险人和挂车保险人按照保险单上载明的机动车第三者责任保险责任限额的比例，在各自的责任限额内承担赔偿责任，但赔偿金额总和以主车的责任限额为限。”

《机动车商业保险行业基本条款(B款)》(中保协条款〔2007〕2号)之《第一章商业第三者责任保险》第二十条规定：“挂车投保后与主车视为一体。发生保险事故时，挂车引起的赔偿责任视同主车引起的赔偿责任。本公司对挂车赔偿责任与主车赔偿责任所负赔偿金额之和，以主车赔偿限额为限。主车、挂车在不同保险公司投保的，本公司按照保险单上载明的商业第三者责任保险赔偿限额比例分摊赔款。”

《机动车商业保险行业基本条款(C款)》(中保协条款〔2007〕3号)之《机动车第三者责任保险条款》第十一条规定：“主车和挂车连接使用时视为一体，发生保险事故时，由主车保险人和挂车保险人按照本保险合同上载明的机动车第三者责任险赔偿限额的比例，在各自的赔偿限额内承担赔偿责任，但赔偿金额总和以主车的赔偿限额为限。”2009年10月1日新的保险法施行，与此同时，机动车商业保险行业基本条款不再适用，各家财产保险公司自行制定机动车商业保险条款，但基本上都继续沿用了中保协条款的有关主挂车责任限额的规定，即赔偿总额不超过主车的赔偿限额。

关于上述规定出台的原因，可以归结于几点：

第一，鉴于主挂车可分离，任何一辆主车均可任意牵引不同的挂车。商业三者险条款约定“由主车保险人和挂车保险人按照保险单上载明的机动车第三者责任保险责任限额的比例，在各自的责任限额内承担赔偿责任”的表述主要是针对主挂车分别在不同的保险公司投保的情形，各保险公司按比例赔付。

第二，“但赔偿金额总和以主车的责任限额为限”又是针对“主挂车连接使用视为一体”而言的。主车和挂车在连接使用时发生保险事故，无论是车头引起的事故还是车尾，交警部门只会认定主车的责任，而不会划分主挂车二者之间的责任，故保险条款约定“主挂车连接使用视为一体，发生保险事故时，赔偿金额总和以主车的责任限额为限”完全符合常理。

第三，鉴于主挂车可以连接使用也可以分离，试想驾驶人将主车驶离，而将挂车违章停放在公路上，从而引发其他车辆与挂车发生碰撞的交通事故。此时，挂车的交强险和商业三者险均可在各自的责任限额内得以理赔，同理，主挂车分离使用，主车发生交通事故，其商业三者险也同样可在限额内得以理赔。主挂车分离使用时，完全有可能让各自的商业三者险足额赔付。因此，主挂车所投保的商业三者险在主挂车脱离使用时能够充分起到保险保障的作用。

第四，挂车商业三者险的费率远低于主车商业三者险的费率，原因在于挂车本身无动力，主挂车脱离使用时的挂车发生交通事故的风险比较小，挂车只有在与主车脱离使用时，方能得到挂车商业三责险的全额理赔。

从上述几点来看，保险行业关于主车和挂车连接使用时发生保险事故理赔的规定是有其合理性的。其他相关问题：保险条款的明确说明义务，关于牵引车交强险的责任承担基本没有异议，争议主要是针对牵引车的商业三者险保险赔偿。因上述赔偿原则被一般公众理解为免责条款，而保险人应履行对保险条款的说明和提示的法定义务，如不履行该义务，则有可能被以未履行明确说明义务为由判决保险人在两份商业三者险限额内赔偿被保险人的损失。

第7章 气候地理条件对甩挂运输的影响

引导案例 常德市万路达物流有限公司

常德市万路达物流有限公司是湘西北地区唯一以危险品货物运输为主的第三方物流企业,也是一家集危险品货物运输、普通货物运输、信息配载、货运中转、仓储理货、搬运装卸、汽车修理、物流方案策划、物流生活服务等相关业务为一体的全国网络型物流公司。公司为国家公路甩挂运输试点企业。现有员工230人,拥有占地面积为270000m^{2}的货运站场,其中仓储占地面积12000m^2。自有危货专用营运车辆86辆,建立了常德至上海,常德至广州,常德至江苏、浙江,常德至山东等5条甩挂运输专线,与湖南海利化工集团、常德金鹏印务、宁乡吉唯信、张家界奥威科技等湖南知名企业建立了长期友好的业务合作关系。此外还经营东北三省,河北保定至北京、天津地区的整车、零担业务遍及全国各地。公司坚持诚信服务的原则,科学管理,拥有一支专业知识强、综合素质高的员工队伍,努力打造万路达物流品牌。近年来公司先后多次获得"湖南省质量信誉考核AAA级企业"、"湖南省A级纳税信誉单位"、"常德市先进危货运输企业"、"先进民营企业"等荣誉称号。现为中国物流与采购联合会常务理事单位、华中物流联盟成员单位、常德市物流协会常务理事长单位,常德市道路危险货物运输副理事长单位。公司坚持"做实、做强、做大、做久"的发展战略,秉承"客户至上、服务社会"的企业宗旨和"安全、绿色"的经营理念,竭诚为广大客户提供专业化、标准化、个性化的高质量的智慧现代物流服务。

通过对气候条件的分析,气候异常对交通运输系统在勘察、设计、施工和运营各个阶段的影响,针对各地区气象、地理条件和各种交通运输工具对气候异常的反应,设计一个气候灾害对甩挂运输系统影响的分析评估框架模型,包括气候异常爆发可能性预报、气候灾害严重程度等级评判、交通系统安全性分析三部分,可对气候异常对交通运输系统产生的影响作出全面的评判。阐述甩挂运输防御气候异常的战略性对策,建议设计一个集监测、预警、指挥、救援、保险、设施建设和资料库为一体的甩挂运输综合减灾系统,提出系统的对策措施。

7.1 气候异常影响甩挂运输的机制

交通运输与自然环境有着密切的关系,尤其是对气候变化的反应比较敏感。近十几年,由于中国经济的快速发展,对交通运输的要求越来越高,气候异常对交通运输的影响也就越来越显著,由此所造成的交通运输的损失也越来越严重。因此,深入了解气候异常对交通运输的影响机理,提出有效的对策措施是十分有必要的。

气候的影响体现在甩挂运输的各个阶段,在线路的勘测设计、施工到投入运行,都需要考虑气候的因素(图7-1)。公路、铁路选线时要考虑当地暴雨范围、强度、平均气温大小和年降雨量等气候考虑因素,施工时要考虑最高和最低气温及年较差、最大风速、覆冰强度、覆冰时平均气温和年平均雷电日数、相应风速等。在运营阶段,还要考虑风雪流、雪崩等。目前,我国正在大力发展高速公路和高速铁路,它们对气候的要求就更高。根据公安部交通管理局统计表明,高速公路每百公里事故发生率是普通公路的约4倍。对于铁路运输,据2000~2010年统计,全国各铁路局由于暴雨洪水引起的断道时间和断道次数,累计分别达29877h和1563次,平均每年为2987h和156次。只要正确掌控并运用气候条件,这些情况是可以避免的。

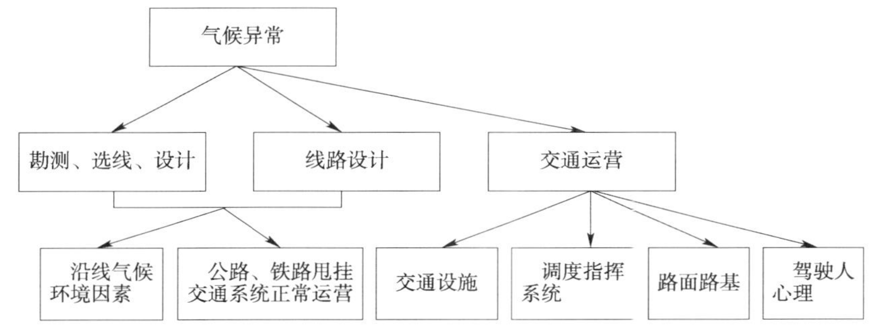

图7-1　气象变化对交通运输的影响及其对策示意图

除此之外,气象异常对能源利用、旅游、产品供给、区域经济发展和人口流动还有间接的影响。

7.2　气候异常对甩挂交通系统影响的分析评估

公路、铁路本身的设计和施工标准的不同,其抵抗自然灾害的能力也有差异。泥石流和滑坡是对公路甩挂和铁路甩挂的危害最大的自然灾害,在我国东北、华北、西南、西北的山区公路、桥涵受泥石流和滑坡危害严重。鉴于气候灾害对甩挂交通运输系统存在种种不利影响,应该建立一套既能够对甩挂交通线路通过地区气象、地理条件、存在威胁作出评价与估测,同时还能够根据地区天气、气候预报信息作出不良气候所造成的次生灾害发生预报和抵抗、减少灾害的分析评估系统。该系统分为三级:

(1)气候灾害爆发可能性预报模型。对于像暴雨、雪灾、沙尘暴、雾霾灾害等气候灾害主要依靠天气预报,而对由气象灾害引发的次生灾害,如泥石流、滑坡等,区域环境信息采集则很重要,如对暴雨引起的泥石流,可在建立因子评分及权重数据库、区域环境数据库等的基础上,对各因素取值分级,再综合考虑分析得到区域动态函数值Y,然后根据降水特征雨量,先确定降水条件函数值K,最后得到泥石流发生的判别值$W=Y\times K$,再利用资料库来确定泥石流爆发的可能性值。

(2)交通系统安全性分析模型。根据区域气象因素分析评判标准,结合实时气象数据,与交通设施安全性比较,给出安全评判结果(图7-2)。

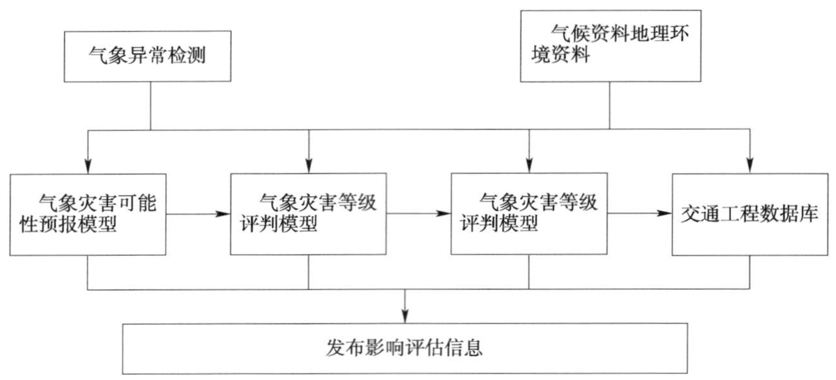

图 7-2　气象灾害分析系统

(3)气象灾害严重等级评判模型。对于一个区域来说,区域水文气候条件、地质地貌人文环境和相关因素的量级变化和组合效应决定着该气象灾害的潜在严重程度,所以可以建立严重等级评判模型。

该模型中的参数应在大量的统计分析基础上获得,并确定区域气候灾害严重程度的分级标准。

对全国和相关铁路局水文灾害分析表明,铁路水文灾害分布具有明显的区域性,并且其时间区域分布特征与我国降水与大暴雨的分布存在较好相关。所以通过建立区域评估模型可以很好地减轻、防御气候灾害对甩挂运输系统的影响。

7.3　减少气候异常对甩挂运输交通影响的对策措施

由于不良的气象异常对甩挂运输部门产生了不少的有害影响,有必要采取主动积极地防御方案,来减轻或者适应气象异常对这方面所造成的损失(图 7-3)。对此,提出战略性和战术性的方案。战略性方案,虽然我们国家的各类甩挂运输方式分属不同部门管理的,但是作为国家级的综合监控,有必要建立一个系统来同意协调和管理,各系统之间的联络完全可以凭借先进的通信网络来完成。

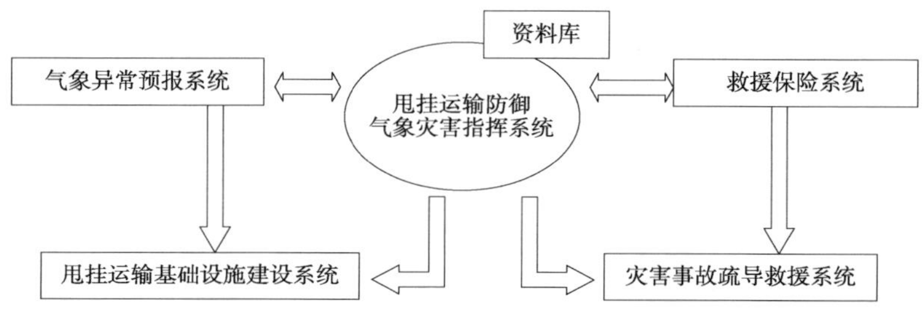

图 7-3　甩挂运输防御气象灾害措施系统

(1)甩挂运输防御气象灾害指挥系统。这个系统作为其他几个系统的核心,起着统一指挥、协调整一个系统内其他分系统行动的作用。

(2)气象异常预报系统。这个系统应该依赖于现在国家、地区、地方和民航等的气象部门的系统的情况下进行建立。理论模式下,这款系统应当具备重大灾害性气象事件(比如旱灾、涝灾等)检测预警功能,能为各相关部门提供——决策与交通安全服务的功能、分地区、分不同运输方式(如公路甩挂、铁路甩挂等)气象咨询服务的功能等。

(3)甩挂运输基础设施建设系统。理论情况下,这个系统应当依靠各相关部门的自有队伍,依靠气象异常预报系统提供的不用地区、不同气象、地理条件,从交通线路、通信网络设计、施工等的开始,严格把关,尤其是工程质量关。

(4)灾害事故疏导救援系统。一旦发生气象灾害时,通过建立气象灾害事故疏导救援中心,由交通运输部门、医疗部门和公安部门等联合成立,主要提供救援、处理和其他安全管理。

(5)救援保险系统。针对各类情况和潜在的风险,由保险公司进行认真评估,协助甩挂运输企业采取防御以及减缓气象灾害的能力。当发生气象灾害时,及时提供受灾补偿金以及相关的政策优惠扶持,尽快恢复受破坏的甩挂运输系统。

(6)资料库全称:甩挂运输防灾资料库。资料库应当包括以下内容——分类交通运输系统典型气象灾害案例分析与对策、评估方法以及国内外信息、气象灾害历史演变资料等,为相关部门提供咨询、参考的服务。

不同交通运输系统防御异常对策见表7-1。

不同交通运输系统防御异常对策　　表7-1

类　型	公　路	铁　路
暴雨、洪水	疏通道路两旁排水系统	对重点路段检查加固,根据降水强度和路况,制定列车限速和扣车标准
雪灾、冰冻	施工时要建立预报、防护、控制工程,在重点季节、重点路段应增加除雪防滑设备	施工时要建立预报、防护、控制工程,在重点季节、重点路段应增加除雪防滑设备
沙尘、雾霾	改进升级交通标志,提供信息警报,根据灾情,采取限流、停运等措施	改进升级交通标志,加强通信功能,提供信息警报,当出现大于安全风速的大风时列车应当停驶待避
高温	增加降温措施,提供预警	
低温	加强设施设备的低温防护	加强设施设备的低温防护
台风	改进升级交通标志,提供信息警报	改进升级交通标志,提供信息警报

7.4 技术性对策

针对不同甩挂运输系统,应当提出不同的方案。从对象来分,可分为人员、运输系统(公路、铁路)和线路环境3个方面。对人员,应当包含安全教育、驾驶人规则、交通管制和急救设施4个方面;对运输系统方面,对公路运输、铁路运输的要求主要是安全行驶;线路环境角度,应当包括线路改善和交通运输环境等。

(1)由于甩挂运输对气候异常的敏感性,建立一套完善完备的气象异常对甩挂运输系统影响的分析评估系统是十分有必要的事情。通过对气象灾害严重等级的评判模型的建立、气象灾害爆发可能性预报模型的建立以及甩挂运输系统安全性分析模型的建立,综合对气象灾害进行评估。模型的建立只有在收集大量数据的基础上的,分别确立不同甩挂运输系统中的主要气候异常因子权重,建立一套健全的评估系统。

(2)为了降低气象异常对交通运输系统的影响,建立一个统一、协调的系统来进行管理。这个系统包括指挥、预报、基础设施设备建设、救援、保障和资料库六个方面,以便于在灾害发生前、中、后都能及时准确地进行预防预报或疏导。

(3)针对各种不同甩挂运输系统,制定完善完备的具体对策措施,包括对人员教育、交通运输工具的改进和线路环提高等几个方面。

7.5 地理条件对甩挂运输的影响

甩挂运输促进区域经济结构的形成,区域结构的性质特征对区域交通网构图的特点、货种、成分及流动方向产生极大影响,例如我国西南区多山区、中部多雨的情况,着眼于区域经济开发与经济结构形成的客观需要来进行甩挂运输。不同地方地理条件不一样,对甩挂运输的要求也不一样,中部、西南山区受道路、货源及经济等客观因素的影响,加之缺乏针对中部、西南山区甩挂运输发展的研究,从很大程度上制约了西南山区甩挂运输的健康发展。针对中部、西南山区的地域、经济与文化特征,结合国内外发展经验及研究情况,对山区开展道路甩挂运输的发展模式与对策进行了深入研究。企业开展甩挂运输的试点经验以及西南山区开展道路甩挂运输的基础条件,指出了山区开展道路甩挂运输所面临的普遍问题与特殊困难;主要从中部、西南山区甩挂运输试点扶持方式、试点企业选择、试点线路选择、甩挂运输组织模式选择、站场设计与布局、甩挂运输车辆选择、信息系统建设等方面进行了深入研究,以期为西南山区开展甩挂运输提供借鉴与参考。

发展道路甩挂运输,对于提高运输效率、降低物流成本、推动现代物流和综合运输发展、促进节能减排、提升经济运行整体质量具有重要意义。例如西南山区多是高原山区,是欠发达地区,特殊的地理环境和经济发展水平,使得西南山区要发展道路甩挂运输,不能照搬东部先进地区的模式,还有许多具体问题和对策需要研究解决。为响应国家甩挂运输发展政策,特别是货运行业加快发展方式转变,加快推动道路运输业向高效、绿色、低碳方向的发展规划,研究科学可行的西部地区甩挂运输发展具体模式和对策措施势在必行。强化道路甩挂运输风险管理,车辆司乘人员必须保持谨慎上岗,高度警惕,妥善应付恶劣天气、不良路况、机械故障和交通堵塞等,尤其是及时准确处置天灾人祸等突发事件。

硬件条件不足,企业开展甩挂运输难度较大。目前西南山区全社会道路货物运输仍然以普通单体货车为主,运输企业的牵引车和挂车较少,致使甩挂运输发展相对落后。一是企业普遍存在车辆资源匮乏,运输服务主要依靠社会车辆完成,规模化、集约化程度不高,仓储设施陈旧,仓储管理现代化程度较低等诸多困难;二是货物流量、流向往返的不对称和公路货运车辆公司化程度低、信息化建设滞后,造成组织调度困难,延误运送时机、增加运输成本的事情常有发生;三是运输过程中无相应的;甩挂运输站场作支撑,致使运输效率受限等诸多因素增大了试点企业开展甩挂运输的难度。

(1)甩挂运输是一种高效的、节能的现代化运输组织方式,有利于提高道路运输效率和经济效益,实现道路运输节能减排。道路甩挂运输已在山东、江苏、广东、福建等省市与企业进行了成功试点，有成功的经验可以借鉴。西南山区近年来道路货物运输需求快速增长，物流企业逐渐发展壮大，道路基础设施、货运站场建设加快，开展道路甩挂运输已具备了基础条件，西南山区开展道路甩挂运输是适时可行的。

（2）西南山区开展道路甩挂运输必须不断探索适合实际的道路甩挂运输发展模式，开展甩挂运输试点可按照“一线两点”组织模式，具体采用“干线甩挂、两端多点”的组织模式。同时，开展甩挂运输试点要制定相关扶持政策，创造条件，推进甩挂运输基础建设，重点要做好试点企业选择、试点线路选择、甩挂运输组织模式选择、站场设计与布局、甩挂运输车辆选择、信息系统建设等各项工作。

（3）西南山区开展道路甩挂运输应按照“先行试点、逐步推进”的工作思路，行业管理层面应充分认清形势，切实落实各项政策措施，加强组织领导，认真组织甩挂运输试点，完善政策制度，夯实甩挂运输发展基础，加强引导培育，不断完善甩挂运输市场；运输企业层面应积极开展运输试点，加强运输装备建设，强化企业组织管理。

7.6　西南山区道路甩挂运输发展对策

7.6.1　工作思路及原则

（1）装载栓固为导向，充分发挥交通运输主管部门的组织协调和政策引导作用，以道路货运企业（集团）为主体，以改革道路货运方式为切入点，以现代化管理、计算机和通信信息等技术为手段，以优化市场供求关系为重点，推进现有运输资源的合理配置，进行科学的规划布局，按照“先行试点、逐步推进”的工作思路，不断加大资金和技术扶持力度，培育道路甩挂运输示范企业和甩挂运输市场，逐步建立和完善现代化货物运输服务体系，促进西南山区道路甩挂运输的科学、高效、绿色、和谐发展。

（2）工作原则。政府引导，企业主导。加强政府引导，完善相关法规和配套扶持政策，着力构建有利于甩挂运输发展的市场环境。支持试点企业加快形成甩挂运输组织能力，充分发挥市场和企业主导作用，创新营运管理与运输组织模式。

（3）多方联动，形成合力。交通运输、工业和信息化、发展改革、公安、海关、保险等部门要加强沟通与协调，努力消除制约甩挂运输发展的相关制度和政策障碍，切实解决试点企业甩挂运输发展中遇到的实际问题。

（4）加强指导，稳步推进。根据试点企业的不同情况，有针对性地采取措施，加强对试点企业的指导与支持，确保试点工作稳步推进，并发挥良好的引导与示范效应。

7.6.2　行业管理层面的对策建议

充分认清形势，切实落实各项政策措施“十二五”期间，是我国加快转变经济发展方式的关键时期，是推动现代交通运输业发展的攻坚时期。道路货运业作为道路运输业的重要组成部分，作为物流产业的重要基础和节能减排的重要领域，面临着支撑现代交通运输业发展、加快与物流产业融合、促进行业节能减排的新形势要求。交通运输主管部门要深刻认识现阶段大力推进甩挂运输发展的重要意义，切实增强责任心和紧迫感，以发展甩挂运输为切入点和突破口，加快提升西南山区道路货运业的发展水平。未来一段时期，物流业的振兴调整，公路网的不断完善，运输需求的日益旺盛，为全面推进甩挂运输发展、加快货运业转型升级创造了条件。为此，国家对加快发展甩挂运输提出了任务要求和扶持政策，国家发展改革委连续两年从节能减排中央预算内投资设立了支持甩挂运输发展专项资金。这些扶持政策，为全面推进甩挂运输发展、加快货运业转型升级提供了有力保障。西南山区各省市各部门应准确把握形势，进一步提高认识，充分利用好当前难得的发展机遇和政策环境，切实将开展甩挂运输作为服务现代交通运输业发展的重要突破口。

(1)加强组织领导，认真组织甩挂运输试点。开展甩挂运输试点工作，符合现代交通运输业发展方向，在我国第一批第二批试点单位已取得一定成效的经验基础上，省级交通运输主管部门应积极参与国家甩挂试点工作，努力争取国家第三批试点项目；结合各地区位优势，科学合理地组织试点单位开展试点项目。政府相关部门要高度重视，领导并监督省甩挂运输领导小组展开工作，建立和完善甩挂运输联席会议制度，及时掌握试点工作进展情况，协调解决推进过程中的突出矛盾和重大问题；为有序地开展甩挂试点项目，全面铺开甩挂试点，省级交通运输主管部门应联合相关科研部门开展甩挂运输发展研究、制定各省市甩挂试点工作总体方案、开展发展甩挂运输和多式联运对策等研究，以提供强有力的技术支撑；推动甩挂运输发展是一项复杂的系统工程，应坚持多方联动，加强与各地区发改、公安、海关、保监等部门的联系和沟通，积极协调解决各种问题，并鼓励企业参与和申报试点项目。

(2)完善政策制度，夯实甩挂运输发展基础。加大甩挂运输龙头企业扶持力度运输企业是开展甩挂运输的主体。甩挂运输是组织化、网络化程度较高的运输方式，要求运输企业具备相当的规模和现代化管理能力。行业主管部门应结合实际，协调相关政府部门出台相关优惠政策和资金补助方案，积极扶持一批经营网点多、管理规范、技术完善、信誉良好、有创新能力和核心竞争力、对行业的发展和进步起到积极示范作用的甩挂运输龙头企业，鼓励龙头企业以货源为纽带，集约整合各类运输资源，全面促进和引导我省货运物流业的转型发展。

(3)加快综合物流园区和甩挂运输站场建设与改造。站场设施是开展甩挂运输的重要网络节点，由于企业原有的站场设施功能不能完全适应甩挂运输作业要求，应积极争取国家和省财政专项资金，将甩挂运输作业站场列入建设性专项进行扶持和奖励。对于纳入甩挂运输考核体系的建设项目，应严格规范和要求，前期必须完成工程可行性研究、编制初步设计方案、具备完善的规划和用地等手续，同时在功能上应能够满足甩挂运输作业的要求。其次，应将货运站场与物流园区作为开展甩挂运输的重要依托和基础，不断加大投资和建设力度。努力建设成以国家公路运输枢纽为核心，集疏便捷、辐射城乡的综合货运网络。鼓励各甩挂运输试点单位按照试点方案要求，建设一批能够满足甩挂运输作业要求、装备先进的货运站场。

(4)为甩挂运输的高效运作创造良好条件。加快推广交通物流信息平台的应用依托各省市现有的物流公共信息平台，加大对甩挂运输试点企业的技术支持力度，以信息服务为切入点，鼓励甩挂运输企业建立、应用信息平台，提高甩挂运输企业对车辆和货物资源的整合调配能力，从而提高整体运营效率和服务水平。同时加快建立于兄弟省份交通物流公共信息平台信息共享机制，正在实现货运物流信息畅通、信息共享。

(5)加强引导培育,不断完善甩挂运输市场。具有良好供需关系的运输市场是道路甩挂运输发展的根本,成熟的市场能够调节资源的合理有效配置,提高道路甩挂运输的组织效率和服务水平;而政府对于不完全成熟的运输市场而言具备至关重要的引导作用。行业主管部门应在加快甩挂运输发展过程中积极推进甩挂运输市场的培育,具体可采取以下措施:为引导培育甩挂运输市场,应加强对现有货运市场的规范化管理,加大对超限超载和假牌套牌等非法经营行为的执法力度,规范和促进现有货运市场健康、有续发展,为甩挂运输的发展和甩挂运输市场的建立创造公平竞争的环境。同时各省市应出台《甩挂运输发展实施意见》、《甩挂运输市场培育办法》等政策法规,规范甩挂运输的发展,为甩挂运输市场的建立创造公平竞争的环境。

(6)加大信息技术的应用力度。一方面,从管理制度方面建立道路甩挂运输市场供求状况信息发布机制和道路甩挂运输市场指导价格发布机制,及时公布供求状况和价格信息,积极引导投资者理性投资和经营者良性竞争。另一方面,借助成熟的现代物流信息技术,塔尖货运信息共享平台,定期发布市场供求状况和指导价格等信息,提高行业信息共享程度与水平。

面向各种所有制类型的交通运输企业开展道路甩挂运输资质管理制定道路甩挂运输企业资质管理办法,对道路甩挂运输市场进行严格的市场准入管理。对运输企业的经济实力、车辆条件、组织管理能力和人力资源基础等关键方面制定明确的、易操作的规定,从运输能力供应方着手,引导那些有能力、有意愿开展甩挂运输的道路货运和物流企业规范化、规模化、组织化发展,从而促进市场集中度的提高和运输资源的合理配置。

7.6.3　运输企业层面的措施建议

甩挂运输的主要实施主体是企业,甩挂运输的发展决定于货运企业的发展。近年来,随着物流成本持续上升,物流利润不断压缩。其中的油料费和人工成本上升幅度尤为明显。交通运输企业面临转型升级的风险,在国内其他省市级企业试点经验的基础上,结合自身实际,西南山区各省市相关物流企业可从以下几方面努力开展甩挂运输试点,以降低物流成本,提高运输效率。积极开展运输试点,开拓甩挂运输发展新路甩挂运输与传统运输相比,具有运输时效性强、车辆实载率高、牵引车使用效率高等优势。全省骨干龙头企业应该大胆尝试,深入调查研究,积极地参与到甩挂运输试点中来,应积极向国内试点成功企业交流学习,勇于探索,开拓适应西南山区各省市及企业自身发展需要的甩挂运输新模式。先行试点企业在先期试点的基础上,应适时增开甩挂线路,扩大甩挂规模。同时,加强联营合作,积极整合资源,在货源长期不平衡的线路上,在当地选择合适的合作伙伴,共同开发市场,使公司挂车能及时回到中心节点。此外,应积极探索多式联运,扩宽经营范围。随着我国铁路、港口建设的飞速发展,生产企业物流外包业务的激增,不少品牌企业,高端客户提出了多功能物流服务,试点企业应在现有基础上,积极探索多式联运,如公铁联运、陆海联运的甩挂运输,发挥各种运输方式的优势,扩大经营范围,提高运输效率和企业效益。

7.6.4　加强运输装备建设,夯实甩挂运输试点基础

一是加大投入甩挂运输车辆。为提供强大的运力保障,试点企业应不断优化运力资源。

可根据运输线路的运量运距情况，按照交通运输部出台的《甩挂运输车辆推进车型》的规定，合理购置车辆。

二是加快改造甩挂运输站场。用于甩挂运输的牵引车与挂车，合计车长延米，所谓“船大难调头”，若无大型的甩挂站场，将无法实现甩挂作业。为突破场地瓶颈，试点企业应根据甩挂运输作业流程和功能需求，指导有条件的片区、网点加紧站场改扩建工作，努力克服场站用地紧缺给甩挂作业带来的困难。

三是加快建立一套完整的甩挂运输信息管理系统。安装使用卫星导航系统，做到实时跟踪调控，实现运力最佳调配，提高车辆使用率和运行安全。借助互联网技术，开发建立涵盖车辆管理、指挥调度、货物跟踪查询、订单处理、站场信息监控系统、甩挂运营实时监控系统的信息平台，以实现准备快速的引导货物装卸、仓储、配送等作业工艺，减少货物损失，提高服务质量。使用全国客服热线及短信辅助系统，为客户下单、查询提供方便。

7.6.5 强化企业组织管理，提升运输组织综合效能

一是强化组织领导。试点企业领导应高度关注甩挂运输试点情况，发现问题，及时在资源上给予保障。对于系统性的问题，提出根本性的解决方案。

二是组建专业队伍。试点企业应选派业务素质好、能吃苦耐劳的骨干员工组成甩挂运输组织小组，及时调配货源、驾驶人、拖车、挂车，以提高运输效率、降低运输成本。

三是细化管理，提升综合效能。首先运输调度要做到定人、定车、定线路、定时间等四定，准确而有序的推动甩挂运输作业；其次，车辆管理必须坚持五检，即车辆交接时驾驶人自检、车辆到站后车队长督检、每周两次不定期的安办抽检、车辆进站后修理厂强制趟检、对接近或到达规定里程车辆进行二级维护竣工检测。

四是企业要制定安全防范措施，落实各项职责，明确分工，科学管理。

五是企业应制定应急备案，可以设立线路机动车，以便甩挂车头出现故障后的及时调整，设立机动驾驶人，防范驾驶人不能正常出车时有人顶岗，设立事故应急措施，保证公司安全人员第一时间奔赴现场处理等应急方案。

六是企业应制定考核体系，可根据出车趟次、安全、节能三项指标考核驾驶人，按装卸时效、服务质量考核装卸员，按集团年安全管理指标考核车管员，按集团维修费用指标及车辆返修率、抛锚率考核车辆维修员等，提出了西南山区道路甩挂运输发展的基本工作思路及原则，并从行业管理和运输企业两个层面，系统研究提出了西南山区道路甩挂运输发展的相关对策措施，希望能为西南山区开展甩挂运输提高借鉴与参考。

在行业管理层面主要对策建议包括：充分认清形势，切实落实各项政策措施；加强组织领导，认真组织甩挂运输试点；完善政策制度，夯实甩挂运输发展基础；加强引导培育，不断完善甩挂运输市场。在运输企业层面主要措施建议包括：积极开展运输试点、加强运输装备建设、强化企业组织管理等。

第 8 章　甩挂运输试点项目方案

引导案例　福建盛辉物流为例

福州盛辉物流等被交通运输部选定为试点单位,甩挂运输通过带有动力的机动车将随车拖带的货厢等甩留在目的地后,再拖带其他货物返回原地或驶向新的地点。这种运输方式可提高运输效率、降低运输成本、节能减排效果明显。盛辉物流探索甩挂运输研究决定选择各项条件适宜的福州、厦门、漳州、三明、广州、东莞、武汉、上海,建立甩挂运输作业基地,并先期开辟福州至广州,广州至上海的甩挂运输专线,开展甩挂运输作业。运行效果证明,开展甩挂运输有效保证了准时发车、准点到达,及时卸货,提高了挂车周转率,推动了业务增长,同步提高了经济效益和社会效益,如车辆实载率基本上达到 90%,运输成本大约降低 20%。在此基础上,2009 年,盛辉物流集团扩大了甩挂运输规模,建立了以福州、上海、无锡、广州、东莞五个一级公司为单位,辐射长三角、珠三角、海西经济区三大片区的分公司网点,开展了 25 条甩挂线路。

在运输调度上做到"三个定责",即业务调度、监装监卸、费用结算、车辆管理和驾驶定人,每条线路定车,每辆牵引车定线路,使职责明确、责任到人。在车辆管理上坚持"五检",即,车辆交接时驾驶人自检,车辆到站后车队长督检,每周 2 次不定期的安办抽检,车辆进站后进修理厂强制趟检,对接近或达到规定里程车辆进行二级维护竣工检测。

8.1　甩挂运输的物流效益与试点项目方案

甩挂运输道路甩挂运输之所以能够成为当今世界通行的、先进的主流运输组织方式,与定挂运输相比,具有单位成本低、运行效率高、周转快等显著特点,可以产生经济效益和良好的环境效果。

8.1.1　绩效评价体系设计思路

构建绩效评价体系的关键在于确保其合理性,这就需要指标选取中用科学的方法。建立一个合理的评价体系一般包括以下四个步骤:

(1)评价指标的设计,包括识别关键指标和设计指标。

(2)评价指标的选取,一般分为初选、校对、分类及分析四步。

(3)评价体系的应用性评价和反馈。

(4)战略假设验证。

评价体系应该是随组织经营环境的变化而变动的,推动其演变的因素可以大致分为四个方面:外部影响因素、内部影响因素、过程因素和转换因素,现代物流运作操作流程日渐复杂,车辆的规划和运行都在复杂的环境之中,比如社会经济条件(法律、法规)、运输条件(货物特性)、组织技术条件(技术和管理水平)、道路条件(道路等级、关卡)、天气条件等;车辆的生产效率也受到诸多因素的影响,比如时间、速度、行程、载质量等。一般而言道路运输组织的评价维度基本类型包括运输产量、运输质量、运输消耗、运输效率和运输效益五个方面(表8-1)。

评价维度及其相应指标　　表8-1

评价维度	指　　标
运输产量	货运量、货运周转量
运输质量	运输安全性、准时性、货损率、货差率、事故率、装卸标准合格率
运输消耗	燃油消耗、人力资源成本
运输效率	车辆运输产量和全员劳动产量
运输效益	人均利润、吨公里、产值增长率、资金利用率

8.1.2 评价体系构建

在于合理规划甩挂运输中牵引车和挂车的配置比例,进而提高车辆的利用效率,对运输经营者而言则是降本增效。因此对于车辆利用率的考核将是模型优化的重点。车辆利用效率的考核有两种指标类型,一种是综合指标即车辆生产率;一种是单项指标,包括时间利用、速度、行程、货载量、拖挂利用率等指标。本文挑选简单明了的指标组成KPI(Key Performance Indicator)并形成模型的评价体系。

(1)时间利用指标。

车辆完好率=车辆完好日/总车日

表示总车日可以用于运输工作的最大可能性。

车辆工作率=车辆工作日/总车日

表示营运车日的实际利用程度。

出车时间利用系数=运行时间/出车时间

(2)速度利用指标。

技术速度=计算期行驶里程数/周期纯运行时间　　(km/h)

表示车辆行驶快慢。

营运速度=总行程出车时间

表示工作车日内有效的运转速度。

平均车日行程=计算期总行程/同期工作日总数

衡量工作车日有效运转速度。

(3)行程利用指标。

行程利用率=载运行程/总行程

总行程L中包括三部分,分别为载重行程、空驶行程和调空行程。空驶行程为在不同货运点之间空载时的行驶路程,而调空行程则是运输任务开始和结束时从作业点到车场之间的路程。所以:

行程利用率=载运行程/总行程

(4)车辆载质量利用指标。

(5)拖挂利用率指标。

拖挂率:挂车完成的周转量占合计周转量的比重。

建立甩挂运输牵引车与挂车最优配比优化模型的评价体系,见表8-2。

模型评价体系　　表8-2

时间利用	速度利用	行程利用	载质量	拖挂利用率
时间利用系数	技术速度	行程利用率	静载质量系数	拖挂率
固定成本	可变成本			
车辆购置费	人力费	燃料消耗	车辆维护	

甩挂运输作为提升运输效率的重要工具,年来在国内得到长足的发展,根据2010年发布的全球二氧化碳排放量报告,22%的碳排量来自于运输业。长期以来,由于在车辆制造技术、车辆运营组织方面同国外有较大差距,我国能源综合利用率较国外有较大差距,其中国产机动车燃油经济性指标比欧洲低25%,比日本低20%,比美国低10%,部分货运车辆百公里油耗甚至比国外货运车辆高达一倍以上,如何选用合适的甩挂运输车辆,提升车辆使用效率,实现节能减排是我国交通运输业当前亟待解决的现实问题。在这样的背景下,发展甩挂运输成为提升我国货运车辆利用效率、实现节能减排的重要着力点。

8.1.3　基于生命周期评价的甩挂运输碳足迹核算

甩挂运输碳足迹是指甩挂运输在其生命周期内,从上门取货开始,经过装卸搬运、运输、到最终配送等一系列过程中的温室气体的排放量。

8.1.4　生命周期评价

生命周期评价的技术框架如图8-1所示。

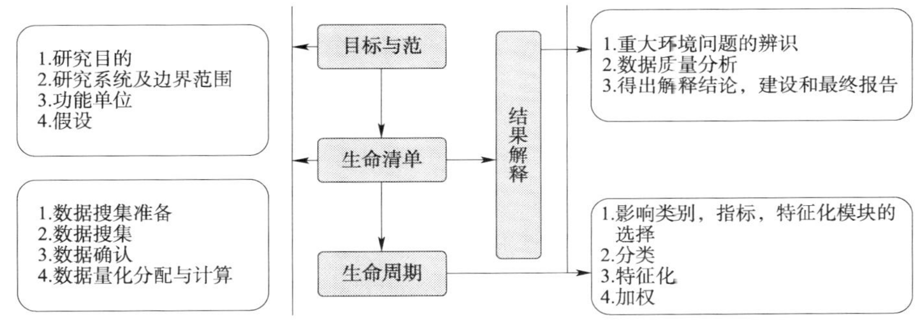

图8-1　生命周期评价的技术框架

生命周期的概念源自于生物学,是指生命从出生、成长、成熟、衰老直至死亡的过程。生命周期评价的技术框架可分为四个部分:目标和范围的确定、生命周期清单周期分析、生命周期影响评价和结构解释。

(1)目标和范围的确定。弄清楚研究的动机,确定研究的目的,研究目的会影响整个评价工作。研究目的应包括关于使用LCA的原因,以及结论的应用范围。研究范围的界定,决定了研究的系统边界、限定条件、假设和数据要求等。

(2)生命周期清单分析。生命周期清单分析是对所要研究的产品或服务在整个生命周期阶段的基本数据表达,对研究对象在生命周期内的消耗和排放进行量化分析。

(3)生命周期影响评价。对生命周期清单分析的数据进行分析,确定该产品或服务和外界的物质、能源交换对生态环境的影响。

(4)结果解释。根据 ISO 14043 的要求,生命周期的解释要包括识别、评估和报告三个要素。识别是在清单分析和影响评估的基础上,识别重大问题;评估是对研究对象整个生命周期评估过程的检查;报告主要是得出结论,提出建议。

8.2 试点单位概况

长沙市实泰置业有限公司、长沙大地物流有限公司甩挂运输试点项目实施方案,本项目牵头申报企业——长沙市实泰置业有限公司创办于 1991 年(以下简称实泰置业),于 2000 年注册长沙市实泰物流有限公司,现因项目发展的需要更名为实泰置业。该公司是一家按现代物流模式运作的第三方物流企业,提供全面的供应链物流服务和物流园区开发运营服务。实泰置业专业为大型流通企业、产品行销全国的大型生产企业、国际化企业等提供全面的原材料进口、产品物流分拨、物流配送、仓储中转、分拣包装、信息处理以及物流方案设计规划等系列化服务。公司自成立以来,年运输量以 10% 的速度递增。现投资的实泰黄兴货运中心被列为国家级重点货运枢纽站场,2012 年全面投入运营。

实泰置业注册资金 2000 万元,2011 年实现年物流收入 8.5 亿元。公司 20 年来一直致力于发展低碳物流,先进的物流发展理念与服务使公司不断发展壮大,成为湖南优秀的物流企业之一。现与西门子、松下、新飞、格力等全球及国内知名家电品牌建立了良好的合作关系。公司相继在武汉、福州、郑州、杭州、厦门、哈尔滨、乌鲁木齐等四十个大中城市设立分公司和办事机构,目前已形成覆盖全国大中城市的物流网络。随着公司物流业务不断发展,2007 年获评为省内首家 4A 级物流企业;公司三次荣获中国物流百强企业称号,位居湖南省第一;2009 年、2010 年、2011 年连续三年由市人民政府授予“长沙市现代物流十强企业”,并位居第一;是湖南省服务外包重点企业;2012 年获批国家仓储五星级企业,金牌仓储服务质量。多年来,实泰置业取得了较好的经济效益和社会效益,为长沙经济建设和交通运输发展做出了突出贡献,先后获得了各项殊荣。实泰置业以“客户至上、追求卓越、共创愿景、奉献社会”为服务宗旨,其服务货类包括普货、危货、集装箱运输。从业务辐射范围来看,物流配送范围覆盖全省 26 个县市,全国 45 个城市,并且公司已开展了国内甩挂干线运输、省内货物配送、城市配送、仓储服务、货运站场经营等系列配套物流服务,构建了“以长沙为中心,覆盖湖南全省,辐射华中、华南、华东、华北和东北等区域”的物流服务网络。

与企业物流配送业务相配套的信息化建设方面,公司已有完善的物流信息系统,包括研发和维护总投资达 600 万元,该系统方便与客户、合作伙伴的沟通,实现了对车辆调度、跟踪、回单签收、财务结算、信息反馈等网络化管理,极大地提高了工作效率。

本项目合作申报企业——长沙大地物流有限公司(以下简称大地物流)位于中国花炮之乡湖南浏阳。公司现有管理人员 30 余人,员工 200 余人,运输车辆 100 余辆,停车场占地 50 多亩(1 亩 =666.$\dot{6}$ m^3),烟花仓储、集装箱堆场占地 200 多亩。公司拥有国检、海关监管资质，车辆 GPS 全球定位监控系统，具有一定的经营规模和实力，有良好的经营信誉，有一支高素质的专业人才队伍。目前大地物流设有江西万载大地物流有限公司分公司和浏阳飞力仓储物流有限公司子公司。作为浏阳市交通运输协会理事单位，大地物流先后获得荣获省公路运输管理局授予的“北京奥运会焰火运输保障单位”，长沙地区危险货物运输“管理规范，安全优质”先进单位，2009 年、2010 年度国家重点运输保障先进单位。该公司也被浏阳市人民政府授予 2006 年度、2007 年度、2008 年度“守合同，重信用单位”，浏阳市市委、市人民政府授予安全生产先进企业，飞力仓储被浏阳市人民政府授予“先进仓储公司”。从总体上看，实泰置业和大地物流经过多年积累、发展和变革，已经成为现代物流企业，该公司依托庞大的客户资源和遍布全国的网络优势，企业规模化、网络化运作已初具水平，为企业甩挂运输的运作奠定了坚实的基础。

8.3　试点项目概况

参与此次甩挂运输项目的企业有两家，长沙市实泰置业有限公司和长沙大地物流有限公司。在此次试点项目实施中，实泰置业将投入资金扩建站场和改造信息系统，并同时联合大地物流投资甩挂运输车辆。待试点项目完成后，大地物流将接受实泰置业委托为实泰置业提供国内甩挂运输服务，同时实泰置业待湖南物流总部甩挂运输货运站场成功运营以后，将向大地物流提供入驻条件。

实泰置业拟按照全国甩挂运输试点工作的统一部署和甩挂运输作业流程的要求，选取运作情况较好的 6 条甩挂运输线路纳入试点。试点的甩挂运输线路具体情况见表 8-3。

2011 年实泰置业甩挂运输试点线路　　表 8-3

线路名称（起讫点）	总里程（km）	主要货类		甩挂作业点	入牵引车	投入挂车	月运量（t）
		去程	返程				
长沙—广州	750	危险品、农产品等	电器、服装、汽配、建材	白云站场	4	8	2838
长沙—上海	1090	服装、汽配、建材、电器、危险品等	服务长沙的农/商贸市场	顺载站场	4	8	3296
长沙—杭州	920	危险品、农产品等	电器	下沙站场	4	8	2938
长沙—郴州	350	服装、汽配、建材、电器、农产品等	服务长沙的农/商贸市场	紫芸	3	6	2701
长沙—常德	170	服装、汽配、建材、电器、危险品、农产品等	恒安纸业及服务长沙的农/商贸市场的货物	恒安站场	3	6	2946
长沙—怀化	450	服装、汽配、建材、电器、危险品、农产品等	服务长沙的农/商贸市场	沿河站场	2	4	2782

实泰置业联合大地物流对甩挂运输试点线路投入的运输装备、人员以及相应建设的站场、甩挂运输信息系统建设计划如下。

8.3.1 运输装备及人员

此次甩挂运输试点实泰置业将联合大地物流新投入甩挂运输牵引车 50 辆，挂车 135 辆，人员 230 名。其中，驾驶人 83 人，装卸人员 135 人，主要管理人员 12 人。

8.3.2 甩挂运输站场

湖南物流总部甩挂运输站场选址于长沙县黄兴镇，该选址西连长沙武广客运新站、东临黄花国际机场，紧靠长株高速，香樟东路、劳动东路直通城区。物流中心所处区位优势非常明显，距市区 5km，黄花国际机场 8km、星沙 10km。

试点期间，实泰置业将对湖南物流总部甩挂运输站场进行扩建。主要内容包括甩挂运输专用仓库、甩挂运输平台、甩挂作业场地、停车场和道路等。具体见表 8-4。

湖南物流总部甩挂运输站场扩建计划　　表 8-4

序号	名称	单位	数量	备注
1	总用地面积	m^2	50000	—
2	道路用地	m^2	10007	—
3	总建筑面积	m^2	15093.24	新建
其中	零担甩挂仓库(18 号、19 号)	m^2	8462.77	新建
	零担甩挂仓库(4 号)	m^2	6630.47	新建
4	停车场	m^2	6439	新建
5	装卸平台	m^2	447.84	新建
6	装卸场地	m^2	17498.72	新建
7	绿化	m^2	514.2	新建

8.3.3 甩挂作业信息系统

实泰置业目前已经建成完善的物流信息系统，本次项目试点拟集成已经建成的物流信息系统，投资开发专业的甩挂运输管理系统软件，升级甩挂运输管理信息系统平台。

8.3.4 试点项目投资估算

实泰置业联合大地物流甩挂运输试点项目共需投入资金 9626.5 万元，资金构成情况见表 8-5。

实泰置业联合大地物流甩挂运输试点总资金投入　　表 8-5

具体投入项目	投入金额(万元)
车辆装备投入	3370
甩挂运输站场改造	5756.5
信息系统	500
合计	9626.5

8.4 项目背景及必要性

8.4.1 项目背景国家及地区产业政策

8.4.1.1 节能减排和低碳高效是“十二五”时期的一项重要工作

国务院办公厅于2011年8月31日印发的《“十二五”节能减排综合性工作方案》(国发〔2011〕26号)明确提出了节能减排的总体目标。文件强调加快构建综合交通运输体系,优化交通运输结构,实施低碳交通运输体系建设城市试点,推广公路甩挂运输,推进交通运输节能减排。公路甩挂运输成为“十二五”节能减排工作的重要内容之一。

8.4.1.2 转变道路运输业发展方式是现代物流业发展的客观需要

现代物流业是融合运输业、仓储业、货代业和信息业等的复合型服务产业,是国民经济的重要组成部分。国务院在2009年3月10日印发的《物流业调整和振兴规划》(国发〔2009〕8号)中指出,实施物流业调整和振兴规划不仅是促进物流业发展的需要,也是服务和支撑其他产业、促进产业结构调整的需要。文件提出,要加强物流新技术的开发和应用,大力推广集装技术,推行托盘化单元装载运输方式,大力发展大吨位厢式货车和甩挂运输组织方式,推广网络化运输,从而转变道路货运业发展方式,优化运力结构,提升道路运输的组织化程度和效率,促进传统道路运输业向现代物流业的转变。

此外,《关于促进物流业健康发展政策措施的意见》(国办发〔2011〕38号)和《关于进一步促进道路运输行业健康稳定发展的通知》(国办发〔2011〕63号)精神,明确提出进一步推进甩挂运输试点工作,全面促进道路运输业转变发展方式。

8.4.1.3 发展道路甩挂运输是建设综合交通运输体系的重要手段

《物流业调整和振兴规划》中综合交通运输体系建设要求依托已有的港口、铁路和公路货站、机场等交通运输设施,选择重点地区和综合交通枢纽,建设一批集装箱多式联运中转设施和连接两种以上运输方式的转运设施,重点解决港口与铁路、铁路与公路、民用航空与地面交通等各种交通枢纽相互分离带来的货物在运输过程中多次搬倒、拆装的问题。甩挂运输能满足多式联运的地面交通要求,实现多种运输枢纽的“无缝对接”,对促进综合交通运输体系的建设具有重要的意义。

8.4.1.4 节能减排是交通运输行业可持续发展的必然选择

《湖南省“十二五”物流业发展规划》提出,创新物流业发展模式,积极发展多式联运、甩挂运输等现代运输方式,建立高效、安全、低成本的运输系统;大力倡导绿色物流理念,鼓励和支持物流业节能减排。《湖南省“十二五”节能减排综合性工作方案》(湘政发〔2011〕46号)要求推动交通运输行业的节能减排,深入开展“车、船、路、港”企业低碳交通运输专项行动,推动公路甩挂运输。“十二五”期间全省交通运输综合能耗比2010年下降10%。《长沙市节能减排综合性工作实施方案》提出,强化交通运输节能减排管理,运用先进科技手段提高运输组织管理水平,促进各种交通运输方式的协调和有效衔接。同时,长沙市是中部地区唯一首批入选中央节能减排财政政策综合示范的省会城市,示范主要工作包括大力推广应用先进节能环保技术和设备,促使交通行业清洁化。

综上所述,大力发展甩挂运输,能提升道路运输的组织化程度和运输效率,是传统道路运输业向现代运输方式转变的必然要求,符合国家和地区产业政策。

8.4.2 区域产业发展状况

长沙是我国最具竞争力城市之一,是全国两型社会建设综合配套改革试验区。随着长沙工业的迅速发展,长沙初步形成了一批产业特征鲜明、技术含量较高、发展势头良好的六大产业集群,包括工程机械、汽车及零部件、电子信息、家用电器、中成药及生物医药和新材料,其中工程机械、汽车及零部件和材料等3个产业是长沙市具有比较优势的千亿产业。2011年全年实现地区生产总值(GDP)5619.33亿元,比上年增长14.5%,完成公路货物周转量160.91亿t·km,比上年增长25.2%。

实泰置业和大地物流甩挂运输试点项目所在的长沙县,始终以提升自主创新能力和经济发展竞争力为重点,加快推进产业转型升级,全力打造"中国工程机械之都"和"湖南汽车产业基地"。着力提升现代服务业是长沙县"十二五"发展的重点。以引进战略投资者、延伸产业链条、调优产业结构为重点,截至2011年6月底,全县引进世界500强企业26家。2010年全县实现GDP630亿元,同比增长17.9%,连续五年年均增长17.3%;完成工业总产值1168.8亿元,增长31.6%。

根据《长沙市现代物流业发展规划2010—2030》,实泰置业和大地物流甩挂运输试点项目落户的黄兴镇,黄兴物流园的建设是长沙市规划的五个物流园之一,主要功能为商贸。湖南物流总部落户黄兴镇将弥补长沙市长期以来商贸物流基础设施缺失的短板。

8.4.3 企业发展状况

8.4.3.1 服务范围

本项目牵头申报企业——实泰置业主要经营普通货物(普通货物主要为家电产品)运输、集装箱专用运输和物流园区建设运作等业务。本项目合作申报企业——大地物流主要经营危险货物运输(主要为浏阳花炮)、集装箱运输、停车、烟花爆竹储存、装卸、国际与国内货运代理等物流服务。实泰置业和大地物流配送范围覆盖全省26个市县,全国45个市地区。目前开展了国内干线运输、省内货物配送、城市配送、仓储服务、货运站场经营等系列配套物流服务,构建了"以长沙为中心,覆盖湖南全省,辐射华中、华南、华东、华北和东北等区域"的物流服务网络。由实泰置业投资建设的湖南物流总部物流园,被列为国家级重点货运枢纽站场。待货运站场全面投入运营,将形成省内100条线路和省外100条线路。此次纳入试点的六条甩挂运输线路主要辐射上海、浙江、广东、安徽、湖北和湖南六省。实泰置业和大地物流主要客户及运量见表8-6。

实泰置业和大地物流主要客户及运量　　表8-6

序号	服务对象	主要货类	重点发货方向	年运输量(t)
1	格力电器、浏阳烟花及长沙的农贸市场	服装、汽配、建材、电器、农产品、危险品等	珠海、广州、梧州	20710
2	浏阳烟花及长沙的农贸市场	服装、汽配、建材、电器、农产品、危险品等	上海	24050

续上表

序号	服务对象	主要货类	重点发货方向	年运输量(t)
3	松下电器、浏阳烟花及长沙的农贸市场	服装、汽配、建材、电器、农产品、危险品等	杭州	21440
4	浏阳烟花及长沙的农贸市场	服装、汽配、建材、电器、农产品、危险品等	郴州	19710
5	恒安纸业、浏阳烟花及长沙的农贸市场	纸品、服装、汽配、建材、电器、农产品、危险品等	常德	21500
6	浏阳烟花及长沙的农贸市场	服装、汽配、建材、电器、农产品、危险品等	怀化	20300
合计				127710

8.4.3.2 需求特点

(1)货源稳定,货运量大。湖南物流总部甩挂运输站场位于长沙县黄兴镇,区位优势明显,区内已有产业及新招商的食品饮料、轻印包装、汽车零部件、电子产品和机械配件等产业发展为实泰置业和大地物流开展甩挂运输提供了充足的货源,现已与西门子、松下、新飞、格力、康佳、美菱等全球及国内知名家电品牌建立了良好的合作关系。实泰置业自成立以来,年运输量以10%的速度递增。

(2)业务网络完善,易于货物集散。实泰置业和大地物流道路运输业务运营遍布全国主要经济区。企业物流配送范围覆盖全省26个市县、全国45个城市,相继在武汉、福州、郑州、杭州、厦门、哈尔滨、乌鲁木齐等40个大中城市设立分公司和办事机构,目前已形成覆盖全国大中城市的物流网络。物流网络渠道优势明显,便于在全国范围内组织货源,网络外部性将成为实泰置业和大地物流竞争优势的来源。

(3)进行试点的基础好,运作条件充分。实泰置业与其合作企业长沙大地物流早在2008年就开展甩挂运输,是国内较早开展甩挂运输的企业。近年来,实泰置业在向现代物流服务转型的过程中,十分重视运输方式的转型和创新。实泰置业已经成功运作3条甩挂运输专线,甩挂运输组织构架、运输装备、仓储设施、站场基础和信息系统等基础好。

①从甩挂运输组织构架看,依据实泰置业甩挂运输发展的总体计划,成立了甩挂运输专项工作小组,具体负责甩挂运输试点项目的组织、协调和实施工作,从而为甩挂运输试点的成功提供了组织保障。

②从运输装备看,实泰置业先后投资1000余万元,购置了牵引车20辆,挂车40辆,专门从事甩挂运输,大地物流具有多年从事货物运输的经验,现有牵引车20辆,挂车50辆,为日后规模化经营和甩挂试点积累经验,奠定基础。

③从仓储面积看,实泰置业仓储设施完善,现拥有仓储面积约10万m^3,堆场2万m^3,2012年获批成为国家仓储五星级企业,金牌仓储服务质量。

④从站场基础看,实泰置业拥有多年的物流园区开发建设运作经验,在建的湖南物流总部项目定位为湖南省内首家功能完善、服务一流的大型现代化综合物流园区。利用实泰置业已有的园区设施,为努力开拓园区甩挂运输功能奠定了基础。

⑤从信息系统基础看,近几年,实泰置业先后投入约600万元,建成牵引车GPS调度管理系统、订单管理系统、仓储管理系统、装卸理货管理系统、货物配载和签收系统。这套系统

基本实现了运输全过程的信息化,包括随时对车辆进行跟踪,掌握车辆运行状态,条码扫描运单信息,实时跟踪货物信息,代收货款或者提付收款。该系统实现对车辆和货物的定位管理,方便客户对货物进行动态定位查看。

(4)交通区位优势明显,发展潜力大。实泰置业和大地物流甩挂运输试点项目地理位置优越,远期具备开展公铁水多式联运的条件。

①公路和航空方面。实泰置业和大地物流甩挂运输试点项目所在的黄兴镇公路网密集区,距长株高速、长浏高速、京港澳高速、机场高速、107 国道和 319 国道入口均在 10km 以内,距黄花国际机场仅 8km,处于长沙致力打造的黄兴商贸新城的核心地带,通过站场发送的货物经京港澳高速和长株高速进入全国高速公路网,可达全国各大城市和港口。

②铁路方面。实泰置业和大地物流甩挂运输试点项目西连武广高铁和沪昆高铁(在建),与武广高铁站一河相隔。石长铁路与京广铁路在长沙铁路货运新北站交汇,本项目距离长沙铁路货运新北站仅 18km,通过长沙铁路货运新北站,实泰置业和大地物流将可以跟华北与华南直接互通。

③水路方面。湘江水运堪比莱茵河,甚至在水量和宽度方面还要优于莱茵河,其运力相当于 5 条铁路和 6 条高速公路。实泰置业和大地物流甩挂运输试点项目距湘江东岸长沙港仅 20km,通过湘江水运,实泰置业和大地物流将可通江达海,通过长江黄金水道与华东互通。

8.4.4 项目必要性

(1)开展甩挂运输将有效降低能源消耗和减少碳排放。经估算,试点期结束,在 6 条甩挂运输试点线路的带动作用下,本试点项目共可节约油耗 1268477L,折合标准煤 1590t,预计可减少二氧化碳排放 3545t,节能减排效果明显。

(2)开展甩挂运输将有效提高运输效率和降低运输成本。从单位运输成本看,甩挂运输方式将为实泰置业和大地物流节约成本 0.05 元/t · km,与传统模式相比运输成本下降了 15%,在试点项目的带动下,实泰置业和大地物流的总体运输成本也将大幅下降。

(3)开展甩挂运输将有助推动道路货运和物流产业结构调整。开展甩挂运输,能够推进长沙市道路货运资源优化整合,加快道路货运产业结构调整,推动现代物流业的发展。通过实泰置业和大地物流甩挂运输试点项目的实施,能够带动整个长沙市道路货运甩挂运输的发展,促进长沙市整个道路货运行业朝着规模化、组织化和集约化的方向发展。

8.5 项目运量预测

8.5.1 运量现状

实泰置业致力于向现代物流服务转型,并于 2008 年开始尝试性的开展甩挂运输,取得了良好的市场反应。近几年来,实泰置业凭借优良的市场信誉和稳定的客户资源,以及在长期的市场开拓与经营中形成的稳定的市场经营网络,不断推动甩挂运输的发展。目前,实泰置业甩挂运输发展势态良好。2011 年甩挂运输量达 21 万 t,约占企业货运总量的 39%。

8.5.2 运量预测

根据实泰置业2007～2011年货运量的历史数据，分别运用一元线性回归法、增长率法和指数平滑法，对实泰置业各特征年的货运量进行预测（表8-7）。

2007～2011年实泰置业货运量（单位：t） 表8-7

年份	2007	2008	2009	2010	2011
货运量	499320	512635	521001	525950	534360

8.5.2.1 一元线性回归法

一元线性回归分析预测法，是根据自变量 x 和因变量 y 的相关关系，建立 x 与 y 的线性回归方程进行预测的方法。

根据实泰置业2007～2011年的货运量，通过一元线性回归，得出以下拟合模型：

$$y = -944.79x^2 + 14008x + 487021$$

$$R^2 = 0.9895$$

式中，x 为年份，1代表2007年，以此类推；y 为未来年货物运输量。

货运量分布如图8-2所示。

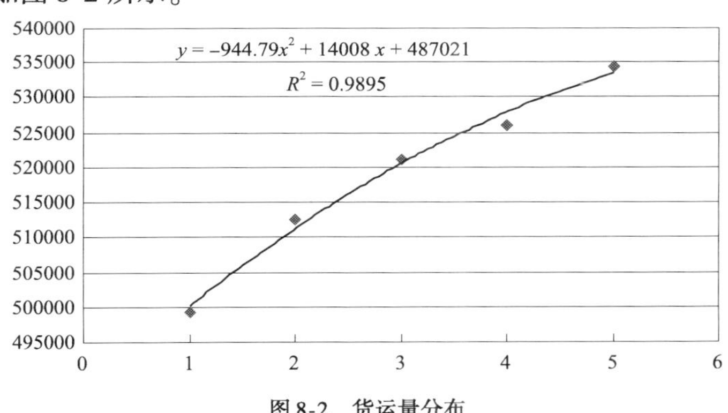

图8-2 货运量分布

8.5.2.2 增长率法

为保证甩挂运输能顺利开展，实泰置业将加强市场营销的力度，争取到更多客户，保证甩挂有充足的货源。预计2012年、2013年和2014年实泰置业货运量年均增长率为21%。据此计算，得出以下拟合模型：

$$y = 534360 \times (1 + 21\%)T(T = 1,2,3\cdots\cdots)$$

式中，T 为预测年同2011年之间的距离，1代表2012年，y 为未来年货运量。

8.5.2.3 指数平滑法

指数平滑法又称HOLT模型法，是在移动平均法基础上发展起来的一种时间序列分析预测法，通过计算历年数据的指数平滑值，配合一定的时间序列预测模型对未来各特征年进行预测的方法。

根据实泰置业2007～2011年的货运量，通过指数平滑法，得出以下货运量的拟合模型：

$$y^5 + T = 532434 + 1979 \times T(T = 1,2,3,\cdots)$$

式中，T 代表预测年同2011年之间的距离，1代表2012年。

依据上述模型，分别计算实泰置业2012年、2013年和2014年货运量预测值见表8-8。

实泰置业货运量预测汇总表　　表 8-8

年　　份		货运量(t)
2012	一元线性回归法	537057
	弹性系数法	646576
	指数平滑法	534412
	加权平均值	625069
2013	一元线性回归法	538618
	弹性系数法	782356
	指数平滑法	536391
	加权平均值	734725
2014	一元线性回归法	538782
	弹性系数法	946651
	指数平滑法	538370
	加权平均值	877220

8.5.3 试点线路甩挂运输总量预测

实泰置业联合大地物流于 2008 年开展甩挂运输,2011 年 6 条试点线路的甩挂运输量为 21 万 t,占总货运量的 39%。为了保证甩挂运输能更迅速推广,实泰置业甩挂运输小组对企业的签约客户做了深入的市场调查工作,推荐采用甩挂运输,并和多数企业就货物运输、仓储、配送等问题签署了战略协议。根据市场调查情况制定了实泰置业和大地物流甩挂运输发展计划,预计 2012 年、2013 年和 2014 年 6 条试点线路的甩挂运输量将分别占实泰置业总货运量的 43%、50%和 55%。据此,推算出试点期间 6 条线路的甩挂运输总量见表 8-9。

实泰置业试点线路甩挂运输总量预测值　　表 8-9

年份	2012	2013	2014
实泰置业货运量(万 t)	62.5	73.47	87.72
甩挂比例(%)	43	50	55
实泰置业甩挂运输量(万 t)	27	37	48

8.5.4 各试点线路甩挂运量预测

目前,实泰置业 6 条甩挂运输试点线路的运输量见表 8-10。

实泰置业各试点线路甩挂运输量　　表 8-10

线路名称(起讫点)	每月运量(t)
长沙—广州	2838
长沙—上海	3296
长沙—杭州	2938
长沙—郴州	2701
长沙—常德	2946
长沙—怀化	2782

根据市场调查情况和实泰置业道路货物运输发展规划,6条试点线路在试点期间将基本按照现有甩挂运输量比重结构开展甩挂运输,据此,可得到各特征年6条甩挂运输线路甩挂运输量的预测值,见表8-11。

实泰置业各甩挂运输试点线路货运量预测(单位:万t) 表8-11

线路名称	2012年	2013年	2014年
长沙—广州	4.38	6.00	7.78
长沙—上海	5.08	6.97	9.04
长沙—杭州	4.53	6.21	8.06
长沙—郴州	4.17	5.71	7.41
长沙—常德	4.55	6.23	8.08
长沙—怀化	4.29	5.88	7.63
合计	27	37	48

8.6 项目运营组织

8.6.1 甩挂运输组织流程

8.6.1.1 甩挂运输组织模式

湖南物流总部甩挂运输站场位于湖南省长沙县黄兴镇黄江公路以南、树新公路以东、西连长沙武广高铁站、东临黄花国际机场,紧靠长株高速,距黄花国际机场8km、星沙10km,区位优势明显,地理位置优越。本项目以湖南物流总部甩挂运输站场为核心,以信息系统为支撑,以广州、上海、杭州、郴州、常德、怀化等地的甩挂运输站场为节点,通过试点和示范,完善企业内部甩挂运输组织模式和甩挂运输技术条件,力争纳入全国甩挂运输示范单位,形成立足长沙,覆盖全省,服务全国的甩挂运输网络。据此,实泰置业和大地物流甩挂运输试点项目运营组织安排如下。

1)近期(2012~2015)

现阶段主要采用"一线两点、两端甩挂"的零担专线运输组织模式。"一线两点"即在专线的两端开展甩挂运输;"两端甩挂"指在两个干线端点之间开展甩挂运输。其运作模式如图8-3所示。

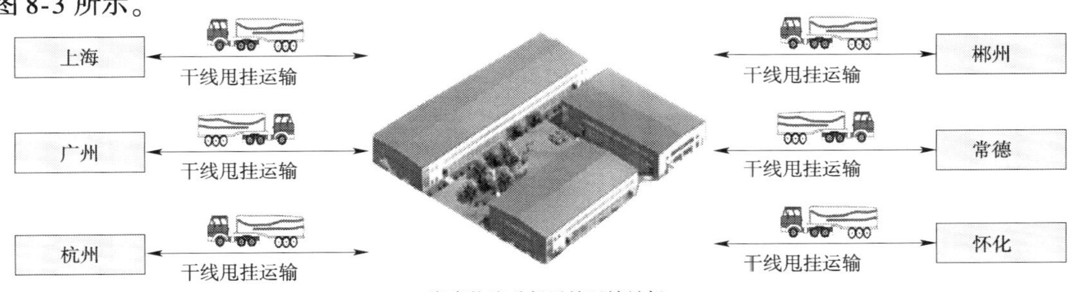

图8-3 "一线两点"的甩挂运输模式示意图

近期甩挂运输的工作重点：

(1)完成湖南物流总部甩挂运输站场的建设。

(2)优化整合现有甩挂运输线路。

(3)完成甩挂运输信息系统的升级和改造。

(4)科学配备运输装备和人员。

(5)在不同线路和不同甩挂运输站场实现牵引车科学调度、挂车互换共享。

2)中远期(2015 年以后)

实泰置业在建设和完善 6 条甩挂运输试点线路的基础上，逐步增开甩挂运输线路和增加运营网点，以湖南物流总部甩挂运输站场为甩挂运输网络核心，以信息系统为支撑，形成立足长沙，覆盖全省，服务全国的网络型甩挂运输体系。其运作模式如图 8-4 所示。

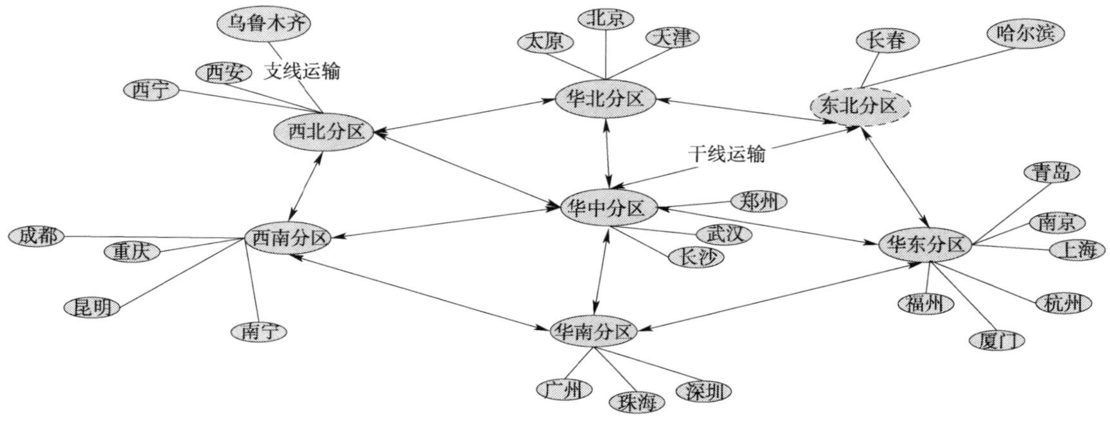

图 8-4　网络型甩挂运营示意图

中远期甩挂运输工作重点：

(1)开发和建立湖南零担物流信息公共平台，实现物流、资金流、商流的无缝链接；整合专线资源，聚集专线企业，建立辐射全省和全国的零担网络。

(2)在有业务往来的全国部分枢纽城市设立营运网点，并以合作的形式加入到其他网络甩挂运输系统之中，参与全国范围的甩挂运输，有效扩大实泰置业和大地物流的甩挂运输经营范围。

(3)加快构建以湖南物流总部甩挂运输站场为核心的甩挂运输网络体系。

8.6.1.2　运营组织方案

1)线路计划

试点期间，实泰置业和大地物流在已开展的甩挂运输线路上选取 6 条进行试点，通过对线路进行调整布局，进一步优化甩挂运输模式，扩大甩挂运输量在公司总运量中的比重，争当全国甩挂运输示范(表 8-12)。

(1)长沙—广州：总里程 750km，计划投入牵引车 12 辆，挂车 30 辆，月运量达 0.65 万 t。去程货类为危险品、农产品等，作业站场为湖南物流总部甩挂运输站场；回程货类为电器、服装、汽配、建材等，作业站场为广州白云甩挂运输站场。主要服务对象为格力电器、浏阳烟花及长沙的农贸市场。

(2)长沙—上海:总里程1090km,计划投入牵引车18辆,挂车45辆,月运量达0.75万t。去程货类为服装、汽配、建材、电器、危险品等,作业站场为湖南物流总部甩挂运输站场;回程主要货类为服装、农产品、电器等,作业站场为上海顺载甩挂运输站场。主要服务对象为浏阳烟花及长沙的农、商贸市场。

(3)长沙—杭州:总里程920km,计划投入牵引车15辆,挂车37辆,月运量达0.67万t。去程货类为危险品、农产品等,作业站场为湖南物流总部甩挂运输站场;回程主要货类为电器,作业站场为杭州下沙甩挂运输站场。主要服务对象为松下电器、浏阳烟花及长沙的农贸市场。

(4)长沙—郴州:总里程350km,计划投入牵引车7辆,挂18辆,月运量达0.62万t。去程货类为服装、汽配、建材、电器、农产品等,作业站场为湖南物流总部甩挂运输站场;回程主要货类为危险品、农产品、汽配等,作业站场为郴州紫芸甩挂运输站场。主要服务对象为浏阳烟花及长沙的农贸市场。

(5)长沙—常德:总里程170km,计划投入牵引车8辆,挂车20辆,月运量达0.67万t。去程货类为服装、汽配、建材、电器、危险品、农产品等,作业站场为湖南物流总部甩挂运输站场;回程主要货类为恒安纸业,作业站场为常德恒安甩挂运输站场。主要服务对象为恒安纸业、浏阳烟花及长沙的农贸市场。

(6)长沙—怀化:总里程450km,计划投入牵引车8辆,挂车20辆,月运量达0.64万t。去程货类为服装、汽配、建材、电器、危险品、农产品等,作业站场为湖南物流总部甩挂运输站场;回程主要货类为农商贸产品等,作业站场为怀化沿河甩挂运输站场。主要服务对象为浏阳烟花及长沙的农贸市场

湖南物流总部甩挂运输试点线路货运情况(2014年) 表8-12

线路名称	总里程(km)	月运量(万t)	货类		货主
			去程	返程	
长沙—广州	750	0.65	危险品、农产品等	电器、服装、汽配、建材等	格力电器、浏阳烟花及长沙的农贸市场
长沙—上海	1090	0.75	服装、汽配、建材、电器、危险品等	服装、农产品、电器等	浏阳烟花及长沙的农贸市场
长沙—杭州	920	0.67	危险品、农产品等	松下电器、零担货物	松下电器、浏阳烟花及长沙的农贸市场
长沙—郴州	350	0.62	服装、汽配、建材、电器、农产品等	危险品、农产品、汽配等	浏阳烟花及长沙的农贸市场
长沙—常德	170	0.67	服装、汽配、建材、电器、危险品、农产品等	恒安纸业	恒安纸业、浏阳烟花及长沙的农贸市场
长沙—怀化	450	0.64	服装、汽配、建材、电器、危险品、农产品等	农商贸产品等	浏阳烟花及长沙的农贸市场

实泰置业和大地物流未来甩挂运输试点工作将在目前运作的基础上,进一步完善甩挂

运输作业模式，扩大甩挂运输在专线总运量中的比重。现阶段6条甩挂运输试点线路已经明确，根据试点线路试点期间货运量预测，6条甩挂运输线路牵引车日作业次数、牵引车作业时间等营运组织方案见表8-13。

甩挂运输试点线路运营组织方案　　表8-13

线路名称	往返总里程(km)	每辆牵引车每天作业次数	牵引车每次作业时间(h)			甩挂运输量(万t)
			运行时间	检测休息	装卸	2014年
长沙—广州	750	0.67	12	3	3	7.78
长沙—上海	1090	0.5	18	3.5	3	9.04
长沙—杭州	920	0.55	16	3.5	3	8.06
长沙—郴州	350	1	8	2.5	3	7.41
长沙—常德	170	1	4	1.5	3	8.08
长沙—怀化	450	1	8	2.5	3	7.63

2)运营作业流程

从甩挂运输的运营模式来看，实泰置业和大地物流甩挂运输试点项目近期主要采取“一线两点”的零担专线甩挂运输组织模式，中远期在完善现有甩挂运输线路的基础上进一步开展网络型甩挂模式。

(1)“一线两点”。

以长沙—广州专线运作为例，“一线两点”的零担专线甩挂运输组织模式的基本流程如图8-5所示。该模式主要涉及湖南物流总部甩挂运输站场和广州白云甩挂运输站场两个节点，各节点的功能分工如下：

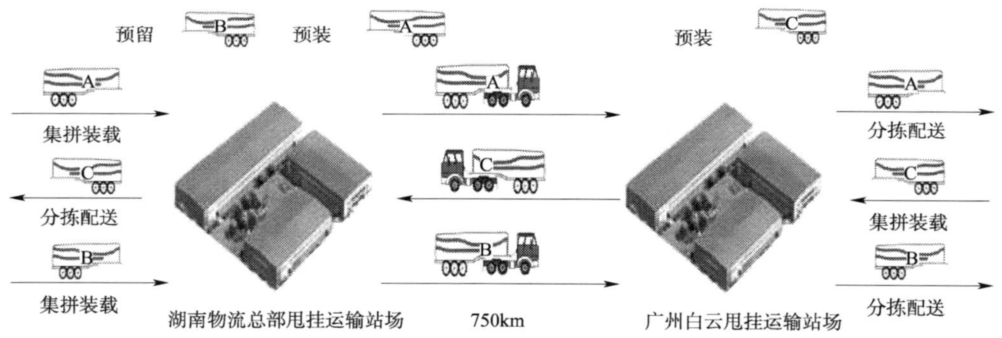

图8-5　实泰置业和大地物流“一线两点”的甩挂运营组织流程

①湖南物流总部甩挂运输站场：负责汇集长沙市的零担货源，提供仓储、物流配送、信息资源等；对牵引车、挂车、托盘、装卸设备等资源、驾驶人、装卸人员和货源的统一调配；为营运车辆提供停放、维修、驾驶人休息和用餐等后勤服务。

②广州白云甩挂运输站场：负责汇集广州市的零担货源，组织安排人员及时装卸货，为营运车辆提供停放、维修、驾驶人休息和用餐等后勤服务。具体甩挂作业步骤如下：

步骤1：在湖南物流总部甩挂运输站场预留2个挂车(A挂车和B挂车，A预先装好)，在广州白云甩挂运输站场预装1个挂车(C挂车)，进行货物的装载作业。

步骤2：牵引车从湖南物流总部甩挂运输站场牵引完成装载A挂车前往广州，在广州白

云甩挂运输站场摘下 A 挂车。

步骤 3:随后牵引车挂上在广州已完成装载的 C 挂车返回湖南物流总部甩挂运输站场。

步骤 4:在湖南物流总部甩挂运输站场,牵引车挂上已完成装载的 B 挂车前往广州,重复步骤 1,进行下一个循环。

(2)"网络型甩挂"。

实泰置业和大地物流中远期甩挂运输采用"平台开放,信息共享,资源优化,网络甩挂"的运输组织模式。"开放平台"指以实泰置业为龙头,以线路联合或联盟的方式广泛吸纳社会资源;"信息共享"指各甩挂运输企业信息系统兼容,并对客户开放;"资源优化"是指不同甩挂运输企业在牵引车、挂车、货源等甩挂运输资源进行协调优化,以满足客户需求为目标,以市场为手段,以运输效率为准则,形成甩挂运输网络联盟。"网络甩挂"指牵引车不必在第一个干线运输的讫点之后立即回到其始发地,而是根据需要可以在整个网络中调配使用,形成基于整个网络的大循环;"网络型甩挂"的基本流程如图 8-6 所示。

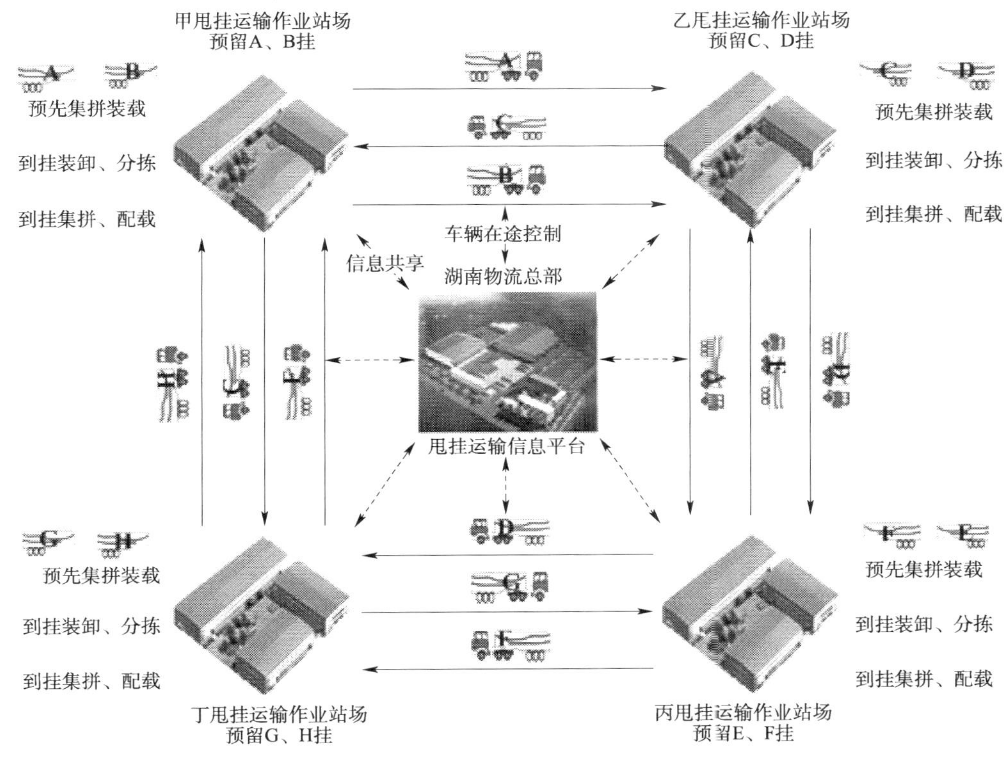

图 8-6　实泰置业和大地物流网络甩挂运营组织流程

具体甩挂运输步骤如下:

步骤 1:甲、乙、丙、丁四个甩挂运输站场分别预留 A、B、C、D、E、F、G、H 八个挂车,且这八个挂车分别预先集拼装载。

步骤 2:牵引车先从甲甩挂运输站场拖挂 A 挂前往乙甩挂运输站场,到达乙甩挂运输站场后,办理检查、交接手续,随后牵引车拖挂 C 挂从乙甩挂运输站场返回甲甩挂运输站场,A 挂在乙甩挂运输站场进行装卸、分拣、集拼、配载,等待运输。

步骤3:牵引车拖C挂到达甲甩挂运输站场后,办理检查、交接手续,随后牵引车拖挂B挂从甲甩挂运输站场前往乙甩挂运输站场,C挂在甲甩挂运输站场进行装卸、分拣、集拼、配载,等待运输。

步骤4:牵引车先从乙甩挂运输站场拖挂D挂前往丙甩挂运输站场,到达丙甩挂运输站场后,办理检查、交接手续,随后牵引车拖挂E挂从丙甩挂运输站场返回乙甩挂运输站场,D挂在丙甩挂运输站场进行装卸、分拣、集拼、配载,等待运输。

步骤5:牵引车拖E挂到达乙甩挂运输站场后,办理检查、交接手续,随后牵引车拖挂A挂从乙甩挂运输站场前往丙甩挂运输站场,E挂在乙甩挂运输站场进行装卸、分拣、集拼、配载,等待运输。

步骤6:牵引车先从丙甩挂运输站场拖挂F挂前往丁甩挂运输站场,到达丁甩挂运输站场后,办理检查、交接手续,随后牵引车拖挂G挂从丁甩挂运输站场返回丙甩挂运输站场,F挂在丁甩挂运输站场进行装卸、分拣、集拼、配载,等待运输。

步骤7:牵引车拖G挂到达丙甩挂运输站场后,办理检查、交接手续,随后牵引车拖挂D挂从丙甩挂运输站场前往丁甩挂运输站场,G挂在丙甩挂运输站场进行装卸、分拣、集拼、配载,等待运输。

步骤8:牵引车先从丁甩挂运输站场拖挂H挂前往甲甩挂运输站场,到达甲甩挂运输站场后,办理检查、交接手续,随后牵引车拖挂C挂从甲甩挂运输站场返回丁甩挂运输站场,H挂在甲甩挂运输站场进行装卸、分拣、集拼、配载,等待运输。

步骤9:牵引车拖C挂到达丁甩挂运输站场后,办理检查、交接手续,随后牵引车拖挂F挂从丁甩挂运输站场前往甲甩挂运输站场,C挂在丁甩挂运输站场进行装卸、分拣、集拼、配载,等待运输。

步骤10:重复步骤2过程,进入下一循环,如此往复。期间通过甩挂运输信息平台实现各站场间的信息共享,线路联盟,运力互助,最终实现网络甩挂。

8.6.2 试点项目站场建设计划

本试点项目中需要建设的甩挂运输专业站场为湖南物流总部甩挂运输站场,该站场总占地面积5万m^2,属实泰置业既有用地。该站场位于长沙县黄兴镇,西连长沙武广客运新站、东临黄花国际机场,紧靠长株高速,香樟东路、劳动东路直通城区,距市区5km、黄花国际机场8km、星沙10km,正处于长沙致力打造的临空经济圈的核心地带。

根据长沙市国民经济和社会发展规划、长沙市城市总体规划、长沙市物流业发展规划、长沙市公路货运业发展规划,结合实泰置业和大地物流甩挂运输发展思路和开展甩挂运输的基础条件,湖南物流总部甩挂运输站场的战略定位为:以湖南物流总部甩挂运输站场目标市场需求为导向,以信息技术为支撑,创新实泰置业和大地物流公路运输营运模式,优化公路货物运输结构,提供集运输、仓储、搬运、装卸、集散、配送、中转、货运代理等多功能于一体的现代物流基础服务,同时提供金融结算、保险、工商税务和生产、生活等辅助服务以及其他物流增值服务,成为长沙辐射全省、全国的公共物流平台,推动实泰置业和大地物流甩挂运输快速发展。湖南物流总部甩挂运输站场属于扩建项目,本次试点,主要是按照道路货物甩挂运输的专业化要求,建设专业化的甩挂运输站场,主要扩建内容见表8-14。

试点项目站场扩建规模汇总　　表 8-14

序　号	名　　称		单　　位	数　　量	备　　注
1	总用地面积		m^2	50000	—
2	道路用地		m^2	10007	—
3	总建筑面积		m^2	15093.24	新建
	其中	零担甩挂仓库(18 号、19 号)	m^2	8462.77	新建
		零担甩挂仓库(4 号)	m^2	6630.47	新建
4	停车场		m^2	6439	新建
5	装卸平台		m^2	447.84	新建
6	装卸作业场地		m^2	17498.72	新建
7	绿化		m^2	514.2	—

本项目将于 2012 年 9 月开工，2013 年 6 月竣工，2013 年 7 月投产运营。

8.6.3　甩挂运输装备及人员计划

8.6.3.1　车辆配置

在甩挂运输组织方式发展比较成熟的阶段，牵引车和挂车实现标准化管理，牵引车和挂车可以在所有甩挂运输站场进行甩挂作业，即运力配置只需考虑全部线路总体情况。但在甩挂运输试点阶段，由于管理、经验和技术等方面的不足，企业通常按照不同的线路分别进行牵引车和挂车的配置。

(1)牵引车配置方案。根据前面预测的甩挂运输需求，到 2014 年，湖南物流总部甩挂运输试点线路牵引车总需求为 70 辆、挂车 175 辆，牵引车总量为各条甩挂运输线路牵引车数量以及部分场内牵引车之和，其中需新增牵引车 50 辆，挂车 135 辆，见表 8-15。

2014 年甩挂运输试点各线路基本情况　　表 8-15

线路名称	总里程(km)	每牵引车每天作业次数	本线路甩挂运输的主要货类	甩挂运输量(万 t)
长沙—广州	750	0.67	危险品、农产品、电器、服装、汽配、建材等	7.78
长沙—上海	1090	0.5	服装、汽配、建材、电器、危险品、服装、农产品、电器等	9.04
长沙—杭州	920	0.55	危险品、农产品、电器等	8.06
长沙—郴州	350	1	服装、汽配、建材、电器、农产品、危险品、农产品、汽配等	7.41
长沙—常德	170	1	服装、汽配、建材、电器、危险品、农产品、恒安纸业等	8.08
长沙—怀化	450	1	服装、汽配、建材、电器、危险品、农产品、农商贸产品等	7.63

注：每牵引车年均作业 330 天，荷载 30t，往返一趟为作业一次。

①2013 年甩挂运输线路牵引车配置方案(表 8-16)。

线路 1:长沙—广州

牵引车数量 = 日均作业量(双向)/(日均每辆牵引车运行次数 × 单车载质量) = 182/(0.67 × 30) = 9 辆

线路 2:长沙—上海

牵引车数量 = 日均作业量(双向)/(日均每辆牵引车运行次数 × 单车载质量) = 211/(0.5 × 30) = 14 辆

线路 3:长沙—杭州

牵引车数量 = 日均作业量(双向)/(日均每辆牵引车运行次数 × 单车载质量) = 188/(0.55 × 30) = 11 辆

线路 4:长沙—郴州

牵引车数量 = 日均作业量(双向)/(日均每辆牵引车运行次数 × 单车载质量) = 173/(1 × 30) = 6 辆

线路 5:长沙—常德

牵引车数量 = 日均作业量(双向)/(日均每辆牵引车运行次数 × 单车载质量) = 189/(1 × 30) = 6 辆

线路 6:长沙—怀化

牵引车数量 = 日均作业量(双向)/(日均每辆牵引车运行次数 × 单车载质量) = 178/(1 × 30) = 6 辆

②2014 年甩挂运输线路牵引车配置方案。

线路 1:长沙—广州

牵引车数量 = 日均作业量(双向)/(日均每辆牵引车运行次数 × 单车载质量) = 236/(0.67 × 30) = 12 辆

线路 2:长沙—上海

牵引车数量 = 日均作业量(双向)/(日均每辆牵引车运行次数 × 单车载质量) = 274/(0.5 × 30) = 18 辆

线路 3:长沙—杭州

牵引车数量 = 日均作业量(双向)/(日均每辆牵引车运行次数 × 单车载质量) = 244/(0.55 × 30) = 15 辆

线路 4:长沙—郴州

牵引车数量 = 日均作业量(双向)/(日均每辆牵引车运行次数 × 单车载质量) = 225/(1 × 30) = 7 辆

线路 5:长沙—常德

牵引车数量 = 日均作业量(双向)/(日均每辆牵引车运行次数 × 单车载质量) = 245/(1 × 30) = 8 辆

线路 6:长沙—怀化

牵引车数量 = 日均作业量(双向)/(日均每辆牵引车运行次数 × 单车载质量) = 231/(1 × 30) = 8 辆

试点期不同甩挂运输线路运力配置表 表 8-16

线路或站场名称	总里程（km）	牵引车数量(辆)		拖挂比	挂车数量(辆)	
		2013 年	2014 年		2013 年	2014 年
长沙—广州	750	9	12	1:2.5	23	30
长沙—上海	1090	14	18	1:2.5	35	45
长沙—杭州	920	11	15	1:2.5	27	37
长沙—郴州	350	6	7	1:2.5	15	18
长沙—常德	170	6	8	1:2.5	15	20
长沙—怀化	450	6	8	1:2.5	15	20
物流园区	—	1	2	1:2.5	2.5	5
试点项目合计	—	53	70	—	133	175

③场地牵引车配置数量。根据甩挂运输作业要求，除了线路甩挂运输外，甩挂运输站场还需要一定数辆的牵引车进行场地内作业，或作为车辆检测、维修等导致运力不足时的备用车辆。依据站场实际情况，在湖南物流总部甩挂运输站场配置 2 辆场地牵引车。

(2)挂车配置方案。通常来讲，拖挂比的确定与车辆在途运行时间和装卸等待时间关系密切，湖南物流总部甩挂运输试点项目省内 3 条试点线路运距都在 500km 以内，省外 3 条试点线路运距都在 1000km 左右，综合考虑，并结合企业运作实际，设置 1:2.5 的拖挂比是较为合理的。除此之外，站场还需配备一定数量的挂车，用于挂车检测、维修、装卸延误等情况出现时备用。根据本项目的情况，湖南物流总部甩挂运输站场需另外配备 5 辆挂车。

8.6.3.2 人员配置

根据 6 条试点线路货运量预测结果和企业甩挂运输专线基本作业流程，参照企业用工规范和管理办法，至 2014 年，湖南物流总部甩挂运输试点共需新增人员 230 名，其中，驾驶人：长沙—广州、上海、杭州线路按每辆牵引车 2 名配备，省外 3 条线共新增 33 辆牵引车，共需新增 66 人；长沙—郴州、常德、怀化线路按每辆牵引车 1 名配备，省外 3 条线共新增 15 辆牵引车，共需新增 15 人；场地牵引车每辆配备 1 名驾驶人，新增 2 辆牵引车，共需新增 2 人，2014 年湖南物流总部甩挂运输试点共需新增驾驶人 83 人。站场装卸人员按每辆挂车 1 人配备，新增 135 辆挂车，共需新增 135 人。普通管理人员按驾驶人和装卸人员的 1/30 计算，高级管理人员(含领导)按驾驶人和装卸人员的 1/45 计算，共需新增 12 人。详细计划见表 8-17。

试点项目新增人员配置计划 表 8-17

项 目 指 标	单 位	数 量	实施计划(新增)	
			2013 年	2014 年
牵引车数量	辆	50	32	18
挂车数量	辆	135	90	45
人员总数	人	230	154	76
其中：驾驶人	人	83	56	27
装卸人员	人	135	90	45
管理人员	人	12	8	4

8.6.4 信息系统建设

为做好信息化支撑,保证各类运输资源的有效整合,需要进行全面信息化建设,主要包括 GPS 调度管理系统、甩挂运输站场视频监控系统、仓储管理信息系统、订单管理信息系统和装卸理货管理系统等。各个系统的功能如下。

8.6.4.1 甩挂运输 GPS 调度管理系统

运用 GPS 卫星定位系统对运输过程实现可视化监控,实现甩挂运输的全程跟踪与定位,提高牵引车辆利用率,消除车辆脱线行驶、私拉乱运,驾驶人疲劳驾驶、超速行驶等安全隐患,利用安装燃油记录仪监督驾驶人倒油、卖油、超油等不法行为,降低营运成本,提高车辆运营效率安全行车更有保障(图 8-7)。

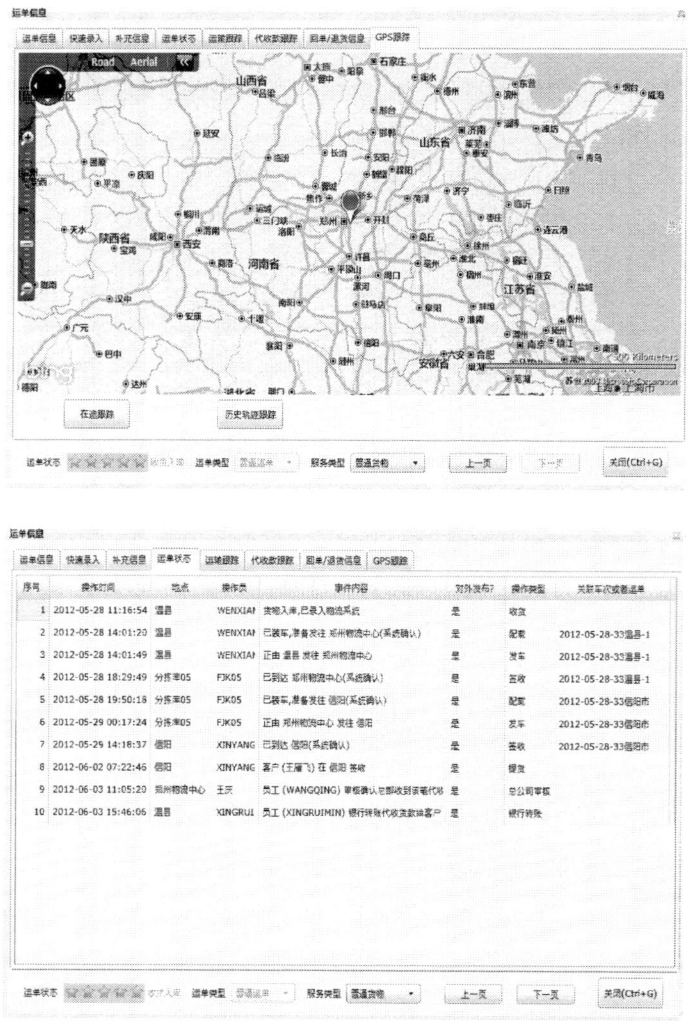

图 8-7 实泰置业 GPS 调度管理系统

8.6.4.2　甩挂运输油耗监测系统

甩挂运输油耗监测系统主要用于数字化记录甩挂运输车辆加油、耗油情况，防止盗油现象发生，避免资源浪费，并提高交通安全，加强运营管理。其主要功能包括油料消耗统计、加油数量统计、燃油损失、车辆平均油耗计算、车辆油量变化图形显示等。

8.6.4.3　甩挂运输场站视频监控系统

甩挂运输场站视频监控系统主要是对站场内外环境的监控，尤其是对停车场内重载半挂车区域以及仓储区、专线作业进行监控，通过该系统实时监控、视频录像回放功能实现各个场站的安全管理和突发事件的处置以及进出场站的车辆管理。

8.6.4.4　订单管理系统

订单管理系统是客户服务部门接受订单之后，将订单录入系统，从而开始单据在物流系统中的流转过程。同时对订单进行跟踪管理，并与客户之间保持联系，向客户及时地提供订单的执行情况，提升客户满意度。

8.6.4.5　仓储管理系统

实现对仓储运作全过程的管理，包括入库、出库、盘点、不良品处理、库存实时查询齐备的功能，并提供完善的单据报表，采用严格的权限控制，从而保证了仓储运作的严格、有序、高效。

8.6.4.6　装卸理货信息系统

针对甩挂运输专线的作业特点，开发专业的装卸理货管理信息系统，按照不同批次，对不同货物的装卸、分拣、理货、配送等进行信息化管理，减少货物的丢失，确保专线运输的可靠性(图8-8)。

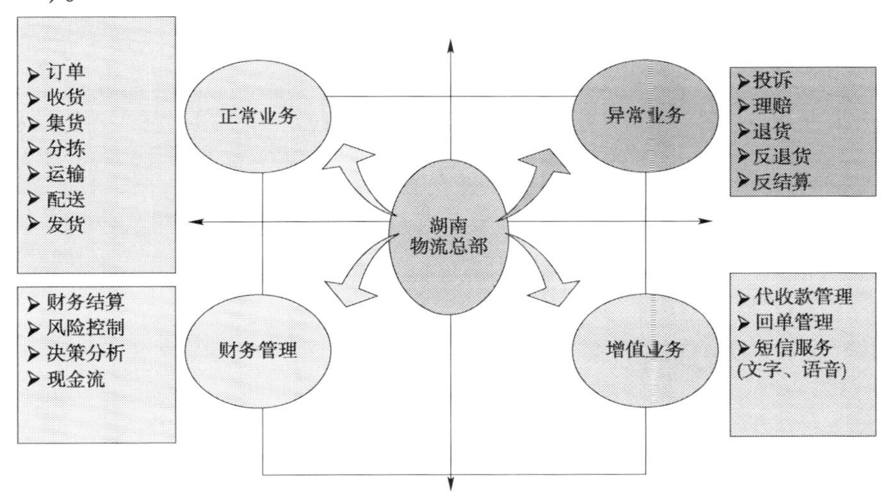

图8-8　实泰置业零担物流信息系统

8.6.4.7　货运信息交易平台

通过货运交易信息平台，构建无形的货运交易市场，将分散的货源信息、运力信息等实现集约化组织，通过撮合、信息配对，提高运输的组织化程度，为甩挂作业提供有效的货源保障和运力保障。

湖南物流总部甩挂信息系统建设内容见表8-18。

湖南物流总部甩挂信息系统建设内容　　表 8-18

系统名称	功能作用	新建或改造
甩挂运输站场视频监控系统	视频监控	新建
GPS 调度管理系统	在途监控	改造
订单管理系统	订单流程管理	改造
仓储管理系统	仓储管理	改造
装卸理货管理系统	装卸、进货	改造
甩挂运输油耗监测系统	油耗监测	新建
信息交易系统	信息共享	改造

8.7　项目方案所需基础条件

8.7.1　项目运作条件及资金投入

根据实泰置业和大地物流甩挂运输试点项目对甩挂运输站场、车辆装备、信息系统、人员投入的总体需求，参照湖南省现行人员工资平均水平、建筑和设备等的价格水平，对试点项目总体资金需求进行估算。

8.7.1.1　车辆购置

按照实泰置业和大地物流甩挂运输试点项目计划，2014 年之前，共需新增牵引车 50 辆，挂车 135 辆，计划投入资金 3370 万元，见表 8-19。

实泰置业车辆装备投入测算　　表 8-19

投资项目	投入规模		投资规模	
	单位	数量	单价(万元)	总投资(万元)
牵引车	辆	50	35	1750
挂车	辆	135	12	1620
合计				3370

8.7.1.2　甩挂运输站场建设

湖南物流总部甩挂运输站场总占地面积约 50000m²，属于扩建项目，项目工程造价投资估算总金额 4548.27 万元，具体建设费用构成见表 8-20。项目建设工期 10 个月，将于 2012 年 9 月开工，2013 年 7 月投产运营。主要建设内容包括装卸作业场地和道路、装卸平台、甩挂专用仓库和停车场等。

湖南物流总部甩挂运输站场工程建设费用估算表　　表 8-20

项　目	工程或费用名称	单　位	数　量	单价(元)	金额(万元)
第一部分　建筑安装工程费					4293.81
一　建筑物					
1	甩挂专用仓库(4 号)	m²	6630.47	1800	1193.4846
2	甩挂专用仓库(18 号、19 号)	m²	8462.77	1900	1607.9263

续上表

项　目	工程或费用名称	单　位	数　量	单价(元)	金额(万元)
二　构筑物					
1	装卸平台	m^2	447.84	700	31.3488
2	停车场	m^2	6439	350	225.365
3	装卸作业场地		17498.72	500	874.936
4	场区内道路及路面	m^2	10007	300	300.21
5	门卫房	m^2	117	1000	11.7
6	大门	个	1	20000	2
7	围墙	延米	975	80	7.8
三　市政配套及其他设施					
1	供水管道	套	1	60000	6
2	污水排水暗管	套	1	50000	5
3	雨水排水暗管	套			
4	场区电力线路	套	1	80000	8
5	变配电压器	套			
6	场区通信线路	套	1	100000	10
7	垃圾箱	个	20	500	1
8	公厕及垃圾收集站	个	1	10000	1
9	消防栓	个	15	1000	1.5
10	绿化	m^2	514	30	1.54
11	其他配套工程	套	1	50000	5.00
第二部分　设备购置费					408
1	安防、监控设备	套	1	80000	8
2	场区消防设备	按规定	1	100000	10
3	行政办公设备及其他	按科室配	1	50000	5
4	微机管理设备	台	10	8000	8
5	垃圾污水处理设备	套	1	80000	8
6	车辆检修设备	套	1	100000	10
7	车辆清洗设备	套	1	100000	10
8	发电机及供电设备	套	1	150000	15
9	空调设备	台	1	80000	8
10	装卸设备	台/套	15	150000	225
11	标准化托盘	个	3000	300	90
12	门禁管理系统	套	1	60000	6
13	其他设备(包括栏杆、标识牌等)	套	1	50000	5
第三部分　工程建设其他费用					531.37
1	建设单位管理费	万元	0	1.20%	59.42
2	勘察设计费	万元	4701.81	1.00%	47.02

续上表

项　目	工程或费用名称	单　位	数　量	单价(元)	金额(万元)
3	工程保险费	万元	4701.81	0.50%	23.51
4	工程监理费	万元	4701.81	1.00%	47.02
5	城市建设配套费	元/m^2	15093.24	150	226.40
6	前期工作准备费	万元	—	—	30.00
7	建设期贷款利息	万元	—	—	98
第一、二、三部分费用合计					5233.18
第四部分　预备费用					523.32
1	预备费	万元	5233.18	10%	523.32
投资估算总额					5756.5

8.7.1.3　甩挂运输信息系统

实泰置业现有专用信息服务场所,拥有计算机信息平台和全球卫星定位系统(GPS),随时对车辆进行跟踪,掌握车辆运行状态。同时,货运站实行订单管理系统、仓储管理系统、装卸理货管理系统,使客户能随时查询货物的在途状态。拟投资开发、升级甩挂运输管理信息系统平台,具体包括:GPS 调度管理系统、甩挂运输站场视屏监控系统、订单管理系统、甩挂运输油耗监测系统、仓储管理系统等,以促进甩挂运输高效运行。根据测算,实泰置业对于信息系统建设共需投入约 500 万元,见表 8-21。

实泰置业甩挂运输站场信息系统投资估算　　表 8-21

系 统 名 称	功 能 作 用	新建或改造	投资估算(万元)
甩挂运输站场视频监控系统	视频监控	新建	80
GPS 调度管理系统	在途监控	改造	80
订单管理系统	订单流程管理	改造	60
仓储管理系统	仓储管理	改造	60
装卸理货管理系统	装卸、进货	改造	60
甩挂运输油耗监测系统	油耗监测	新建	100
信息交易系统	信息共享	改造	60
合计			500

8.7.2　项目资金筹措

综合实泰置业和大地物流甩挂运输试点项目各分项投入资金测算,需投入资金总额约为 9626.5 万元,见表 8-22。

实泰置业和大地物流甩挂运输试点项目资金投入汇总表　　表 8-22

具体投入项目	投入金额(万元)
车辆装备投入	3370
甩挂运输站场改造	5756.5
信息系统	500
合计	9626.5

实泰置业和大地物流甩挂运输试点项目资金筹措方案如下:

根据财政部、交通运输部《公路甩挂运输试点专项资金管理暂行办法》(财建〔2012〕137号)的要求,对于符合条件的甩挂运输站场建设改造、车辆更新购置、信息系统建设改造,中央财政可给予相应的资金补贴。本项目可纳入补贴范围的投资总计为8418.27万元。由于投资额小于1亿元,采用比例补助方式。甩挂运输站场建设或改造、牵引车购置更新、管理信息系统建设或改造按照投资总额的10%给予补助,挂车购置更新按照投资总额的20%给予补助,每个项目补助总额不高于1000万元。按照有关政策,国家补助资金采取"以奖代补"方式,属事后补贴,该部分资金需由企业先行垫付,待验收合格后,再据实给予资金补助。

8.8　项目经济效益与社会效益分析

8.8.1　经济效益分析

8.8.1.1　项目运输效率对比分析

实泰置业和大地物流采用甩挂运输方式后运输效率的提升主要体现在由于减少了牵引车的装卸等待时间,将有效减少牵引车的使用数量,增加单车载重行驶里程以及完成的总周转量。

从数据分析来看,试点线路运输效率对比如下(表8-23)。

线路1:长沙—广州

传统模式:牵引车平均每月往返作业10次,单车年总行程 = 10 × 750 × 2 × 12 = 180000km;以传统单车运输模式车辆里程利用率为0.67计算,牵引车单车年载重行驶里程 = 180000 × 0.67 = 120600km;单车完成周转量 = 30t × 120600km = 3618000t · km。

甩挂模式:牵引车平均每月往返作业20次,单车年总行程 = 20 × 750 × 2 × 12 = 360000km;以平均里程利用率0.8计算,牵引车单车年载重行驶里程 = 360000 × 0.8 = 288000km;单车完成周转量 = 30t × 288000km = 8640000t · km。

从以上分析可以看出,采用甩挂模式,牵引车单车年总行程提高了100%,单车载重行驶里程上升了138.8%,单车完成周转量提高了138.8%。

线路2:长沙—上海

传统模式:牵引车平均每月往返作业7.5次,单车年总行程 = 7.5 × 1090 × 2 × 12 = 196200km;以传统单车运输模式车辆里程利用率为0.67计算,牵引车单车年载重行驶里程 = 196200 × 0.67 = 131454km;单车完成周转量 = 30t × 131454km = 3943620t · km。

甩挂模式:牵引车平均每月往返作业15次,单车年总行程 = 15 × 1090 × 2 × 12 = 392400km;以平均里程利用率0.8计算,牵引车单车年载重行驶里程 = 392400 × 0.8 = 313920km;单车完成周转量 = 30t × 313920km = 9417600t · km。

从以上分析可以看出,采用甩挂模式,牵引车单车年总行程提高了100%,单车载重行驶里程上升了138.8%,单车完成周转量提高了138.8%。

线路3:长沙—杭州

传统模式:牵引车平均每月往返作业8次,单车年总行程 = 8 × 920 × 2 × 12 = 176640km;以传统单车运输模式车辆里程利用率为0.67计算,牵引车单车年载重行驶里程 = 176640 × 0.67 = 118348.3km;单车完成周转量 = 30t × 118348.3km = 3550464t · km。

甩挂模式:牵引车平均每月往返作业16次,单车年总行程 = 16 × 920 × 2 × 12 =

353280km；以平均里程利用率 0.8 计算，牵引车单车年载重行驶里程 = 353280 × 0.8 = 282624km；单车完成周转量 = 30t × 282624km = 8478720t · km；

从以上分析可以看出，采用甩挂模式，牵引车单车年总行程提高了 100%，单车载重行驶里程上升了 138.8%，单车完成周转量提高了 138.8%。

线路 4：长沙—郴州

传统模式：牵引车平均每月往返作业 15 次，单车年总行程 = 15 × 350 × 2 × 12 = 126000km；以传统单车运输模式车辆里程利用率为 0.67 计算，牵引车单车年载重行驶里程 = 126000 × 0.67 = 84420km；单车完成周转量 = 30t × 84420km = 2532600t · km。

甩挂模式：牵引车平均每月往返作业 30 次，单车年总行程 = 30 × 350 × 2 × 12 = 252000km；以平均里程利用率 0.8 计算，牵引车单车年载重行驶里程 = 252000 × 0.8 = 201600km；单车完成周转量 = 30t × 201600km = 6048000t · km。

从以上分析可以看出，采用甩挂模式，牵引车单车年总行程提高了 100%，单车载重行驶里程上升了 138.8%，单车完成周转量提高了 138.8%。

线路 5：长沙—常德

传统模式：牵引车平均每月往返作业 15 次，单车年总行程 = 15 × 170 × 2 × 12 = 61200km；以传统单车运输模式车辆里程利用率为 0.67 计算，牵引车单车年载重行驶里程 = 61200 × 0.67 = 41004km；单车完成周转量 = 30t × 41004km = 1230120t · km。

甩挂模式：牵引车平均每月往返作业 30 次，单车年总行程 = 30 × 170 × 2 × 12 = 122400km；以平均里程利用率 0.8 计算，牵引车单车年载重行驶里程 = 122400 × 0.8 = 97920km；单车完成周转量 = 30t × 97920km = 2937600t · km。

从以上分析可以看出，采用甩挂模式，牵引车单车年总行程提高了 100%，单车载重行驶里程上升了 138.8%，单车完成周转量提高了 138.8%。

线路 6：长沙—怀化

传统模式：牵引车平均每月往返作业 15 次，单车年总行程 = 15 × 450 × 2 × 12 = 162000km；以传统单车运输模式车辆里程利用率为 0.67 计算，牵引车单车年载重行驶里程 = 162000 × 0.67 = 108540km；单车完成周转量 = 30t × 108540km = 3256200t · km。

甩挂模式：牵引车平均每月往返作业 30 次，单车年总行程 = 30 × 450 × 2 × 12 = 324000km；以平均里程利用率 0.8 计算，牵引车单车年载重行驶里程 = 324000 × 0.8 = 259200km；单车完成周转量 = 30t × 259200km = 7776000t · km。

从以上分析可以看出，采用甩挂模式，牵引车单车年总行程提高了 100%，单车载重行驶里程上升了 138.8%，单车完成周转量提高了 138.8%。

试点线路运输效率对比分析 表 8-23

线路名称	运输方式	车辆吨位（t）	单车年总行程（车 km）	单车年载重行驶里程（重车 km）	单车完成周转量（t · km）
长沙—广州	传统模式	30	180000	120600	3618000
	甩挂模式	30	360000	288000	8640000
	增减量	—	180000	167400	5022000
	增减率（%）	—	100	138.8	138.8

续上表

线路名称	运输方式	车辆吨位（t）	单车年总行程（车 km）	单车年或重行驶里程（重车 km）	单车完成周转量（t·km）
长沙—上海	传统模式	30	196200	131454	3943620
	甩挂模式	30	392400	313920	9417600
	增减量	—	196200	182466	5473980
	增减率(%)	—	100	138.8	138.8
长沙—杭州	传统模式	30	176640	113348.8	3550464
	甩挂模式	30	353280	232624	8478720
	增减量	—	176640	164275.2	4928256
	增减率(%)	—	100	138.8	138.8
长沙—郴州	传统模式	30	126000	84420	2532600
	甩挂模式	30	252000	201600	6048000
	增减量	—	126000	117180	3515400
	增减率(%)	—	100	138.8	138.8
长沙—常德	传统模式	30	61200	41004	1230120
	甩挂模式	30	122400	97920	2937600
	增减量	—	61200	56916	1707480
	增减率(%)	—	100	138.8	138.8
长沙—怀化	传统模式	30	162000	108540	3256200
	甩挂模式	30	324000	259200	7776000
	增减量	—	162000	150660	4519800
	增减率(%)	—	100	138.8	138.8
综合分析	传统模式	30	150340	100727.8	3021834
	甩挂模式	30	300680	240544	7216320
	增减量	—	150340	139816.2	4194486
	增减率(%)	—	100	138.8	138.8

综上分析，6 条试点线路牵引车单车年平均总行程 300680km，比传统模式下提升了 100%；由于合理组织货源，牵引车单车年周转量 7216320t·km，较传统模式下提升了 138.8%。

8.8.1.2 平均运输成本对比分析

(1)折旧费。传统模式下，单车平均价格 47 万元(含 1 挂)，按 5 年折旧，残值 10%，按照平均年限折旧法，每年折旧费为 8.46 万元/年。

甩挂模式下，单车平均价格 59 万元(含 2 挂)，按 5 年折旧，残值 10%，按照平均年限折旧法，每年折旧费为 10.62 万元/年。

(2)燃油费。传统模式下百公里油耗 40L，甩挂模式下百公里油耗为 42L，当前湖南柴油价格 6.84 元/L 计算。

(3)修理费。传统模式下,单车修理、轮胎费用全年3.8万元(含1主1挂)。

甩挂模式下,单车修理、轮胎费用全年5.6万元(含1主2挂)。

(4)保险费。传统模式下,单车全年保险费约1.8万元(交强险、第三责任险、货险、驾驶人意外伤害险和机动车险,1主1挂)。

甩挂模式下,单车全年保险费为2.4万元(在原有基础上,净增加1部挂车的保险费)。

(5)工资。传统模式下,一车2人制,2人×4000元/月×12月=9.6万元。

甩挂模式下,一车3人制,3人×4000元/月×12月=14.4万元。

(6)通行费。湖南省目前高速公路采用计重收费的方式,基本费率为0.08元/t·km。

(7)税金。根据公司情况,试点线路运费收取0.4元/t·km,税金按运输收入的3.3%缴纳。

(8)管理分摊。传统模式下,单车年均摊销管理费用0.18万元。

甩挂模式下,单车年均摊销管理费用0.27万元。

(9)其他费用(货损货差、随车工具等)。传统模式下,单车年平均0.5万元。

甩挂模式下,单车年平均0.5万元。

(10)运输成本(表8-24)。

线路1:长沙—广州

传统模式下:

运输成本=(8.46+49.248+3.8+1.8+9.6+28.944+4.78+0.18+0.5)/3618000×10000=0.296元/t·km。

甩挂模式下:

运输成本=(10.62+103.42+5.6+2.4+14.4+69.12+11.4+0.27+0.5)/8640000×10000=0.252元/t·km。

以2014年长沙—广州线使用12辆牵引车计算,年均节约运输成本462.26万元。

线路2:长沙—上海

传统模式下:

运输成本=(8.46+53.68+3.8+1.8+9.6+31.55+5.2+0.18+0.5)/3943620×10000=0.29元/t·km。

甩挂模式下:

运输成本=(10.62+112.73+5.6+2.4+14.4+75.34+12.43+0.27+0.5)/9417600×10000=0.25元/t·km。

以2014年长沙—上海线使用18辆牵引车计算,年均节约运输成本716.37万元。

线路3:长沙—杭州

传统模式下:

运输成本=(8.46+48.33+3.8+1.8+9.6+28.4+4.69+0.18+0.5)/3550464×10000=0.29元/t·km。

甩挂模式下:

运输成本=(10.62+101.49+5.6+2.4+14.4+67.83+11.19+0.27+0.5)/8478720×10000=0.25元/t·km。

以 2014 年长沙—杭州线使用 15 辆牵引车计算,年均节约运输成本 573.85 万元。

线路 4:长沙—郴州

传统模式下:

运输成本 =(8.46 +34.47 +3.8 +1.8 +9.6 +20.26 +3.34 +0.18 +0.5)/2532600 × 10000 =0.32 元/t · km。

甩挂模式下:

运输成本 =(10.62 +72.39 +5.6 +2.4 +14.4 +48.38 +7.98 +0.27 +0.5)/6048000 × 10000 =0.27 元/t · km。

以 2014 年长沙—郴州线使用 7 辆牵引车计算,年均节约运输成本 239.86 万元。

线路 5:长沙—常德

传统模式下:

运输成本 =(8.46 +16.74 +3.8 +1.8 +9.6 +9.84 +1.52 +0.18 +0.5)/1230120 × 10000 =0.42 元/t · km。

甩挂模式下:

运输成本 =(10.62 +35.16 +5.6 +2.4 +14.4 +23.5 +3.88 +0.27 +0.5)/2937600 × 10000 =0.33 元/t · km。

以 2014 年长沙—常德线使用 8 辆牵引车计算,年均节约运输成本 233.27 万元。

线路 6:长沙—怀化

传统模式下:

运输成本 =(8.46 +44.32 +3.8 +1.8 +9.6 +26.05 +4.3 +0.18 +0.5)/3256200 × 10000 =0.3 元/t · km。

甩挂模式下:

运输成本 =(10.62 +93.08 +5.6 +2.4 +14.4 +62.21 +10.26 +0.27 +0.5)/7776000 × 10000 =0.26 元/t · km。

以 2014 年长沙—怀化线使用 8 辆牵引车计算,年均节约运输成本 296.82 万元。

通过以上计算可以看出,从单位运输成本看,甩挂运输模式下运输线路成本平均节约了 0.05 元/t · km,下降了 15%,2014 年 6 条线路共可节约运输成本 2522.44 万元。

8.8.2　社会效益分析

8.8.2.1　能源消耗对比分析

车辆在采用甩挂运输模式时并不能提高单车的运营效率和降低单车油耗及排放指标,主要是通过集约化的组织模式,减少车辆的空驶,从而带来单位周转量能耗的下降,使企业整体运营效率提高、成本大幅减少以及运输利润大幅上升。平均单车燃油及排放的对比分析见表 8-25。

线路 1:长沙—广州

传统模式下,单车百吨公里油耗 =(180000/100 ×40) ×100/3618000 =1.99L/100t · km;甩挂模式下,单车百吨油耗 =(360000/100 ×42) ×100/8640000 =1.75L/100t · km。

单位运输成本详细分析

表 8-24

线路名称	运输方式	折旧费	燃油费	修理费	保险费	工资	通行费	税金	管理成本	其他	运输成本（元/t·km）
长沙—广州	传统模式	0.023383	0.136119	0.010503	0.004975	0.026534	0.08	0.0132	0.000498	0.001382	0.29
	甩挂模式	0.012292	0.1197	0.006481	0.002778	0.016667	0.08	0.0132	0.000313	0.000579	0.25
	增减率(%)	-47.43	12.06	-38.29	-44.17	-37.19	0	0	-37.19	-58.13	-13.79
长沙—上海	传统模式	0.021452	0.136119	0.009636	0.004564	0.024343	0.08	0.0132	0.000456	0.001268	0.29
	甩挂模式	0.011277	0.1197	0.005946	0.002548	0.015291	0.08	0.0132	0.000287	0.000531	0.25
	增减率(%)	-47.43	-12.06	-38.29	-44.17	-37.19	0	0	-37.19	-58.13	-13.79
长沙—杭州	传统模式	0.023828	0.136119	0.010703	0.00507	0.027039	0.08	0.0132	0.000507	0.001408	0.29
	甩挂模式	0.012525	0.1197	0.006605	0.002831	0.016984	0.08	0.0132	0.000318	0.00059	0.25
	增减率(%)	-47.43	-12.06	-38.29	-44.17	-37.19	0	0	-37.19	-58.13	-13.79
长沙—郴州	传统模式	0.033404	0.136119	0.015004	0.007107	0.037906	0.08	0.0132	0.000711	0.001974	0.32
	甩挂模式	0.01756	0.1197	0.009259	0.003968	0.02381	0.08	0.0132	0.000446	0.000827	0.27
	增减率(%)	-47.43	-12.06	-38.29	-44.17	-37.19	0	0	-37.19	-58.13	-15.63
长沙—常德	传统模式	0.068774	0.136119	0.030891	0.014633	0.078041	0.08	0.0132	0.001463	0.004065	0.42
	甩挂模式	0.036152	0.1197	0.019063	0.00817	0.04902	0.08	0.0132	0.000919	0.001702	0.33
	增减率(%)	-47.43	-12.06	-38.29	-44.17	-37.19	0	0	-37.19	-58.13	-20.43
长沙—怀化	传统模式	0.025981	0.136119	0.01167	0.005528	0.029482	0.08	0.0132	0.000553	0.001536	0.3
	甩挂模式	0.013657	0.1197	0.007202	0.003086	0.018519	0.08	0.0132	0.000347	0.000643	0.26
	增减率(%)	-47.43	-12.06	-38.29	-44.17	-37.19	0	0	-37.19	-58.13	-13.33

单车平均里程利用率从传统模式下的67%提高到80%,带来了12.06%的百吨公里油耗减少。以单车完成周转量8640000t·km计算,单车每年可节约燃油20740.3L。按照长沙—广州线路2014年计划使用12辆牵引车计算,每年可节约燃油248883.6L[214t,1L(柴油)=0.86kg],节约燃油成本248883.6L×6.84元/L/10000=170万元,节约标准煤214t×1.4571=312t。

线路2:长沙—上海

传统模式下,单车百吨公里油耗=(196200/100×40)×100/3943620=1.99L/100t·km;甩挂模式下,单车百吨油耗=(392400/100×42)×100/9417600=1.75L/100t·km。

单车平均里程利用率从传统模式下的67%提高到80%,带来了12.06%的百吨公里油耗减少。以单车完成周转量9417600t·km计算,单车每年可节约燃油22606.9L。按照长沙—上海线路2014年计划使用18辆牵引车计算,每年可节约燃油406924.7L[350t,1L(柴油)=0.86kg],节约燃油成本406924.7L×6.84元/L/10000=278万元,节约标准煤350t×1.4571=510t。

线路3:长沙—杭州

传统模式下,单车百吨公里油耗=(176640/100×40)×100/3550464=1.99L/100t·km;甩挂模式下,单车百吨油耗=(353280/100×42)×100/8478720=1.75L/100t·km。

单车平均里程利用率从传统模式下的67%提高到80%,带来了12.06%的百吨公里油耗减少。以单车完成周转量8478720t·km计算,单车每年可节约燃油20353L。按照长沙—杭州线路2014年计划使用15辆牵引车计算,每年可节约燃油305297L[263t,1L(柴油)=0.86kg],节约燃油成本305297L×6.84元/L/10000=209万元,节约标准煤263t×1.4571=383t。

线路4:长沙—郴州

传统模式下,单车百吨公里油耗=(126000/100×40)×100/2532600=1.99L/100t·km;甩挂模式下,单车百吨油耗=(252000/100×42)×100/6048000=1.75L/100t·km。

单车平均里程利用率从传统模式下的67%提高到80%,带来了12.06%的百吨公里油耗减少。以单车完成周转量6048000t·km计算,单车每年可节约燃油14518L。按照长沙—郴州线路2014年计划使用7辆牵引车计算,每年可节约燃油101627.5L[87t,1L(柴油)=0.86kg],节约燃油成本101627.5L×6.84元/L/10000=70万元,节约标准煤87t×1.4571=127t。

线路5:长沙—常德

传统模式下,单车百吨公里油耗=(61200/100×40)×100/1230120=1.99L/100t·km;甩挂模式下,单车百吨油耗=(122400/100×42)×100/2937600=1.75L/100t·km。

单车平均里程利用率从传统模式下的67%提高到80%,带来了12.06%的百吨公里油耗减少。以单车完成周转量2937600t·km计算,单车每年可节约燃油7052L。按照长沙—常德线路2014年计划使用8辆牵引车计算,每年可节约燃油56414L[49t,1L(柴油)=0.86kg],节约燃油成本56414L×6.84元/L/10000=39万元,节约标准煤49t×1.4571=71t。

线路6:长沙—怀化

传统模式下,单车百吨公里油耗=(162000/100×40)×100/3256200=1.99L/100t·km;甩挂模式下,单车百吨油耗=(324000/100×42)×100/7776000=1.75L/100t·km。

单车平均里程利用率从传统模式下的67%提高到80%，带来了12.06%的百吨公里油耗减少。以单车完成周转量7776000t·km计算，单车每年可节约燃油18666L。按照长沙—怀化线路2014年计划使用8辆牵引车计算，每年可节约燃油149330L[128t，1L（柴油）=0.86kg]，节约燃油成本149330L×6.84元/L/10000=102万元，节约标准煤128t×1.4571=187t。

平均单车燃油及排放的对比分析表　　表8-25

线路名称	运输方式	总行驶里程（车km）	年运输量（t·km）	年总耗油量（L）	百公里油耗（L/100km）	百吨公里油耗（L/100t·km）	年污染物排放（kg/100t·km）
长沙—广州	传统模式	180000	3618000	72000	40	1.99	5.4
	甩挂模式	360000	8640000	151200	42	1.75	4.76
	增减量	180000	5022000	79200	2	-0.24	-0.64
	增减率（%）	100	138.8	110	5	-12.06	-11.85
长沙—上海	传统模式	196200	3943620	78480	40	1.99	5.4
	甩挂模式	392400	9417600	164808	42	1.75	4.76
	增减量	196200	5473980	86328	2	-0.24	-0.64
	增减率（%）	100	138.8	110	5	-12.06	-11.85
长沙—杭州	传统模式	176640	3550464	70656	40	1.99	5.4
	甩挂模式	353280	8478720	148377.6	42	1.75	4.76
	增减量	176640	4928256	77721.6	2	-0.24	-0.64
	增减率（%）	100	138.8	110	5	-12.06	-11.85
长沙—郴州	传统模式	126000	2532600	50400	40	1.99	5.4
	甩挂模式	252000	6048000	105840	42	1.75	4.76
	增减量	126000	3515400	55440	2	-0.24	-0.64
	增减率（%）	100	138.8	110	5	-12.06	-11.85
长沙—常德	传统模式	61200	1230120	24480	40	1.99	5.4
	甩挂模式	122400	2937600	51408	42	1.75	4.76
	增减量	61200	1707480	26928	2	-0.24	-0.64
	增减率（%）	100	138.8	110	5	-12.06	-11.85
长沙—怀化	传统模式	162000	3256200	64800	40	1.99	5.4
	甩挂模式	324000	7776000	136080	42	1.75	4.76
	增减量	162000	4519800	71280	2	-0.24	-0.64
	增减率（%）	100	138.8	110	5	-12.06	-11.85

通过以上计算可以看出，从百吨公里油耗看，甩挂运输方式平均节约了0.24L/100t·km，下降了12.06%。2014年6条线路共可节约燃油1268477L，节约燃油成本994万元，节约标准煤1590t。

8.8.2.2　碳排放对比分析

根据相关统计指标，每升柴油的二氧化碳排放量为2.72kg/L。

试点期结束，传统模式下，采用单车运输，二氧化碳排放量 = 1.99 × 2.72 = 5.4kg/100t · km。甩挂模式下，二氧化碳排放量 = 1.75 × 2.72 = 4.76kg/100t · km。百吨公里碳排放量下降了 11.85%。

长沙—广州线：单车每年可减排 8640000/100 × 0.64/1000 = 55.3t。按使用 12 辆牵引车计算，当年可实现减少二氧化碳排放 664t。

长沙—上海线：单车每年可减排 9417600/100 × 0.64/1000 = 60t。按使用 18 辆牵引车计算，当年可实现减少二氧化碳排放 1085t。

长沙—杭州线：单车每年可减排 8478720/100 × 0.64/1000 = 54t。按使用 18 辆牵引车计算，当年可实现减少二氧化碳排放 977t。

长沙—郴州线：单车每年可减排 6048000/100 × 0.64/1000 = 38.7t。按使用 7 辆牵引车计算，当年可实现减少二氧化碳排放 271t。

长沙—常德线：单车每年可减排 2937600/100 × 0.64/1000 = 18.8t。按使用 8 辆牵引车计算，当年可实现减少二氧化碳排放 150t。

长沙—怀化线：单车每年可减排 7776000/100 × 0.64/1000 = 49.8t。按使用 8 辆牵引车计算，当年可实现减少二氧化碳排放 398t。

则 2014 年实泰置业和大地物流甩挂运输试点项目 6 条试点线路可实现总减排 3545t。

8.8.3 主要考核指标

至 2014 年底，将进行甩挂运输试点项目的考核，主要包括车辆数量、站场改造、运输效率和节能减排四个方面进行考核，具体考核指标见表 8-26。

甩挂运输项目主要考核指标　　表 8-26

指标类别	计划达到目标	
车辆数量	牵引车（新增）	50
	挂车（新增）	135
	拖挂比	1:2.7
站场改造	新建或改造数量（个）	1
	总投入（万元）	5756.5
信息系统	总投入（万元）	500
项目总投入（万元）		9626.5
运输效率	单车年完成周转量（t · km）	7216320
	甩挂运输总运量（万 t）	48
	里程利用率	≥0.8
节能减排	百吨公里油耗（L/100t · km）	≤2
	节约燃油（L）	1268477
	节约标准煤（t）	1590
	减少二氧化碳排放（t）	3545

8.9 结论和建议

8.9.1 结论

根据上述对本项目甩挂运输需求的分析结果,实泰置业和大地物流参与试点的6条线路主要服务华南、华东及华中地区,涉及上海、广州、武汉等各大物流中心。开展甩挂运输对于公司提高运输效率,加强运输组织化程度和降低单位周转量能耗及运输成本,实现利润的大幅度提升有着明显的推动作用。根据分析该项目在技术上可行,其经济与社会效益明显。建议将其纳入甩挂运输试点。

8.9.2 建议

(1)加强甩挂运输站点的建设布局。湖南省物流总部面积较大,但用于甩挂作业的实际面积较小。企业应充分利用现有的作业站场,立足试点的6条线路,在现有的甩挂基础之上,将物流各节点扩展到重点城市、企业和综合交通枢纽。通过与其他企业及作业点的协作,实现长途运输与短途运输的合理衔接。扩大企业的辐射范围,构建合理的甩挂运输网路。

(2)加强货源的组织,保证货源稳定。企业开展甩挂运输能否“甩起来”,其核心问题是与长期合作的固定客户以及稳定的双向货源。建议企业在现有零担甩挂基础之上主动与其他生产企业、商贸企业及物流园区建立稳固的物流服务合作关系,以加强货源的组织,尤其是回程货源的组织。

(3)鉴于甩挂运输精细化管理对于人才及技术的要求,建议长沙市实泰置业有限公司以此次项目试点为契机加强公司人员培训,加强货源组织、强化对各线路甩挂运输指标的统计以及牵引车的调度与管理,以适应开展甩挂运输的需求。

参 考 文 献

[1] 中华人民共和国交通部. 中国道路运输发展报告[M]. 北京:人民交通出版社,2009.

[2] 陈建文. 甩挂运输:现代物流"黏合剂"[J]. 运输经理世界,2007,(6):23.

[3] 李亚茹. 提高道路运输效率的有效途径—甩挂运输[J]. 公路交通科技,2004,(4):25-26.

[4] 曲衍国. 道路物流运输企业开展甩挂运输的探讨[J]. 物流技术,2008,(10):15-18.

[5] 高洪涛,李红启. 道路甩挂运输组织理论与实践[M]. 北京:人民交通出版社. 2010.

[6] 罗茂堂. 浅议甩挂运输行业的科学发展[J]. 科技创新导报,2008,32(11):206-207.

[7] 戴东生,汪月娥. 宁波港集装箱甩挂运输模式研究[J]. 物流技术,2009,(7):42-44.

[8] 吴融华. 国外汽车挂车列车发展现状[J]. 汽车与配件,2006,(26):49-49.

[9] 安坤,徐超彦,华道理. 国产半挂车未来的发展势头[J]. 城市车辆,2007,(8):24-25.

[10] 高洪涛,李红启. 道路甩挂运输组织技术及其应用实践[M]. 北京:中国物资出版社,2011.

[11] 崔吉茹. 甩挂运输是发展现代物流业的黏合剂[J]. 交通企业管理,2008,(6):84-87.

[12] 张筱梅. 我国半挂车市场进入"休整期"[J]. 专用汽车,2006,(4):10-12.

[13] 宋延文,李海鹏. 欧洲半挂车行业发展模式的启示[J]. 专用汽车. 2010,(04):24-25.

[14] 徐亚华. 美国卡车货运及甩挂运输发展的经验与启示[J]. 交通建设与管理,2011,(3):36-40.

[15] 交通运输部公路科学研究所译. 2021 年美国货物运输预测[M]. 美国卡车运输协会,2011.

[16] 徐亚华. 完善道路货运市场管理有关政策问题的思考[J]. 公路交通科技,2011,(2):154-158.

[17] 徐亚华. 培育龙头企业是发展现代道路运输业的重要途径[J]. 公路交通科技,2011,(4):130-136.

[18] 厦门甩挂运输应运而生顺势而为[N]. 中国交通报. 2008-01-14 (2).

[19] 周祥. 深圳市道路集装箱运输业发展现状与对策[J]. 集装箱化,2008,(1):25-28.

[20] 曾祥联. 重庆滚装船运输发展研究[D]. 重庆:重庆交通大学,2008.

[21] 谢建安,叶俊,刘洪庆. 我国快速公路货运车辆的发展重点及措施[J]. 专用汽车,2001,(4):16-19.

[22] 徐亚华,谢家举,谭小平. 美国卡车货运及鬼挂运输发展的经验与启示[J]. 交通建设与管理,2011,(03):36-40.

[23] 李亚茹. 提高道路运输组织效率的有效途径——甩挂运输[J]. 公路交通科技,2004,21(4):119-122.

[24] 钟伟.公路集装箱运输发展模式研究[D].吉林大学,2007.

[25] 林国龙,王云霞.上海港发展集装箱甩挂运输的问题及策略研究[J].中国港,2012,(5):52-55.

[26] 高鹏飞,陈文颖.碳税与碳排放[J].清华大学学报(自然科学版),2002,42(10):1335-1338.

[27] 杨新秀.湖北省道路运输行业节能减排评价研究[D].武汉:武汉理工大学,2008.

[28] 李晓鹏,等.我国典型果蔬汁产品生命周期碳足迹探析[J].饮料工业,2011,14(11):3-8.

[29] 张清,黄朝迎.气候异常交通影响的诊断分析[J].灾害学,1998,13(1).

[30] 朱瑙亮.应用气候手册[M].北京:气象出版社,1991.

[31] 张清,黄朝迎.我国铁路水害及其评估模型研究[J].应用气象学报,1999,10(4):498-502.

[32] 赵恩堂,刘晞柏.道路交通安全[M].北京:人民交通出版社,1998.

后　　记

甩挂运输理论在不断发展,技术也在不断地更新,组织理论在不断地发展,甩挂运输组织与管理方面的成果丰富和完善了甩挂运输组织理论基础,探索适合我国特点的甩挂运输组织模式及其适用性条件和组织技术十分重要。

优化甩挂运输车辆运输结构,提供车辆运输方式,提高运输效率或载货容积。把好货源条件关,把好规模条件关,把好诚信考核条件关,把好经济社会效益关,提升运输效率、降低运输成本、促进节能减排方面的效益较为显著,做好科技推广应用,要围绕"甩挂运输法规政策、甩挂运输车辆、运营组织和智能调度、场站组织管理、运营监控"等技术,促进甩挂运输的发展。

甩挂运输场站基础设施已逐步完善,全面投入运营的甩挂运输场站,能有效满足甩挂运输作业所需的摘挂、停车、理货、装卸等功能需求,实现了车辆及货源在场站内的科学配载、适时调度、高效中转。甩挂运输运营组织模式已得到优化,按照集约化运作、网络化组织、精细化管理、标准化服务、信息化支撑的总体思路,不断优化运营组织,涌现出了许多有代表性的运营组织模式。节能减排效果明显,在发达国家,全挂、双挂、三挂汽车列车非常普及,我国公路技术状况,尤其是高速公路已经达到国际先进水平,车辆制造技术和能力可以适应发展大型、多轴汽车列车的要求。即便全挂、双挂汽车列车会增加一些行车中的交通安全隐患,但只要配套制定相关强制性技术标准,即可满足道路交通安全管理的要求,标准化体系亟待建立。

关于甩挂运输的理论和实践,很多专家学者已经作了大量深入的研究,很多还在不断变化,推进了我国甩挂运输的发展,加快了道路货运行业转型升级的步伐,支撑和带动了综合运输的发展。随着专项试点项目研究成果在甩挂运输试点工程中进一步的示范应用,其技术引领、支撑与规范作用将逐步显现,为我国道路甩挂运输的发展插上腾飞的翅膀,为构建综合交通、智慧交通、绿色交通、平安交通、促进现代物流业的发展贡献薄绵力量。

交通运输、物流技术与管理属于先进的学科和技术,都还处在不断的发展和变化中,因此,许多新颖的思想、标准和方法在不断发展。信息时代的迅猛发展,甩挂运输和物流理论与技术都处在快速发展之中,在编写过程中,参考和借鉴了许多文献资料和专著的内容,听取了许多同仁的意见,并得到了人民交通出版社的大力支持,在此一并表示感谢。在此竭诚希望广大读者对本书提出宝贵意见,敬请有关专家和学者指正,以期不断改进。